液压与气动技术

（第二版）

YEYA YU QIDONG JISHU

主　编　陈　伟

副主编　刘敬平　王　珊　关学强

编　写　袁训东　谭永顺　高红莉　武际花

　　　　徐钰琨　周玉霞　张桂云

主　审　房彦伟

内 容 提 要

本书为“十三五”职业教育规划教材。全书共分7个学习情境，主要内容包括液压与气动系统的认知与实践、液压与气动系统的动力元件、液压与气动系统的执行元件、液压与气动系统的控制元件、液压与气动系统的辅助元件、液压与气动系统的基本回路、典型液压与气动系统。每个学习情境中又包括若干任务模块，分别从任务描述、任务分析、相关知识、任务指导几个方面进行阐述。同时，在例题与习题的安排上，以工程实例为主，注重培养学生分析问题和解决问题的能力。本书中的重点、难点内容配置了动画演示，以二维码形式呈现，即扫即得，有利于学生及时理解和掌握课堂内容。

本书可作为高职高专院校机械类、自动化技术类各专业液压与气动技术的教材，也可供相关专业工程技术人员参考。

图书在版编目（CIP）数据

液压与气动技术/陈伟主编．—2版．—北京：中国电力出版社，2017.6

“十三五”职业教育规划教材

ISBN 978-7-5198-0958-4

Ⅰ.①液… Ⅱ.①陈… Ⅲ.①液压传动—高等职业教育—教材②气压传动—高等职业教育—教材 Ⅳ.①TH137②TH138

中国版本图书馆CIP数据核字（2017）第167430号

出版发行：中国电力出版社
地　　址：北京市东城区北京站西街19号（邮政编码100005）
网　　址：http：//www.cepp.sgcc.com.cn
责任编辑：周巧玲（010-63412539）
责任校对：朱丽芳
装帧设计：郝晓燕　赵姗姗
责任印制：吴　迪

印　　刷：北京雁林吉兆印刷有限公司
版　　次：2011年6月第一版　2017年6月第二版
印　　次：2017年6月北京第三次印刷
开　　本：787毫米×1092毫米　16开本
印　　张：13.5
字　　数：319千字
定　　价：35.00元

前　言

本书在每个学习情境的编写中，采用任务驱动的方式，以典型液压实训项目作为引导，以完成工作任务为目的进行编写，分别从任务描述、任务分析、相关知识、任务指导几个方面进行阐述。

本书在修订过程中考虑了以下几点：

（1）用一个液压实训项目构成一个工作任务的方式进行编写，引导学生在完成任务的实施过程中掌握液压与气动的基本知识。每个任务均是来自典型液压实训项目，如液压泵的性能测试、液压泵的拆装、液压阀的拆装、液压缸的拆装、液压基本回路搭接及调试等。

（2）对教材体系进行了整合，打破了传统教材的液压技术和气动技术分别学习的模式，采用先学习液压元件，再学习气动元件，先学习液压回路，再学习气动回路的方式编写，使学生在学习的过程中能够做到对比分析，达到触类旁通、融会贯通、举一反三的目的。

（3）在内容上注重增强学生的感性认知，教材增加了大量的元器件的图片，使学生在应用时能够迅速识别所需器材。

（4）全书共分 7 个学习情境，每个情境又包括若干的任务单元。学生在任务的实施过程中可以有效抓住重点内容，做到把所学知识应用到实践中，使其在完成任务的同时，既能够强化知识点的掌握，又能增强自信心。

（5）在教材的编写中，聘请了企业中的资深工程师参加编写，校企合作，选取典型工程实例，为学生将来就业奠定基础。

（6）本书中的重点、难点内容配置了动画演示，使用手机扫码即可随时随地观看，有利于学生及时理解和掌握课堂内容。

本书由山东科技职业学院陈伟任主编，焦作大学刘敬平、王珊和潍坊速博世达农业装备有限公司关学强任副主编，参加编写的还有山东科技职业学院袁训东、谭永顺、高红莉、武际花、徐钰琨、周玉霞、张桂云。具体分工如下：袁训东和谭永顺编写学习情境一，高红莉和武际花编写学习情境二，陈伟编写学习情境三，王珊编写学习情境四，徐钰琨和周玉霞编写学习情境五，刘敬平编写学习情境六，关学强编写学习情境七，张桂云编写附录。

本书由内蒙古工业大学房彦伟教授审稿，审稿老师提出了许多宝贵的意见和建议，在此表示衷心的感谢。

本书是校级精品资源的配套教材，包括教学录像、课程整体设计、课程标准、测试题库、教学单元设计、教案设计、授课计划及教学动画、习题库等，上述数字资源可联系主编陈伟索取，邮箱 luckychen2004@163.com。

本书总码

由于编者水平有限，书中难免有不妥或疏漏之处，恳请广大读者批评指正。

编　者

2017 年 5 月

目 录

学习情境一　液压与气动系统的认知与实践

任务　初识液压与气动系统

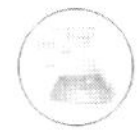

任务描述

图 1-1 所示为 QCS003B 液压实验台，要求学生通过该实验台完成如下任务：

（1）认识动力元件、执行元件、控制调节元件、辅助元件的外形，并抄画图形符号。

（2）了解液压系统中压力的建立与调节，以及在液压系统中如何控制执行元件的运动速度和运动方向。

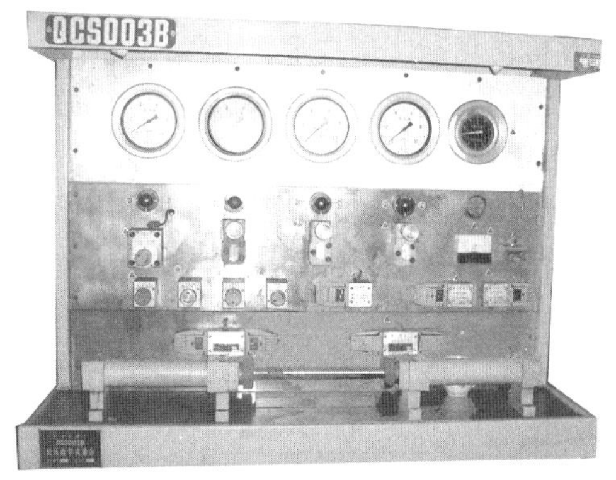

图 1-1　QCS003B 液压实验台

任务分析

本任务是通过液压实验台观摩教学，使学生建立对液压与气动技术的感性认识。在液压实训室，由老师指导完成任务。

相关知识

1.1　液压与气压传动概述

一部机器通常都有传动机构，且传动方式多样。按照传动方式的不同，可分为机械传动、电气传动、气压传动和液压传动。

液压传动与气压传动（简称液压与气动）是以流体为工作介质进行能量传递的一种形式，液压传动主要是以液压油为工作介质来传递运动和动力的，气压传动则是以压缩空气为工作介质来传递运动和动力的。

1.1.1　液压与气压传动的发展与应用

液压与气压传动的发展，可追溯到人类利用自然风力推动风车带动水车提水灌田，利用风箱产生的压缩空气鼓风炼铁、炼钢，再到公元前 200 年人类制成第一台水轮机并开始利用水能的年代。17 世纪，帕斯卡提出著名的帕斯卡定律；18 世纪末，英国制成世界第一台水压机；19 世纪末，德国制成液压龙门刨床，美国制出液压六角磨床和车床。但是由于受到制造工艺低下的影响，液压与气压传动并没有得到广泛的应用。随着现代科学技术的飞速发展，液压与气压传动已形成专门的技术领域。第二次世界大战期间，一些反应快、动作准、功率大的液压传动及伺服系统在军事装备中的应用，使液压与气压传动技术得到了进一步的发展。特别是 20 世纪 60 年代以来，随着原子能、空间技术、计算机技术的发展，液压与气压传动技术也得到了迅速的发展，它不仅应用于民用工业，如机床制造业、起重设备、矿山机械、工程机械、农业机械及化工机械、塑料模压机械、汽车行业等方面，而且在军用产品上也得到了广泛应用，如军舰上的炮塔、舵机、雷达扫描设备的高低、方向机和甲板机械等，又如在飞机上的燃油系统、舱盖及起落架的液压或电液伺服控制等。目前，液压与气压传动技术正向高压、高速、高效、大功率、低噪声、高度集成化方向发展。随着计算机辅助设计、机电一体化技术、计算机仿真和优化技术、可靠性技术、污染控制技术等在液压与气动元件和系统中的应用，将使液压与气压传动技术走向一个新的发展阶段。

1.1.2　液压与气压传动的工作原理

液压与气压传动分别以液压油、压缩空气为工作介质，把电动机的机械能转化为工作介质的压力能，然后由执行机构带动负载做功。液压与气压传动的工作原理可以用简单磨床工作台液压系统（见图 1-2）和气动剪切机系统（见图 1-3）来说明。

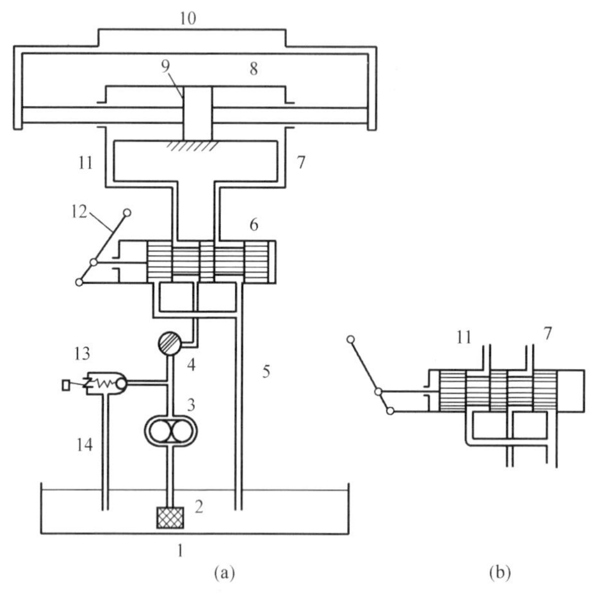

图 1-2　简单磨床工作台液压系统原理图

1—油箱；2—过滤器；3—液压泵；4—节流阀；5、7、11、14—油管；6—换向阀；8—液压缸；9—活塞；10—工作台；12—手柄；13—溢流阀

现以图 1-2 (a) 所示的简化磨床工作台液压系统原理图为例，说明液压传动的工作原理。液体受压后，其内部的压强可向各个方向传递，液压传动就是利用液体的这一特性来完

成工作任务的。工作时，电动机带动液压泵 3 旋转，从油箱 1 经过滤器 2 吸油，将压力油送入管路。压力油首先经节流阀 4、换向阀 6 的环槽、油管 11，进入液压缸 8 的左腔。液压缸 8 的缸体是固定的，在压力油的作用下，活塞 9 带动工作台 10 向右运动。液压缸右腔的油液经油管 7、换向阀 6 的环槽和油管 5 流回油箱。若扳动手柄 12 使换向阀阀芯处于图 1-2（b）所示位置时，则压力油经换向阀 6 的环槽、油管 7 进入液压缸 8 的右腔，工作台向左运动，液压缸 8 左腔的液压油经油管 11、换向阀 6 的环槽和油管 5 流回油箱。

换向阀 6 的作用是控制工作台运动方向。节流阀 4 的作用与自来水龙头相似，通过改变节流阀的开口量来控制进入液压缸 8 的油液流量，从而调节工作台 10 的运动速度。溢流阀 13 的作用是调整液压泵的工作压力。当溢流阀关闭时，压力油不能通过溢流阀；若油液压力升高，克服弹簧力将溢流阀 13 打开，多余的压力油则会通过溢流阀经油管 14 流回油箱，从而使进入系统的油液保持一定的压力。过滤器 2 起滤清油液的作用。

由上述分析可以看出，液压传动是在密闭容器内，以液体为工作介质，通过密闭容积的变化，利用液体的压力能来传递能量和进行控制的传动方式。

图 1-3（a）所示为气动剪切机工作原理图。气源装置由空气压缩机 1、后冷却器 2、除油器 3 和储气罐 4 组成，此装置能产生压缩空气并对其进行初次净化处理；气源调节装

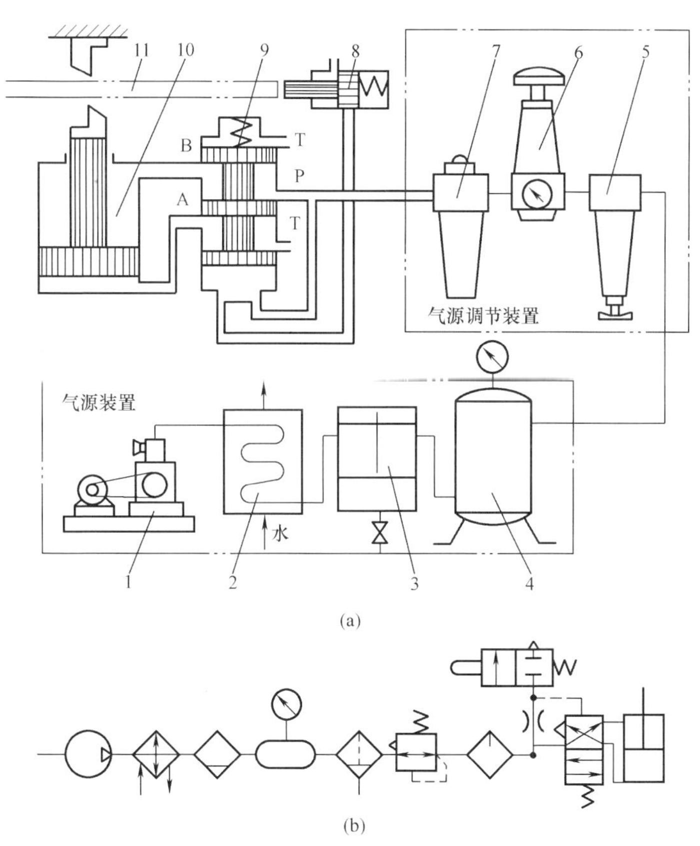

图 1-3　气动剪切机工作原理图

（a）结构原理图；（b）图形符号

1—空气压缩机；2—后冷却器；3—除油器；4—储气罐；5—空气过滤器；6—减压阀；7—油雾器；8—行程阀；9—换向阀；10—气缸；11—工料

置（又称气动三联件）由空气过滤器 5、减压阀 6 和油雾器 7 组成，此装置能对压缩空气进一步净化、减压和润滑。

当压缩空气到达换向阀 9 时，部分气体作用在换向阀的下腔，克服弹簧力，阀芯上移，则压缩空气经换向阀的 P 到 B 口进入气缸 10 的上腔，活塞向下运动；气缸下腔的气体经换向阀的 A 到 T 口排向大气，剪刃退回；当工料 11 由上料装置送至预定位置时，压下行程阀 8，此时换向阀 9 下腔的控制气体经行程阀 8 排空，阀 9 在弹簧力的作用下复位，压缩空气经换向阀 9 的 P 到 A 口进入气缸下腔，活塞向上运动，气缸上腔的气体经阀 9 的 B 到 T 口排出，此时剪刃处于剪切状态。以上剪刃的两处动作为系统的一次工作循环。

由上述分析可看出，气压传动是利用空气压缩机，将电动机或其他原动机输出的机械能转化为空气的压力能，然后在控制元件的控制和辅助元件的配合下，通过执行元件把空气的压力能转化为机械能，从而完成直线或回转运动，并对外做功。

1.1.3　液压与气压传动系统的组成

由以上例子可看出，液压与气压传动系统主要由以下四个部分组成：

（1）动力元件：把电动机或其他原动机输出的机械能转换为工作流体压力能的能量转换装置。液压系统最常见的动力装置为液压泵，而气动系统的动力装置由空气压缩机及其辅件组成。

（2）执行元件：把压力能转换为机械能的能量转换装置，如液压缸、气缸或液压马达、气马达。

（3）控制元件：对系统中流体的压力、流量和流动方向进行控制和调节的装置，如各种压力阀、流量阀、方向阀等。

（4）辅助元件：与上述三种装置共同组成整个系统，并对整个系统的正常工作起辅助作用。例如，液压系统中的油箱、蓄能器、冷却器、油管等，气动系统中的油雾器、空气过滤器、储气罐、消声器等。它们对保证液压与气动系统稳定和可靠地工作起着重要的作用。

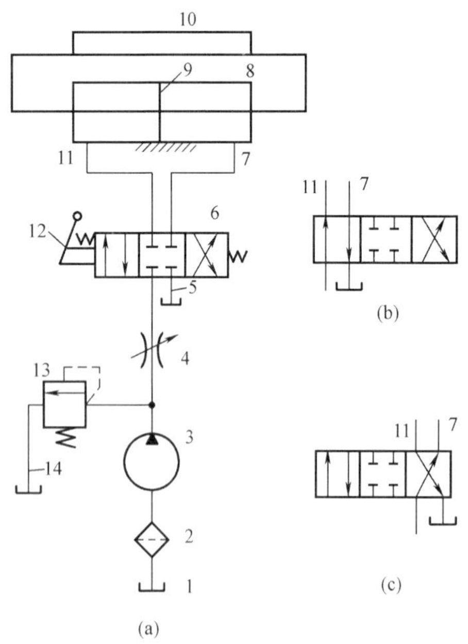

图 1-4　用图形符号表示的磨床工作台液压系统原理图

1.1.4　液压与气动系统的图形符号

图 1-2 和图 1-3（a）所示的液压系统图是结构式工作原理图，这种原理图直观性强，容易理解，但绘制起来比较困难。为此，通常采用 GB/T 786.1—2009《流体传动系统及元件图形符号和回路图　第 1 部分：用于常规用途和数据处理的图形符号》所规定的液压与气动图形符号来绘制，如图 1-3（b）和图 1-4 所示。

绘制系统图的规定如下：

（1）符号均以元件的静止位置或零位置表示，元件符号内的油液流动方向用箭头表示。

（2）系统中的主油路以标准实线表示，控制油路和泄漏油路以细虚线表示。

1.1.5　液压与气压传动的优缺点

1. 液压传动与其他传动相比

（1）在相同功率下，液压传动装置结构紧凑、体积小、重量轻，因此惯性小，启动换向迅速，可通过调节油液的流量，方便地实现无级调速，且调速范围大，易于实现过载保护，但在工作过程中能量损失较大，效率较低，不适宜远距离传动。

（2）液压油具有良好的润滑性和防锈性，有利于延长液压元件的使用寿命。但是油液的泄漏和可压缩性使液压传动难以保证严格的传动比，且油液的黏性受温度变化的影响，故液压传动的性能也受温度变化的影响。

（3）液体工作介质具有弹性和吸振能力，使液压传动运转比较平稳，但液压传动对油液的清洁管理和元件的制造精度要求较高，因而成本也较高。

（4）借助结构简单的液压缸可轻易地实现直线往复运动，且液压传动的控制调节比较简单，操作方便，与电气控制相结合，易于实现自动化，但其装置出现故障时，不易诊断。

（5）液压元件易于实现标准化、系列化和通用化，便于设计制造和推广使用。

2. 气压传动与液压传动的比较

（1）气压传动以空气作为工作介质，使用后排气简单，对环境污染小。与液压传动相比不必设置回油油箱及管路，但排气噪声较大，在高速排气时需加装消声器。

（2）空气的可压缩性比液压油的可压缩性大，故气压传动对冲击负载具有较强的适应能力，也可实现过载保护。然而气缸的运动速度易受负载变化的影响，同样不适合工作速度和传动比要求严格的场合。

（3）空气黏度小，流动时压力损失小，所以压缩空气可集中供应和远距离输送，但空气本身没有润滑性，需另加装置进行给油润滑。

（4）与液压传动相比，气压传动动作迅速、反应快、维护简单、管路不易堵塞，且不存在介质变质、补充、更换等问题。由于气压传动工作压力较低（一般为 0.3～1.0MPa），故输出力小，不适合大功率传动的场合。

（5）与液压传动相比，气压传动过程中的泄漏对环境污染小，不像液压油的泄漏，会严重污染环境，并且气压传动对工作环境的适应性好，适宜在易燃、易爆等环境中工作。

1.2　液压传动的工作介质

液压传动最早使用的工作介质主要是水，由于油的润滑性、防锈性等较水好，矿物油很快取代水而成为液压系统的主要工作介质。随着液压技术的发展，其工作介质的品种越来越多，但目前使用最广泛的仍然是矿物油型液压油。

1.2.1　液压油的基本物理性质

1. 密度

密度是单位体积液体的质量，用 ρ 表示，有

$$\rho = \frac{m}{V} \quad (\mathrm{kg/m^3}) \tag{1-1}$$

式中　m——液体的质量，kg；

　　V——液体的体积，$\mathrm{m^3}$。

液压油的密度随压力的增加而增大，随温度的升高而减小。对于液压系统中使用的液压油，在使用的温度和压力范围内，密度变化很小，可忽略不计。常用液压油的密度一般为 $850 \sim 950\mathrm{kg/m^3}$。

此外，油液还具有可压缩性。油液的可压缩性是很微小的，在一般的液压系统中，当压力变化不大，且油温又在控制范围内时，油液的可压缩性不大，可忽略不计。但在压力较高或进行动态分析时，就必须考虑液体的可压缩性。

2. 黏性

液体在外力作用下流动时，由于液体与固体壁间的附着力和液体分子间的内聚力使液体各层间的运动速度不相等。以如图 1-5 所示的两平行平板中液体的流动情况为例，其中上平板以速度 u_0 向右平动，而下平板不动。由于液体的附着力和分子间的内聚力，附着于下平板的液体层速度为 0，附着于上平板的液体层速度为 u_0，中间各液体层的速度按线性分布。由于各层的运动速度不同，快的流层会拖曳慢的流层，慢的流层又阻滞快的流层，即不同速度流层相互制约而产生了内摩擦力。实验测定：液体流动时，相邻液层间的内摩擦力 F 与液层间的接触面积 A 和液层间的相对运动速度 $\mathrm{d}u$ 成正比，与液层间的距离 $\mathrm{d}y$ 成反比，即

$$F = \mu A \frac{\mathrm{d}u}{\mathrm{d}y} \tag{1-2}$$

式中 μ——比例系数；

$\mathrm{d}u/\mathrm{d}y$——速度梯度。

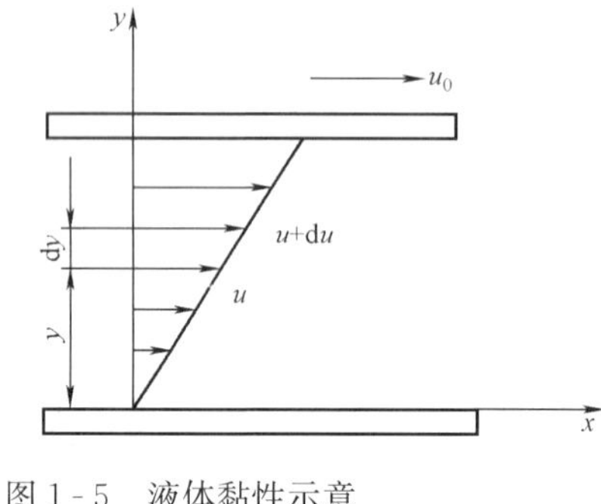

图 1-5 液体黏性示意

液体在流动时产生内摩擦力的性质称为液体的黏性。黏性是液体的重要特性，对液压油的润滑能力有很大的影响。表示黏性大小的物理量称为黏度，它是选择液压油的主要依据。

我国常用的黏度有动力黏度、运动黏度和相对黏度。

（1）黏度的表示方法及其相互关系。

1）动力黏度 μ。如以 τ 表示单位面积上的内摩擦力，则有

$$\tau = \frac{F}{A} = \mu \frac{\mathrm{d}u}{\mathrm{d}y} \tag{1-3}$$

这就是牛顿液体内摩擦定律。在流体力学中，把比例系数 μ 不随速度梯度变化而变化的液体称为牛顿液体；反之，称为非牛顿液体。除高黏度或含有特殊添加剂的油液外，均可视为牛顿液体。

比例系数 μ 称为动力黏度，由式（1-3）得

$$\mu = \tau \frac{\mathrm{d}y}{\mathrm{d}u} \tag{1-4}$$

由此可见，动力黏度的物理意义是：液体在单位速度梯度下流动时，相邻液层间单位面积上产生的内摩擦力。其单位为 Pa·s，即 N·s/m^2，它与 CGS 制中的单位 P（泊，dyn·s/cm^2）之间的换算关系为

$$1\mathrm{Pa \cdot s} = 10\mathrm{P} = 10^3\mathrm{cP}(\text{厘泊})$$

2）运动黏度 ν。动力黏度 μ 与同温度下该液压油密度 ρ 的比值称为运动黏度，即

$$\nu = \frac{\mu}{\rho} \tag{1-5}$$

运动黏度ν没有特殊的物理意义，只是因为μ与ρ的比值在流体力学计算中经常出现，所以加以定义。它的单位为m^2/s，与 CGS 制中 St（斯）之间的换算关系为

$$1m^2/s = 10^4 cm^2/s = 10^4 St = 10^6 cSt(\text{厘斯})$$

工程上常把运动黏度作为液体黏度的标志。国产机械油的牌号就是用机械油在 40℃时运动黏度ν的平均值表示的。例如，牌号为 L - HL46 的液压油，就是指其在 40℃时，运动黏度ν的平均值为 $46mm^2/s$。

3）相对黏度$°E$。动力黏度和运动黏度是理论计算中常用的单位，但不易直接测量，因此工程中常用各种黏度计测量油液的黏度。用各种黏度计所测得的黏度称为相对黏度。相对黏度受黏度计的品种和测试条件的影响，只能相对地表示液体黏性的大小。根据测量条件的不同，各国采用的相对黏度单位也不相同，我国采用恩氏黏度$°E_t$。

液体的恩氏黏度用恩氏黏度计测量，方法如下：常压下，200mL 温度为T(℃）的被测液体，在自重作用下从恩氏黏度计中直径为 2.8mm 的小孔流完所需时间t_1，与 200mL 温度为 20℃的蒸馏水从该小孔流完所需时间t_2（通常t_2=51s）的比值，即为被测液体在温度T时的恩氏黏度，用$°E_t$表示，即

$$°E_t = \frac{t_1}{t_2} \tag{1-6}$$

工业上，常用 20、50、100℃作为测定恩氏黏度的标准温度，并相应地以符号$°E_{20}$、$°E_{50}$、$°E_{100}$表示。在液压传动中一般以 50℃作为测定恩氏黏度的标准，以$°E_{50}$表示。

工程中常先测出液体的相对黏度，再换算出动力黏度或运动黏度。恩氏黏度和运动黏度的换算关系式如下：

当$1.35 \leqslant °E \leqslant 3.2$时

$$\nu = \left(8°E - \frac{8.64}{°E}\right) \times 10^{-6} \tag{1-7}$$

当$°E > 3.2$时

$$\nu = \left(7.6°E - \frac{4}{°E}\right) \times 10^{-6} \tag{1-8}$$

（2）黏度与温度的关系。液压系统中常用的矿物油对温度的变化很敏感，当温度升高时，油液的黏度明显降低。液体的黏度随温度变化的特性称为黏温特性。例如，20 号机械油，20℃时黏度约为$100mm^2/s$；当温度升高到 60℃时，黏度降为 $12 \sim 16mm^2/s$。

油液黏度的变化直接影响到液压系统的性能和工作稳定性，所以希望油液的黏度随温度的变化越小越好，同时也希望液压系统工作时温度的变化不要太大。液压油的黏 - 温曲线图可查阅有关液压设计手册。

此外，液压系统工作时，油温不能太高。若油温过高，除黏度显著降低外，油液还易氧化，析出沥青等杂质，使油的工作寿命降低，并影响液压系统的工作可靠性。

（3）黏度与压力的关系。当液体所受压力增加时，其分子间的距离减小，内聚力增大，黏度也随之增大。液压油黏度随压力的变化并不像随温度变化那样明显，在机床液压系统所使用的压力范围内，液压油黏度受压力变化的影响甚微，可忽略不计。但当压力高于 10MPa 或压力变化较大时，则应考虑压力对黏度的影响。

（4）其他性质。

1）流动点和凝固点。当液压系统的温度降低到使油液失去了流动性，这时的温度称为油液的凝固点。比凝固点高 2.5℃的温度称为油液的流动点。一般液压传动用油的凝固点为 −10～−15℃，稠化液压油的凝固点可达−38℃。

2）闪点和燃点。油液加热后会挥发出可燃性蒸气，与空气混合在油面上，接触到火焰的瞬间会突然闪火燃烧，此最低温度称为油液的闪点。如果温度继续上升，油液就会连续燃烧，此时的温度称为油液的燃点。一般液压传动用油的闪点为 130～150℃。

3）氧化稳定性与热稳定性。氧化稳定性是指油液抵抗与含氧物质发生化学反应，特别是与空气发生化学反应而保持其性质不发生变化的能力。这种反应的结果可形成固体沉淀物、胶状物和酸性物质，使金属元件产生锈蚀、堵塞，且会加剧磨损。

热稳定性是指油液在高温时抵抗化学反应和分解的能力。高温会使油液发生化学反应，加快油分子的裂化分解，从而可能产生沥青、焦油等物质。这些杂质会堵塞油路，影响系统的正常工作。

4）抗乳化性和消泡性。抗乳化性是指阻止油液与水混合形成乳化液的能力。乳化的油液会破坏润滑油膜，降低润滑性能。

消泡性是指抑制油液中泡沫形成及迅速释放油液中分散气泡的能力。若油液中产生气泡，则易发生空穴现象，影响液压系统的正常工作。

1.2.2 液压系统对液压油的基本要求

液压系统工作时，液压油的工作参数（如压力、温度、流速等）都在不断地变化，为保证液压传动系统工作性能稳定且具有较长的使用寿命，液压传动用油必须满足以下要求：

（1）合适的黏度和良好的黏温特性。

（2）良好的润滑性。

（3）良好的化学稳定性和热稳定性。

（4）高的闪点和低的凝固点。

（5）良好的抗乳化性和消泡性。

（6）对液压系统所用金属及密封件材料等具有良好的相容性。

（7）良好的油液纯净度，杂质少。

（8）防锈性好，腐蚀性小。

1.2.3 液压油的选用

1. 液压油的分类

液压油的品种很多，主要分为矿油型、乳化型和合成型三大类。其中，乳化型和合成型为抗燃液压液。由于矿油型液压油润滑性和防锈性好，黏度等级范围较宽，因而在液压系统中应用较广。

（1）矿油型：包括普通液压油、抗磨液压油、低温液压油、机械液压油、汽轮机油、专用液压油等，如图 1-6 所示。

（2）乳化型：包括水包油乳化液、油包水乳化液等。

（3）合成型：包括磷酸酯液压液、脂肪酸酯液压液等。

2. 液压油的选用

液压传动用油的选择合适与否，直接影响液压系统的工作性能、工作可靠性、使用寿命等。

选择液压油时，除专用液压油外，首先是液压油品种的选择。根据液压系统的使用性能、工作环境等因素来决定是选用矿油型液压油还是抗燃型液压液。液压油品种确定后，应根据系统的工作压力、工作部件的运动速度及环境温度来确定油液的黏度。

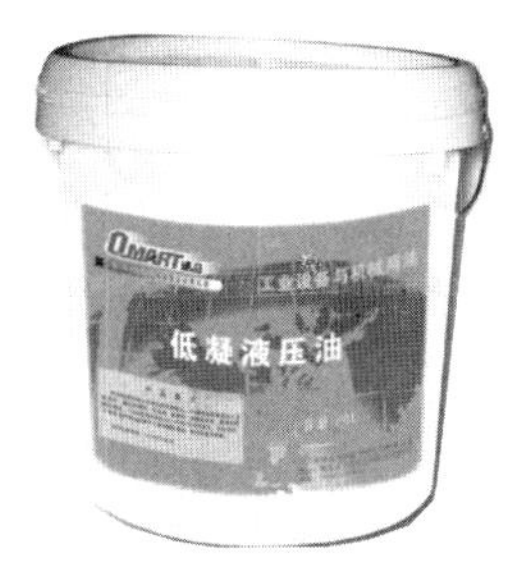

图 1-6　矿油型液压油

在所有液压元件中，液压泵对油液的性能最为敏感。这是因为泵内零件的运动速度最快，工作压力也最大，且承压时间长，温升高。因此，常根据液压泵的类型及使用要求来选择油液的黏度。

当液压油的一些性能指标不能满足某些系统（如精密机床液压系统）所需的较高要求时，可以在油液中加入抗氧化、抗磨损、抗泡沫、防锈蚀、改善黏温性能等的添加剂，以改进它的性能，使之适用于特定的场合。

液压油的牌号及其技术性能指标可查阅有关液压手册。

1.3　流体静力学

液压传动以油液为工作介质，故在液压系统中，借助压力油的流动来传递动力。流体力学是研究物体与流体相互作用规律及其应用的科学。流体静力学研究的是液体处于静止或相对静止状态下的力学规律及其实际应用。这里所说的静止是指液体内部质点之间没有相对运动。

1.3.1　流体静力学基本方程

1. 液体静压力及其特性

压力是液体内部各点单位面积上的法向力，也称为压强，用 p 表示。例如，在 ΔA 面积上作用有法向力 ΔF，则液体内某点处的压力可表示为

$$p = \lim_{\Delta A \to 0} \frac{\Delta F}{\Delta A} \tag{1-9}$$

液体静止时的压力称为液体的静压力，具有以下特性：

(1) 液体静压力垂直于受压面，且方向与该面的内法线方向一致。

(2) 静止液体内任意点处的静压力在各个方向上都相等。

压力的单位为帕斯卡，符号为 Pa，$1\text{Pa}=1\text{N/m}^2$，由于此单位很小，常采用兆帕，符号为 MPa，$1\text{MPa}=10^6\ \text{Pa}$。

压力的各种计量单位之间的换算关系如下：

$1\text{bar} = 1\times10^5\ \text{Pa} = 0.1\text{MPa}$

1at(工程大气压) $= 1\text{kgf/cm}^2 = 9.8\times10^4\text{N/m}^2$

$1\text{mH}_2\text{O}$(米水柱) $= 9.8\times10^3\text{N/m}^2$

1mmHg(毫米汞柱) $= 1.33\times10^2\text{N/m}^2$

2. 静力学基本方程

流体静力学基本方程可表示为

$$p = p_0 + \rho gh \tag{1-10}$$

式中 p——距液面深度为 h 处的液体压力，Pa；

p_0——液面上的压力，Pa。

由式（1-10）可知，静止液体内的压力随液体的深度 h 呈线性规律分布：距离液面深度相同的各点压力相等，压力相等的所有点组成等压面。在液压传动系统中，通常外力产生的压力要比液体自重（ρgh）形成的压力大得多。为此，可将式（1-10）中的 ρgh 忽略不计，认为静止液体中的压力处处相等。

3. *压力的表示方法*

按压力的零点不同，压力有绝对压力、相对压力和真空度三种表示方法。

（1）绝对压力：以绝对真空为零点进行度量。

（2）相对压力：以大气压力为零点进行度量。大多数压力表测得的压力都是相对压力。

$$绝对压力 = 相对压力 + 大气压力$$

（3）真空度：当绝对压力小于大气压力时，其小于大气压力的数值称为真空度，也称为负压。

$$真空度 = 大气压力 - 绝对压力$$

1.3.2 液体对固体壁面的作用力

固体和静止液体相接触时，固体壁面上各点在某一方向上所受静压作用力的总和，便是液体在该方向上作用于固体壁面上的力。

静止液体与平面接触时，若不计重力作用，则平面上各点处静压力大小相等，且垂直作用于受压平面。因此，液体对该平面的作用力 F 为静压力 p 与承压面积 A 的乘积。例如，压力油作用在直径为 D 的活塞上，如图 1-7（a）所示，则有

$$F = pA = p\frac{\pi D^2}{4} \tag{1-11}$$

静止液体和曲面接触时，由于静压力始终沿着内法线方向且垂直于承压表面，因而曲面上各点处的静压力不平行但大小相等。如图 1-7（b）所示的球面和圆锥面，液体作用在球面和圆锥面上的力 F 等于该部分曲面在垂直方向的投影面积 A 与静压力 p 的乘积，即

$$F = pA = p\frac{\pi d^2}{4} \tag{1-12}$$

式中 d——承压部分曲面投影圆的直径。

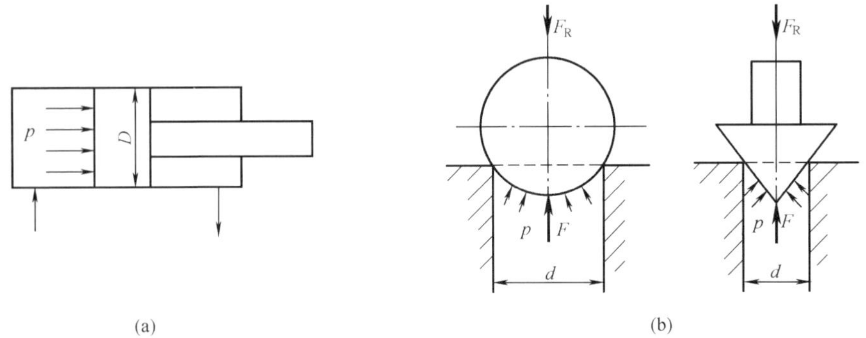

图 1-7 液压力作用在曲面上

（a）平面；（b）曲面

1.4　流体动力学

流体动力学的研究内容包括液体流动时的流动状态、运动规律及能量转换等问题。

1.4.1　连续性方程

1. 基本概念

(1) 理想流体与实际流体。既无黏性又不可压缩的流体称为理想流体，是一种假想流体；既有黏性又可压缩的流体，称为实际流体。

(2) 恒定流动和非恒定流动。流体流动时，任一点处流体的速度、压力、密度等都不随时间变化的流动称为恒定流动；反之，称为非恒定流动。

(3) 通流截面。液体流动时，垂直于液体流动方向的截面称为通流截面。

(4) 流量。单位时间内流过通流截面的液体体积称为流量，用 q (m^3/s) 表示。

(5) 平均流速。假设通流截面上各点的流速均匀分布，其流速称为平均流速，用 v (m/s) 表示。

2. 连续性方程

如图 1-8 所示，液体在管道中做恒定流动时，根据质量守恒定律，单位时间流过管路的任一通流截面的流体质量相等，即

$$\rho_1 A_1 v_1 = \rho_2 A_2 v_2 \tag{1-13}$$

式中 ρ——流体的密度；

A——通流截面；

v——平均流速。

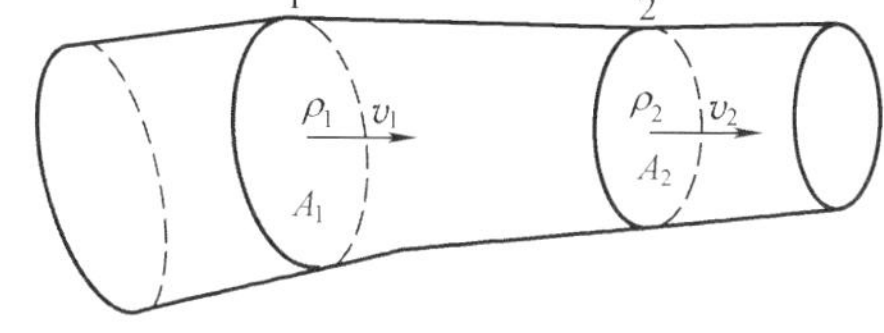

图 1-8　液流的连续性原理

若为不可压缩流体，则 $\rho_1=\rho_2$，此时式 (1-13) 成为

$$A_1 v_1 = A_2 v_2 \tag{1-14}$$

或

$$q = Av = 常数 \tag{1-15}$$

式 (1-15) 就是液体的连续性方程。它说明液体在管道中流动时，流过各通流截面的流量是相等的，流速和通流截面成反比。

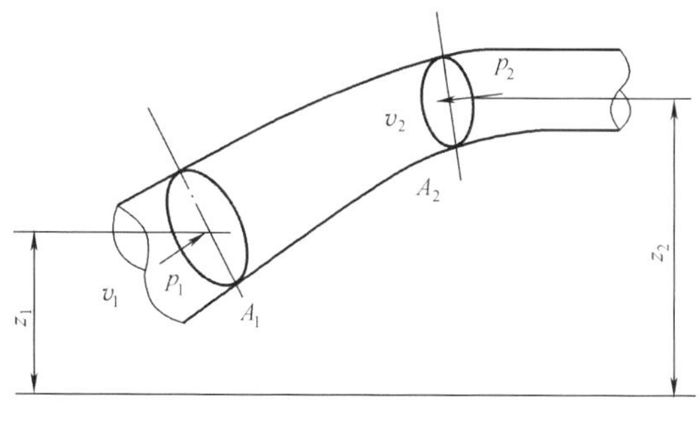

图 1-9　伯努利方程示意

1.4.2　伯努利方程

1. 理想流体的伯努利方程

图 1-9 所示为一变截面管道，理想液体在管道中做恒定流动，任取两个通流截面 A_1 和 A_2。截面 A_1 的平均流速为 v_1，位置高度为 z_1；截面 A_2 的平均流速为 v_2，位置高度为 z_2。由理论推导可得理想液体的伯努利方程为

$$p_1 + \rho g z_1 + \frac{1}{2}\rho v_1^2 = p_2 + \rho g z_2 + \frac{1}{2}\rho v_2^2 \tag{1-16}$$

或

$$p+\rho gz+\frac{1}{2}\rho v^2=常数 \tag{1-17}$$

式（1-16）和式（1-17）中的各项分别代表单位体积液体的压力能、位能和动能，又称比压能、比位能和比动能。

式（1-17）表明，在管道内做恒定流动的理想液体，任意截面上均具有压力能、位能和动能，且这三种能量之间可相互转换，但三者的总和不变。

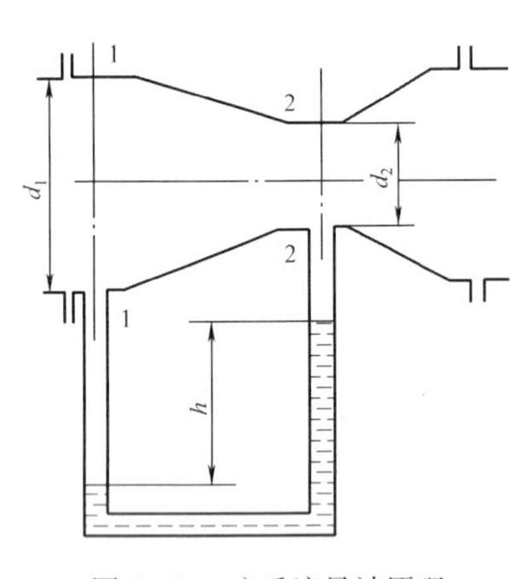

图 1-10　文氏流量计原理

【例 1-1】　图 1-10 所示为文氏流量计原理图，已知 $d_1=250\text{mm}$，$d_2=100\text{mm}$，U 形差压计中充满水银，水银面高差 $h=800\text{mm}$，不计损失，试确定流量为多少。

解　不计损失，则可按理想流体处理。取管轴心线为基准面，对截面 1—1 和 2—2 应用式（1-16），由于 $z_1=z_2=0$，故

$$p_1+\frac{1}{2}\rho v_1^2=p_2+\frac{1}{2}\rho v_2^2 \tag{1}$$

又由连续性方程（1-15）得

$$v_1=\frac{4q}{\pi d_1^2}$$

$$v_2=\frac{4q}{\pi d_2^2}$$

将 v_1、v_2 代入式（1）化简得

$$q=\frac{\pi}{4}d_1^2\sqrt{\frac{2gh\left(\frac{\rho_2}{\rho}-1\right)}{\frac{d_1^4}{d_2^4}-1}}=\frac{\pi}{4}\times 0.25^2\times\sqrt{\frac{2\times 9.81\times 0.8\times(13.6-1)}{\frac{39}{1}-1}}$$

$$=0.112(\text{m}^3/\text{s})$$

2. 实际流体的伯努利方程

在实际流体中，由于黏性的存在，流体流动时要克服内摩擦力，从而引起能量的损失，故流体总能量将沿流动方向逐渐减小。另外，用平均流速代替实际流速进行动能计算时，也必然会产生误差。用 Δp_w 表示单位体积流体在两截面间流动时的能量损失，α_1、α_2 表示两截面处因流速不均匀而引起的动能修正系数。对圆管而言，紊流时取 $\alpha=1$，层流时取 $\alpha=2$。这样，实际流体的伯努利方程为

$$p_1+\rho gz_1+\frac{1}{2}\rho\alpha_1 v_1^2=p_2+\rho gz_2+\frac{1}{2}\rho\alpha_2 v_2^2+\Delta p_w \tag{1-18}$$

1.4.3　动量方程

在液压传动中，液流对固体壁面的作用力用动量方程求解比较方便，根据动量定律，固体壁面对液体的作用力为

$$\sum F=\rho q(\beta_2 v_2-\beta_1 v_1) \tag{1-19}$$

其中，β_1、β_2 为对应通流截面的动量修正系数。对圆管流动，紊流时取 $\beta=1$，层流时取 $\beta=1.33$。液体对固体壁面的作用力与 $\sum F$ 为一对作用力和反作用力。

1.5　液体流动时的压力损失及流量计算

实际液体具有黏性，在流动时会产生能量损失。能量损失主要表现为压力损失，这种压力损失可分为两种：沿程压力损失和局部压力损失。压力损失与液体的流动状态有关。

1.5.1　液体的流动状态

1. 层流和紊流

液体在流动时存在着层流和紊流两种状态。

层流是指液体流动时，液体质点没有横向运动，互不混杂，呈线状或层状流动；紊流是指液体流动时，液体质点有横向运动或产生小旋涡，做混杂紊乱状态的运动。

层流和紊流是两种性质不同的流态。层流时，液体的流速较低，黏性力起主导作用，液体质点受黏性的约束，不能随意运动；紊流时，惯性力起主导作用，液体质点在高速流动时黏性的约束作用减弱。

2. 雷诺数

液体的流动状态，用雷诺数 Re 来判别。

实验证明，液体在圆管中流动时，其雷诺数 Re 与管径 d、平均流速 v 及液体的运动黏度 ν 有关，它是一个无量纲量，数学表达式为

$$Re = \frac{vd}{\nu} \tag{1-20}$$

液流由层流转变为紊流时的雷诺数和由紊流转变为层流时的雷诺数不相同。后者较前者数值小，故作为判别液流状态的依据，称为临界雷诺数 Re_c。当液体的雷诺数小于其临界雷诺数即 $Re < Re_c$ 时，液流为层流；反之，当 $Re > Re_c$ 时，液流为紊流。常见管道临界雷诺数 Re_c 见表 1-1。

表 1-1　常见管道临界雷诺数

管道形式	Re_c	管道形式	Re_c
光滑金属圆管	2000～2300	带环槽的同心环状缝隙	700
橡胶软管	1600～2000	带环槽的偏心环状缝隙	400
光滑的同心环状缝隙	1100	圆柱形滑阀阀口	260
光滑的偏心环状缝隙	1000	锥阀阀口	20～100

1.5.2　压力损失及其计算

1. 沿程压力损失

液体在等径直管中流动时由黏性摩擦而产生的压力损失，称为沿程压力损失。它与管径 d、管道长度 l、液体的平均流速 v 及液体的运动黏度 ν 有关，其数学表达式为

$$\Delta p_f = \lambda \frac{l}{d} \frac{\rho v^2}{2} \tag{1-21}$$

式中　Δp_f——沿程压力损失，Pa；

λ——沿程阻力系数。

式（1-21）适用于层流和紊流状态的沿程压力损失的计算，只是 λ 取值不同。层流时，λ 的理论值为 $64/Re$，而实际值稍大些。若液压油在金属管中流动时，取 $\lambda=75/Re$；在橡胶软管中流动时，取 $\lambda=80/Re$。紊流时，λ 的值可查阅相关液压设计手册。

2. *局部压力损失*

液体流经管道中的弯头、大小管的接头、突变截面、阀口和网孔等局部障碍处时，由于液流方向和流速的改变，在这些地方形成旋涡，从而使液体质点互相撞击而造成的能量损失，称为局部压力损失。

局部压力损失与液体的密度 ρ、平均流速 v 的平方成正比，可按式（1-22）计算：

$$\Delta p_{\mathrm{r}}=\zeta\frac{\rho v^{2}}{2} \tag{1-22}$$

式中　Δp_{r}——局部压力损失，Pa；

ζ——局部阻力系数，一般由实验测得，可查阅相关液压设计手册；

v——液体的平均流速，m/s。

液流经过各种阀的局部压力损失可由阀的技术规格中查取。查取的压力损失是其额定流量 q_{n} 下的压力损失 Δp_{n}。如果实际通过流量 q 不是额定流量 q_{n} 时，则局部压力损失 Δp_{r} 可按下式计算：

$$\Delta p_{\mathrm{r}}=\Delta p_{\mathrm{n}}\left(\frac{q}{q_{\mathrm{n}}}\right)^{2}$$

3. *管路系统的压力损失*

管路系统的总压力损失为所有沿程压力损失和所有局部压力损失的和，即

$$\Delta p_{\mathrm{w}}=\sum\Delta p_{\mathrm{f}}+\sum\Delta p_{\mathrm{r}} \tag{1-23}$$

利用式（1-23）计算时，只有在各局部障碍之间有足够的距离时方可应用正确。因为当液体流过一个局部障碍后，需要在直管中流过一段距离后才能稳定，否则其局部阻力系数可能比正常情况时大 2～3 倍。通常理想的两个局部障碍间直管的长度为 $l>10\sim20d$。在液压传动系统中，沿程压力损失比起局部压力损失是较小的，在大多数情况下，总压力损失以局部压力损失为主。

液压系统中的压力损失基本上都转换为热能，造成系统油温升高、泄漏增大，以致影响系统的工作性能。因此常采取减小流速，缩短管道长度，减少管道截面突变、弯头等措施，来减小管路系统的压力损失，从而保证液压传动系统的正常工作。

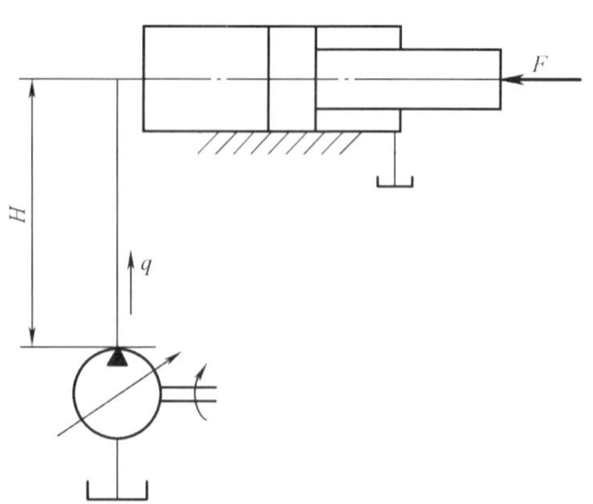

图 1-11　液压系统示意图

【例 1-2】　在如图 1-11 所示的液压系统中，已知泵输出的流量 $q=1.5\times10^{-3}\,\mathrm{m^3/s}$，液压缸的进油管是内径 $d=20\mathrm{mm}$ 的钢管，总长即为管的垂直高度 $H=5\mathrm{m}$，进油管路总的局部阻力系数 $\sum\zeta=7.2$，液压油的密度 $\rho=0.9\times10^{3}\,\mathrm{kg/m^3}$，工作温度下的运动黏度 $\nu=46\mathrm{mm^2/s}$，试求进油路的压力损失。

解　由连续性方程得进油管内的流速 v_1 为

$$v_{1}=\frac{4q}{\pi d^{2}}=\frac{4\times1.5\times10^{-3}}{\pi(20\times10^{-3})^{2}}=4.77(\mathrm{m/s})$$

则雷诺数为

$$Re = \frac{v_1 d}{\nu} = \frac{4.77 \times 20 \times 10^{-3}}{46 \times 10^{-6}}$$
$$= 2074 < 2300 \quad \text{为层流状态}$$

沿程阻力系数为

$$\lambda = \frac{75}{Re} = \frac{75}{2074} = 0.036$$

故根据式（1-23）得进油路的压力损失为

$$\Delta p_w = \lambda \frac{H}{d} \frac{\rho v_1^2}{2} + \sum \zeta \frac{\rho v_1^2}{2}$$
$$= \left(0.036 \times \frac{5}{20 \times 10^{-3}} + 7.2\right) \times \frac{0.9 \times 10^3 \times 4.77^2}{2}$$
$$= 0.166(\text{MPa})$$

1.5.3　孔口和缝隙流量计算

液压传动系统中油液流经小孔和缝隙的情况较多，如常用的节流阀、换向阀、伺服阀等，都是利用薄壁小孔的出流规律来工作的，而阀芯与阀体间、缸体与活塞之间等也都存在着缝隙流动的问题。在液压传动系统中常利用液体流经阀的小孔或缝隙来控制流量和压力，以达到调速和调压的目的。另外，液压元件的泄漏也属于缝隙流动。

1. 小孔流量-压力特性

液体流经小孔可分为三种：当孔的长度 l 与孔径 d 的比值 $l/d \leqslant 0.5$ 时，称为薄壁小孔；当 $0.5 < l/d \leqslant 4$ 时，称为短孔（厚壁孔）；当 $l/d > 4$ 时，称为细长孔。

上述三种小孔的流量计算公式，可用一通用公式表示：

$$q = KA_T \Delta p^{\varphi} \tag{1-24}$$

式中　A_T、Δp——小孔的通流截面积和进、出口压力差；

K——由孔的形状、尺寸和液体性质决定的系数；

φ——由孔的长径比决定的指数，薄壁孔和短孔 $\varphi=0.5$，细长孔 $\varphi=1$。

对细长孔 $K=d^2/32\mu l$，对薄壁孔和短孔 $K=C_q\sqrt{2/\rho}$，C_q 为流量系数，短孔的流量系数比薄壁孔略大。

薄壁小孔的孔口边缘是无倒角的锐缘，在管道中对液流起节流作用。由式（1-24）可知，其流量与黏度无关，即流量受油温变化的影响很小，且受进、出口压差的影响较小，因此，液压系统中常采用薄壁小孔来作节流元件。但短孔的加工比薄壁孔容易，实际应用中常采用短孔作固定节流器。细长孔的流量受进、出口压差的影响较大，且其流量与动力黏度成反比，所以细长孔的流量受油温的影响较大。另外，细长孔容易堵塞，在液压阀中常见的阻尼小孔就是细长孔，在液压系统中用的油管也属于细长孔的类型。

2. 缝隙流量

液压传动系统中，各元件、阀等零件之间，特别是有相对运动的各零件间，都存在缝隙，即配合间隙。油液流经这些缝隙的流量，实际就是泄漏量。由于缝隙一般都很小，液压油又具有一定的黏度，因此油液在缝隙中的流动一般为层流。

（1）平行平板缝隙的流量。如图1-12所示，液体在两平行平板间的缝隙中流动，缝隙高为 δ，长为 l，宽为 b，且 b 和 l 一般比 δ 大得多。其中，下平板固定不动，上平板以速度

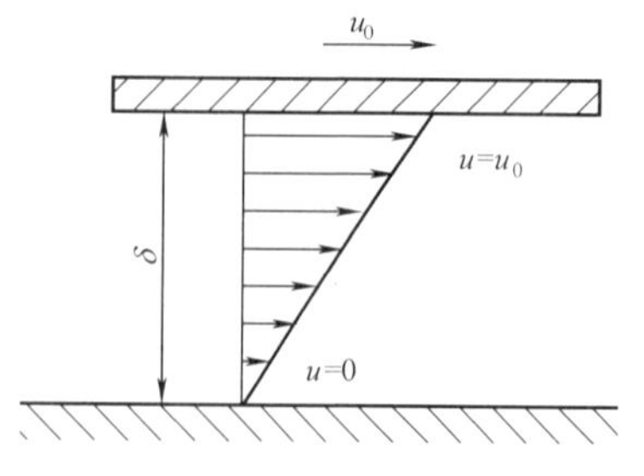

图 1-12 有相对运动的平行平板缝隙

u_0相对于下平板运动，则其流量为

$$q=\frac{\delta^3\times b}{12\mu l}\Delta p\pm\frac{u_0}{2}b\delta \tag{1-25}$$

式中 μ——液体的动力黏度，Pa・s；

Δp——缝隙两端压力差，Pa。

式（1-25）中，若运动平板的速度方向与压力差 Δp 作用下液体的流动方向相同时，取“+”号；反之，取“-”号。当相对运动速度 $u_0=0$ 时，即为两固定平板的缝隙流量。由式（1-25）可见，缝隙高 δ，即液压元件的间隙对泄漏量影响很大。

（2）同心环形缝隙的流量。液压元件中，液压缸缸体与活塞之间的缝隙、阀体与滑阀之间的缝隙等均属这种情况。如图 1-13 所示，液体在同心环形缝隙间流动。缝隙长度为 l，圆柱体直径为 d，缝隙值为 δ，当$\frac{2\delta}{d}\ll 1$ 时（相当于液压元件内配合间隙的情况），可以将环形缝隙的流动近似地看作是平行平板缝隙间的流动（即将圆环缝隙沿圆周方向展开），将 $b=\pi d$代入式（1-25），则其流量为

$$q=\frac{\pi d\delta^3}{12\mu l}\Delta p\pm\frac{\pi d\delta u_0}{2} \tag{1-26}$$

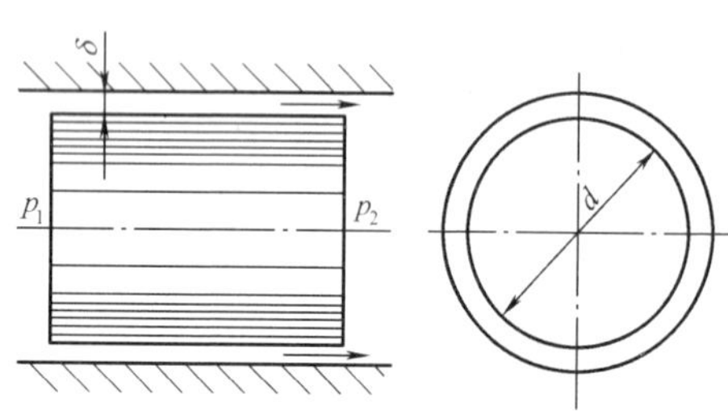

图 1-13 同心圆环缝隙的液流

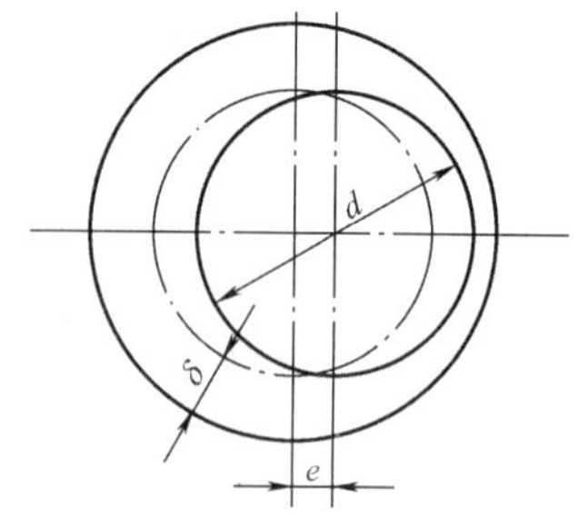

图 1-14 偏心环形缝隙的液流

（3）偏心环形缝隙的流量。实际工程中，形成缝隙的两圆柱表面的同心不易保证，常常存在一定的偏心量，如图 1-14 所示，则其流量为

$$q=\frac{\pi d\delta^3\Delta p}{12\mu l}(1+1.5\varepsilon^2)\pm\frac{\pi d\delta u_0}{2} \tag{1-27}$$

式中 δ——内外圆环无偏心时的缝隙值；

ε——相对偏心率，即两个圆环的偏心距 e 与缝隙值 δ 之比，$\varepsilon=e/\delta$。

从式（1-27）可看出，当 $\varepsilon=0$ 时，就是同心时的流量公式；当 $\varepsilon=1$ 时，就是最大偏心情况下的缝隙流量公式，其流量为同心时流量的 2.5 倍。因此在液压元件中，应尽量要求两个配合表面保持同心，以减少泄漏量。

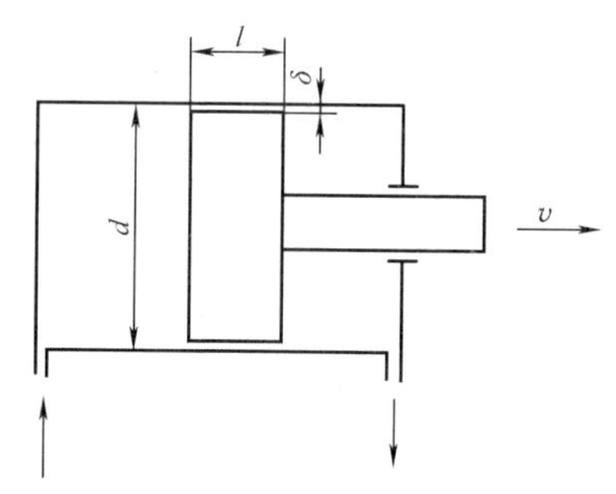

图 1-15 液压缸泄漏

【例 1-3】 如图 1-15 所示，液压缸直径为 $d=100$mm，活塞长度 $l=50$mm，活塞与缸筒的间隙 $\delta=$

0.02mm，设液压缸左腔油压为 0.8MPa，右腔油压为 0.3MPa，活塞向右运动速度为 $v=10\text{cm/s}$，油液运动黏度 $\nu=0.2\text{cm}^2/\text{s}$，密度 $\rho=0.9\times10^3\text{kg/m}^3$，试确定油液经过活塞的泄漏量。

解　液压缸固定，活塞向右移动的情况和活塞固定、液压缸向左移动的情况一样，故速度 v 的方向与 Δp 方向相反。此时，泄漏量可按式（1-26）计算，第二项取负值，则

$$
\begin{aligned}
q &= \frac{\pi d\delta^3}{12\mu l}\Delta p - \frac{\pi d\delta}{2}v \\
&= \frac{\pi\times100\times10^{-3}\times(0.02\times10^{-3})^3\times(0.8-0.3)\times10^6}{12\times0.2\times10^{-4}\times0.9\times10^3\times50\times10^{-3}} \\
&\quad - \frac{\pi\times100\times10^{-3}\times0.02\times10^{-3}\times10\times10^{-2}}{2} \\
&\approx 0.116-0.314 \\
&\approx -0.198(\text{cm}^3/\text{s})
\end{aligned}
$$

结果为负值，说明是从液压缸右腔向左腔泄漏的。

当活塞有偏心时，因压差引起的泄漏将加大，在最大偏心时将达 $0.116\times2.5=0.29\text{cm}^3/\text{s}$，因此总泄漏量为 $0.29\text{cm}^3/\text{s}-0.314\text{cm}^3/\text{s}=-0.024\text{cm}^3/\text{s}$，仍为负值，说明泄漏方向仍是右腔向左腔。

1.6　液压冲击和气穴现象

1.6.1　液压冲击

在液压系统中，由于某种原因造成油液的压力在某一瞬间突然急剧上升，产生一较大的压力峰值，并形成压力波传播于充满油液的管道内，这种现象称为液压冲击。液压冲击现象在日常生活中也会遇到。例如，迅速关闭自来水龙头，有时就会听到水在管道内激烈撞击的声音，并伴随着自来水管的振动，即为液压冲击现象。

1. 液压冲击产生的原因

（1）液流速度突变时。例如，迅速将阀门关闭时，就容易引起液压冲击。这是由于液流的惯性力引起系统压力升高而产生液压冲击。这种原因产生的液压冲击常常出现于应用电磁阀换向的液压系统中，当换向时间为 0.08～0.12s 时最易出现液压冲击。

（2）运动部件制动与换向时。例如，迅速将液压缸和液压马达的回油路关闭，使回油不能继续排出时，也容易产生液压冲击。这是由于执行元件的惯性力作用，使回油路中的压力迅速升高而产生液压冲击。

（3）液压系统中某些元件反应不灵敏。例如，液压系统压力升高时，溢流阀不能迅速打开，或限压式变量泵不能及时自动减小输出流量等，使液压系统出现瞬时的压力峰值，而产生液压冲击。

（4）某些液压元件工作时的振动，有时也会激起系统产生强烈的液压冲击。

2. 液压冲击的危害

当液压系统产生液压冲击时，瞬时的压力峰值通常比正常工作的压力高好几倍，并经常

伴有噪声和振动，从而造成液压元件、密封装置、管件等的损坏，降低系统的使用寿命。有时还会引起某些液压元件，如压力继电器、顺序阀等的误动作，影响系统的正常工作。因此，必须采取措施来减轻或防止液压冲击。

3. 减小液压冲击的措施

防止液压冲击的根本措施是避免液流速度的急剧变化，即延缓速度变化的时间，在液压系统中常采取如下措施来减小液压冲击。

（1）缓慢开关阀门，适当延长执行机构换向和制动的时间。例如，在液压系统中采用换向时间可调的换向阀，当阀门关闭和运动部件换向制动时间大于 0.3s 时，液压冲击将大幅减小。

（2）限制管路中液体的流速和运动部件的运动速度。例如，机床液压系统常将管路内液体的流速限制在 4.5m/s 以下，运动部件速度一般小于 10m/min 等。

（3）适当增加管路内径和尽量缩短管路长度，可降低压力冲击波在管路中的传播速度，缩短传播时间；另外，增加管路内径也可降低液体的流速，相应的压力峰值也会减小。

（4）在液压冲击源附近安装蓄能器或安装限制压力升高的安全阀。

（5）在液压元件中设液压缓冲装置，如阻尼孔等。

（6）采用橡胶软管来增加系统的弹性。

1.6.2 气穴现象

在常温常压下，一般矿物型液压油可溶解体积比为 6%～12%的空气。在液压系统中，若某一处的压力低于液压油工作温度下的空气分离压时，原先溶解于油液中的空气将游离出来形成大量气泡，若压力继续降低到油液工作温度下的饱和蒸气压时，油液会迅速汽化而产生大量气泡。这些气泡混杂在油液中，产生气穴，使原来充满管道和液压元件中的液体成为不连续状态，这种现象称为气穴现象。

气穴现象通常发生在节流小孔、阀口和液压泵的进油口处。当油液流过节流小孔、阀口缝隙等特别狭窄的地方时，液流速度会急剧增加，压力迅速降低，就容易产生气穴现象。另外，液压泵的吸油管径要适当，不能过小，吸油面不能过低，否则吸油阻力加大，以致吸油管中真空度过大，或液压泵转速过高而造成吸空等，都可能产生气穴现象。

液压系统中发生气穴现象后，气泡随油液流至高压区，在高压作用下迅速破裂，使空气重新溶于油中。这一过程发生在一瞬间，于是产生局部液压冲击，使局部压力和温度均急剧升高，并产生强烈的噪声和振动。附近的管壁和液压元件的表面，由于反复承受液压冲击、高温和氧气的侵蚀作用而剥落破坏，这种因气穴现象而产生的表面腐蚀称为气蚀。

气穴和气蚀是液压系统中常出现的故障现象，除产生振动和噪声外，还由于大量的气泡破坏了油液的连续性，因此降低了液压泵的吸油能力，严重地影响液压系统的工作稳定性、降低液压元件的使用寿命。

为了降低气穴和气蚀的危害，可采取以下措施：

（1）控制节流小孔和阀口缝隙前后的压力差不要过大，一般希望小孔前、后的压力比 $p_1/p_2<3.5$。

（2）正确设计液压泵的结构参数，特别是吸油管路应有足够的管径，对管内液体的流速加以限制；降低吸油高度，尽量减小吸油管路中的压力损失。滤网应及时清洗或更换，管接头处应密封良好；对于自吸能力差的泵，可采用辅助泵供油。

（3）整个系统管路应尽可能做到平直，尽量避免管道急剧转弯和局部狭窄，而且配置要合理。

（4）合理选择液压元件的材料，增加零件的机械强度，提高零件表面的加工质量，以提高零件的抗气蚀能力。

任务指导

1.7　液压实验台观摩教学

1.7.1　安全注意事项

（1）液压气动实训要与电、高压油、压缩空气打交道，要检查实训设备和元器件的完好性。

（2）实验操作人员应熟悉液压实验台的性能、结构、工作范围及其电气开关、旋钮、仪表的操作、使用方法。否则，不能上实验台操作。

（3）按要求接好回路，管路连接牢固，若软管脱出可能会引起事故。

（4）启动实验台之前，应仔细检查各液压阀旋钮是否在指定的位置，然后才能接通电源总开关，开机工作。

（5）操作过程中要集中精力，随时观察实验台的运转状态。若发现不正常声音和现象，应立即停车，待查明原因并进行相应处理后，方能重新启动实验台。

（6）不得使用超过限制的工作压力。做液压实验时，在有压力的情况下不准拆卸管子；做气动实验时，在有压力的情况下拆卸软管应握紧软管的端头。

（7）实验现象不能按要求实现时，要仔细检查错误点，认真分析产生错误的原因。

（8）实验台使用完毕后，应使各操纵旋钮处于正常关闭状态，并做常规的维护保养。例如，保持各液压元件及液压设备的清洁，经常检查各液压阀、管路及接头处的泄漏及疏闭状况，以免造成因堵塞而损坏液压元件的现象。

1.7.2　液压实验台观摩教学

1. QCS003B液压实验台上的元件讲解

QCS003B液压实验台如图1-1所示。在此实验台上，主要包括以下元件：①动力元件，如液压泵和电动机；②执行元件，如两个双作用单活塞杆液压缸，其中一个为工作液压缸，另一个为加载液压缸；③控制调节元件，如溢流阀、电磁换向阀、节流阀、调速阀等，分别用于压力控制、方向控制和速度控制；④辅助元件，如油箱、过滤器、液位计、压力表等。

2. QCS003B液压实验台的原理讲解

（1）压力的建立与调压。首先指出，液压泵的工作压力是指其工作时输出油液的实际压力，主要取决于外负载的大小，而液压系统的供油压力则是通过溢流阀来调整的。通过溢流阀和液压泵，建立调压回路，首先通过溢流阀将系统压力调为零，然后慢慢地调高压力，通过压力表显示压力的变化值，然后将溢流阀的压力调定为一个固定值，逐渐增加负载的大小直到液压缸活塞不动为止。

（2）缸体运动方向的控制。首先指出，液压缸的运动是靠作用在活塞上的油液压力实现的。若没有压力油进入液压缸，液压缸不会运动；若油路堵塞，液压缸也不会运动。只有通入压力油后，当缸的进油路和回油路都通畅，并且缸的工作压力能克服外负载，缸才能运动起来。而液压缸运动方向的改变，是通过换向阀的换向，使油液流动方向发生变化（即进油腔和回油腔的变换）来实现的。

（3）缸体运动速度的控制。首先指出，液压缸活塞的运动速度是由进入液压缸的油液流量来决定的，而输入液压缸流量的多少是通过节流阀来调节的。通过节流阀和液压缸，建立调速回路，然后通过调节节流阀开口量的大小，观察液压缸速度的变化。

（4）液压基本回路的概念。通过上述三个例子，讲解液压基本回路的概念，以了解液压基本回路是指能实现某种功能（如调压、调速、换向等）的液压元件的组合。

3. 简单介绍 QCS002 液压教学实验台

QCS002 液压教学实验台如图 1-16 所示。

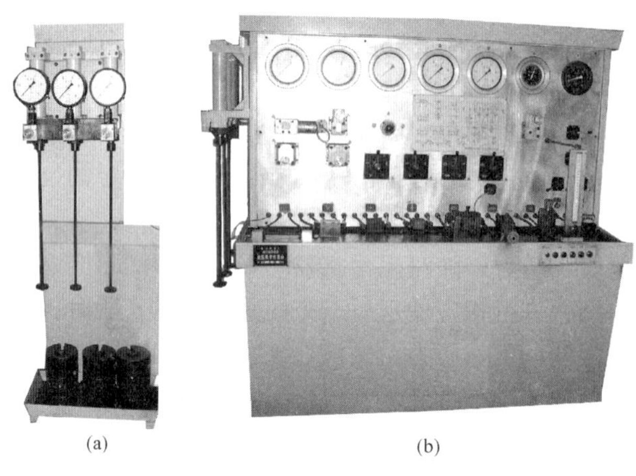

(a) (b)

图 1-16 QCS002 液压教学实验台

（a）侧面图；（b）正面图

1.7.3 实践操作

（1）认识 QCS003B 实验台上各元件的名称和图形符号。认识液压实验台上各元件的外形和符号，并将溢流阀、节流阀、液压缸、液压泵、三位四通电磁换向阀、油箱的符号抄画下来。

（2）操作 QCS003B 实验台。分组并各选出一名代表，实践操作液压缸速度的控制、运动方向的控制、泵工作压力的调整。

练习与提高

1-1 什么是液压传动？液压传动的基本工作原理是什么？

1-2 什么是液压传动的系统图？液压元件在系统图中怎样表示？

1-3　液压传动由哪些基本组成部分？各组成部分的作用是什么？

1-4　液压传动相比其他传动方式有哪些优缺点？

1-5　气压传动有哪些优缺点？

1-6　气压传动与液压传动相比有何异同？

1-7　什么是液体的黏性？黏性的实质是什么？常用的黏度表示方法有哪几种？不同表示方法间是什么关系？分别叙述不同表示方法的黏度单位。

1-8　压力的定义是什么？有几种表示方法？不同表示方法相互间是什么关系？

1-9　静压力有哪些特性？压力是如何传递的？

1-10　什么是层流？什么是紊流？液压系统中液体的流动希望保持层流状态，为什么？

1-11　管路中的压力损失有哪几种？分别受哪些因素影响？

1-12　什么是液压冲击？产生的原因是什么？有哪些危害？如何减小液压冲击？

1-13　什么是气穴和气蚀现象？它们有哪些危害？如何防止？

1-14　有 $200cm^3$ 的液压油，密度 $\rho=900kg/m^3$，在50℃时流过恩氏黏度计的时间 $t_1=153s$，同体积的蒸馏水在20℃时流过的时间 $t_2=51s$。求该油的恩氏黏度 $°E_{50}$、运动黏度 ν、动力黏度 μ 各为多少？

1-15　某液压油的运动黏度为20cSt，其密度 $\rho=900kg/m^3$，求其动力黏度是多少？

1-16　如图1-17所示，直径为 d，重为 G 的柱塞浸没在液体中，并在 F 力作用下处于静止状态。若液体的密度为 ρ，柱塞浸入深度为 h，试确定液体在测压管内上升的高度 x。

1-17　如图1-18所示，在两个互相连通的液压缸中，已知大缸内径 $D=100mm$，小缸内径 $d=20mm$，大缸活塞上放置的物体质量为5000kg。试求小缸活塞上的力 F 加多大时，才能使大活塞顶起重物。

1-18　如图1-19所示，齿轮泵从油箱吸油，如果齿轮泵安装在油面之上0.4m处，泵的流量为25L/min，吸油管内径为 $d=30mm$，设滤网及管道内总的压降为 3×10^4Pa，油的密度为 $900kg/m^3$，试求泵吸油时的真空度。

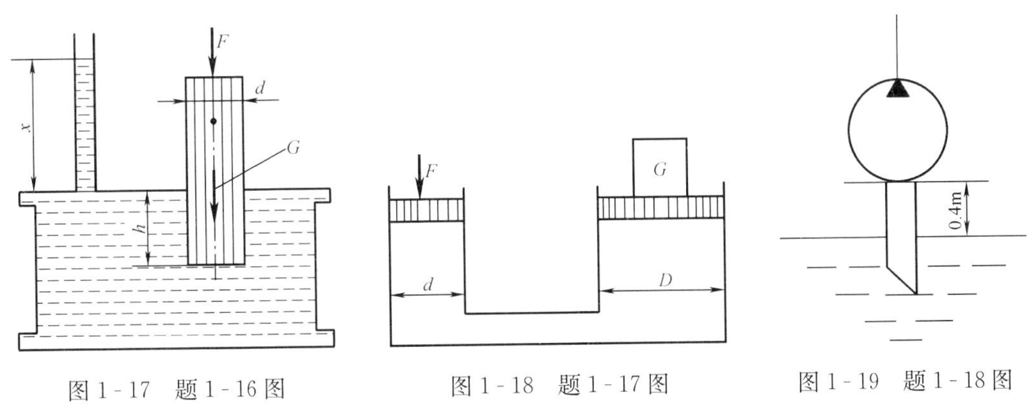

图1-17　题1-16图　　图1-18　题1-17图　　图1-19　题1-18图

1-19　如图1-20所示，液压泵吸油管内径 $d=60mm$，泵的流量 $q=160L/min$，泵入口处的真空度为 2×10^4Pa，油液的运动黏度 $\nu=0.34\times10^{-4}m^2/s$，密度 $\rho=900kg/m^3$，弯头处的局部阻力系数 $\zeta=0.5$，沿程压力损失忽略不计，试求泵的吸油高度 H_S。

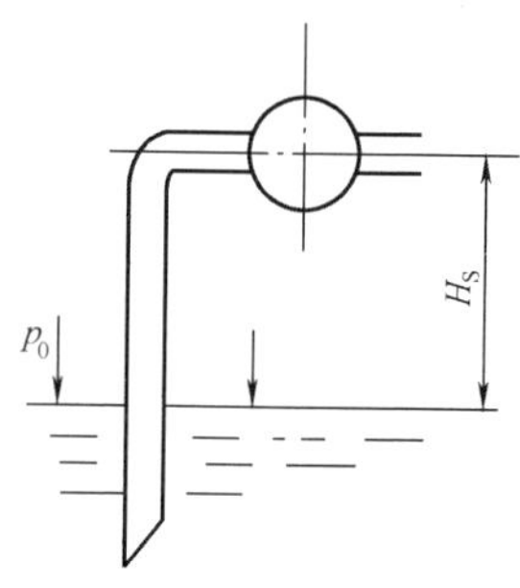

图 1-20　题 1-19 图

1-20　泵的工作压力取决于什么？为什么？缸的运动速度取决于什么？为什么？

学习情境二　液压与气动系统的动力元件

任务一　液压泵的性能测试

任务描述

图 2-1 所示为 QCS003B 液压实验台液压系统原理图的一部分，利用这部分液压原理图完成以下任务：

（1）测试液压泵的压力脉动值。

（2）测试液压泵的容积效率-压力特性，绘制 η_V-p 曲线。

（3）测试液压泵的流量-压力特性，绘制 q-p 曲线。

（4）测试液压泵的总效率-压力特性，绘制 η-p 曲线。

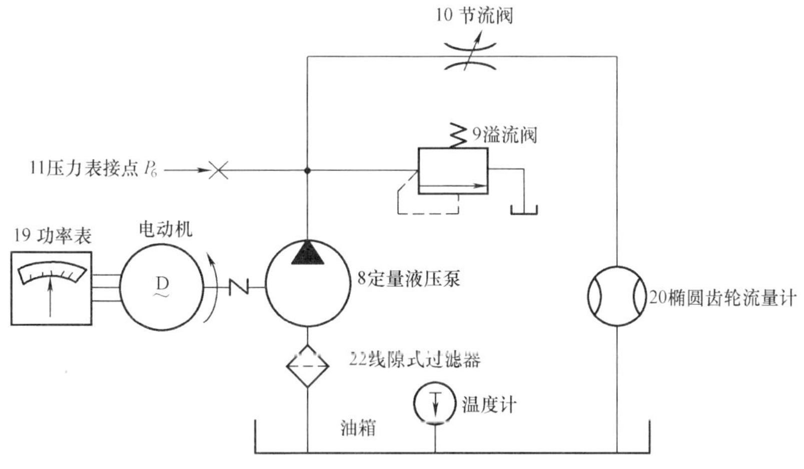

图 2-1　QCS003B 液压实验台液压系统原理图

任务分析

如实验原理图 2-1 所示，图中定量液压泵 8 为被试泵，它的进油口装有线隙式过滤器 22，出油口并联有溢流阀 9 和压力表 11。被试泵输出的油液经节流阀 10 和椭圆齿轮流量计 20 流回油箱。用节流阀 10 对被试泵加载。

相关知识

在液压与气动系统中，动力的传递是利用液压油或压缩空气作为工作介质，以压力能的形式进行传递的。液压泵和气源装置是液压与气动系统中的能量转换装置，称为动力元件。它们由原动机驱动，把输入的机械能转换成为油液或气体的压力能，向系统提供工作所需的、具有一定压力和流量的油液或气体。

动力元件是液压与气动系统的核心元件，其性能的好坏将直接影响到系统的正常工作。

2.1 液压泵概述

2.1.1 液压泵的工作原理

液压系统中采用的液压泵有多种类型，但都属于容积式液压泵，其工作原理可用如图2-2所示的柱塞泵结构原理图来说明。

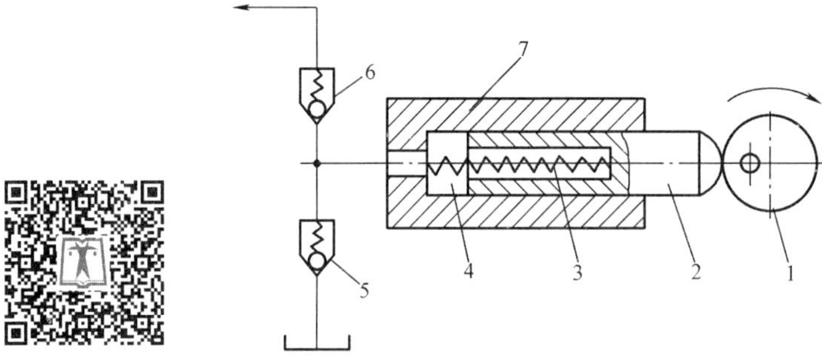

图 2-2 柱塞泵结构原理图

1—偏心轮；2—柱塞；3—弹簧；4—密封工作容腔；
5—单向阀（吸油阀）；6—单向阀（压油阀）；7—缸体

如图 2-2 所示，机构由柱塞 2 和缸体 7 组成了密封工作容腔 4，柱塞 2 在弹簧 3 的作用下紧压在偏心轮 1 上。当偏心轮 1 在原动机的驱动下旋转时，通过偏心轮的带动，柱塞 2 就在缸体 7 内做直线往复运动。柱塞向右运动时，它与缸体构成的密封容腔 4 逐渐增大，腔内形成局部真空，油箱中的油液在大气压的作用下顶开单向阀 5 而进入密封容腔，完成吸油过程；当柱塞运动到右端极限位置时，随着偏心轮的转动，柱塞开始向左运动，使密封容腔 4 逐渐减小，腔内油液压力升高，从而顶开单向阀 6 进入液压系统，完成压油过程。柱塞往复运动一个周期，液压泵就完成吸油、压油各一次。偏心轮连续旋转，柱塞随之不断地往复运动，使得油箱中的液压油不断地经单向阀 5 进入泵容腔，然后经单向阀 6 排出，进入液压系统。单向阀 5 和 6 保证了油液的流动方向是从液压泵的吸油口进入，从压油口排出，不能反方向流动。这就是液压泵的工作原理。

从液压泵的工作原理可知：

（1）液压泵是依靠密封容腔容积的变化来实现吸油和压油的。密封容腔容积增大时为泵的吸油过程，容积减小时为泵的压油过程。

（2）在吸油过程中，必须使吸油管形成负压，此为液压泵吸油的必要条件；在压油过程中，液压泵的排油压力取决于油液排出时的阻力（即负载），这是形成油压的条件。为了保证液压泵吸油充分，油箱必须与大气相通或采用密闭的充压油箱。

（3）液压泵在吸油过程中应保证吸油腔与油箱相通而切断压油通道，在压油过程中应保证压油腔与排油管相通而切断吸油通道，以避免吸油和排油互相干扰，如图 2-2 所示的单向阀 5 和 6 就起到了这样的作用，称为配油装置。

2.1.2　液压泵的分类

液压泵的分类方式较多，主要按下列几种形式进行分类：

（1）按结构形式不同，液压泵主要分为齿轮式、叶片式和柱塞式三大类。

（2）按流量是否可调，可分为定量泵和变量泵。

（3）按额定压力高低，可分为低压、中压和高压泵。

液压泵的图形符号见表 2-1。

表 2-1　液压泵的图形符号

特性 / 符号 / 名称	单向定量	双向定量	单向变量	双向变量
液压泵	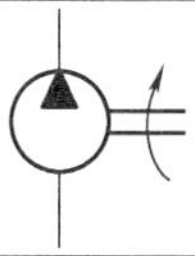	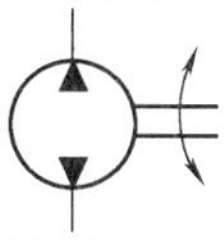	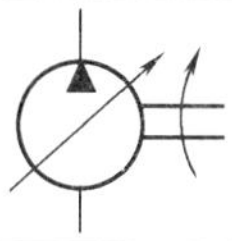	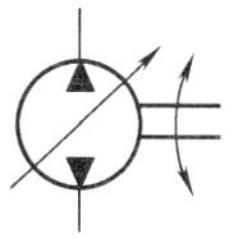

2.1.3　液压泵的性能参数

1. 工作压力、额定压力和最大压力

（1）工作压力。液压泵的工作压力是指泵实际工作时的压力，用 p 表示。对液压泵来说，工作压力是指它的输出压力，常用单位为 MPa。

（2）额定压力。液压泵的额定压力是指泵在正常工作条件下，按试验标准规定能连续运转的最高压力，用 p_n 表示，超过此值就是过载，常用单位为 MPa。

（3）最大压力。液压泵的最高工作压力是指按试验标准规定，允许泵在短时间内超过额定压力运转时的最高压力，常用单位为 MPa。

2. 排量和流量

（1）排量。液压泵的排量是指泵每转一周，根据其密封容腔几何尺寸变化计算而得的输出油液的体积，也就是在无任何泄漏的情况下，每转一周所输出油液的体积，用 V 表示，常用单位为 mL/r。排量可调节的液压泵称为变量泵，排量不可调节的液压泵称为定量泵。

（2）理论流量。液压泵的理论流量是指泵在单位时间内由其密封容腔几何尺寸的变化，计算得出的输出油液的体积，也就是在无任何泄漏的情况下，单位时间内所输出油液的体积，用 q_t 表示，常用单位为 L/min。泵的转速为 n 时，其理论流量为 $q_t=Vn$。

（3）额定流量。液压泵的额定流量是指按试验标准规定必须保证的流量，也就是在额定压力和额定转速下泵输出的流量，用 q_n 表示。

（4）实际流量。液压泵的实际流量是指在某一工况下，单位时间内液压泵工作时实际输出的流量，也就是液压泵工作时出口处的流量。

3. 功率和效率

液压泵用电动机驱动，输入量是机械能，即转矩和转速（角速度），输出量是液体的压力能，即压力和流量。若不考虑功率损失，则输出功率等于输入功率，即

$$P_t = T_t\omega = 2\pi n T_t = Fv = pAv = pq_t$$

式中　P_t——液压泵的理论输出功率；

T_t——液压泵的理论转矩；

ω——液压泵的角速度。

液压泵在工作中，由于存在泄漏和机械摩擦而不可避免地造成能量损失，故其输出功率小于输入功率。功率损失又可分为容积损失（泄漏造成的流量损失）和机械损失（摩擦造成的转矩损失）。通常容积损失用容积效率 η_V 来表示，机械损失用机械效率 η_m 来表示。

对液压泵来说，其泄漏量随压力的升高而增加，因而实际流量随压力的升高而减小。实际流量与理论流量的比值称为容积效率，设泵的流量损失为 Δq，则

$$\eta_V = \frac{q}{q_t} = \frac{q_t - \Delta q}{q_t} = 1 - \frac{\Delta q}{q_t} \tag{2-1}$$

机械效率是指理论转矩与实际转矩的比值。对于液压泵来说，驱动泵的理论转矩 T_t 必然小于其实际输入的转矩 T，设转矩损失为 ΔT，则机械效率为

$$\eta_m = \frac{T_t}{T} = \frac{T_t}{T_t + \Delta T} = \frac{1}{1 + \frac{\Delta T}{T_t}} \tag{2-2}$$

液压泵的总效率 η 为其输出功率与输入功率的比值，也就是等于容积效率和机械效率的乘积，即

$$\eta = \eta_V \eta_m \tag{2-3}$$

4. 液压泵的自吸能力

液压泵的自吸能力是指泵在额定转速下，从低于吸油口以下的开式油箱中自行吸油的能力。这种能力的大小，常以吸油高度或真空度表示。吸油高度是从泵吸油口中心线到油箱液面的距离。

液压泵自吸能力的实质是在泵的吸油腔形成局部真空时，油箱中的油液在大气压作用下流入吸油腔的能力。液压泵吸油腔的真空度越大，自吸能力就越强，但受气蚀条件的限制，各种液压泵的自吸能力是不同的，一般泵的吸油高度不超过500mm，有的泵则不能自吸。

【例2-1】 某液压泵输出油压为10MPa，转速 n=1450r/min，排量为200mL/r，泵的容积效率为 η_V=0.95，总效率为 η=0.9。试求泵的输出功率及驱动该泵的电动机功率各为多少。

解 （1）求液压泵的输出功率。

液压泵输出的实际流量为

$$q = q_t \eta_V = 200 \times 10^{-3} \times 1450 \times 0.95 = 275.5(\mathrm{L/min})$$

液压泵的输出功率为

$$P_o = pq = \frac{10 \times 10^6 \times 275.5 \times 10^{-3}}{60} = 45.9 \times 10^3 = 45.9(\mathrm{kW})$$

（2）求电动机的功率。

电动机的功率（即泵的输入功率）为

$$P_i = \frac{P_o}{\eta} = \frac{45.9}{0.9} = 51(\mathrm{kW})$$

任务指导

2.2　液压泵的性能测试实验

2.2.1　实验要求

（1）了解液压泵的主要性能和小功率液压泵性能的测试方法。

（2）了解该实验的回路组成，测试液压泵能否达到额定压力与额定流量，测试液压泵的总效率和压力脉动值。

2.2.2　实验设备与仪器

QCS003B 型液压实验台、秒表。

2.2.3　实验内容

（1）测试液压泵的压力脉动值。

（2）测试液压泵的容积效率 - 压力特性，绘制 η_V- p 曲线。

（3）测试液压泵的流量 - 压力特性，绘制 q- p 曲线。

（4）测试液压泵的总效率 - 压力特性，绘制 η - p 曲线。

2.2.4　实验原理

液压泵的工作压力由外负载决定，本实验在定量泵出口串联一节流阀，节流阀出口接油箱，则通过节流阀的流量为$q=C_q A_T\Delta p^{\varphi}$，如图 2-1 所示。由于定量泵的输出流量 q 为定值，对于特定的节流阀 C_q 值一定，则节流阀的前后压差就是泵的工作压力，即 $\Delta p=p$，所以 A_T 加大则泵的工作压力减小，A_T 减小则泵的工作压力增大，即通过改变节流阀通流截面积 A_T 就可以改变泵的工作压力，即对泵施加了不同的负载。

（1）液压泵的压力脉动值。把被试泵的压力调到额定压力，观察记录其脉动值，看是否超过规定值。

（2）液压泵的流量 - 压力特性。液压泵因内泄漏将造成流量的损失。油液黏度越低，压力越高，其泄漏损失就越大。通过测定被试泵在不同工作压力下的实际流量，得出它的流量 - 压力特性曲线 $q=f(p)$。调节节流阀 10 即得到被试泵的不同压力，可通过压力表 P_6 观测。不同压力下的流量用椭圆齿轮流量计 20 和秒表确定。压力调节范围从零开始（此时对应的流量为空载流量）到被试泵额定压力为宜。

（3）容积效率 - 压力特性。容积效率＝实际流量/理论流量，即 $\eta_V=\frac{q}{q_t}$，实际生产中，泵的理论流量一般不用液压泵设计时的几何参数和运动参数计算，通常以空载流量 q_0 代替理论流量，即

$$\eta_V=\frac{q}{q_0}$$

（4）液压泵的总效率 - 压力特性。总效率＝泵的输出功率/泵的输入功率，即

$$\eta=\frac{P_o}{P_i}$$

$$P_o=\frac{pq}{60}$$

式中　P_o——液压泵的输出功率，kW；

P_i——液压泵的输入功率，kW；

p——泵的工作压力，MPa；

q——泵的实际流量，L/min。

液压泵的输入功率用电功率表 19 测出。功率表指示的数值 P_d为电动机的输入功率，取电动机的效率 $\eta_d=80\%$，则泵的输入功率 $P_i=P_d\eta_d$，液压泵的总效率为 $\eta=\frac{pq}{60P_d\ \eta_d}$。

2.2.5 实验步骤

（1）在 QCS003B 实验台上，将电磁换向阀 12、11 和 16 的控制旋钮置于“0”位，使电磁阀 12 处于中位，电磁阀 11 和 16 处于复位状态，全部打开节流阀 10 和溢流阀 9，接通电源，启动液压泵 8，让被试泵 8 空载运转几分钟，排除系统内的空气。当油温不再上升，即可进行实验。

（2）关闭节流阀 10，慢慢关小溢流阀 9，将压力 p 调至 7MPa，然后用锁紧螺母将溢流阀 9 锁住。

（3）逐渐开大节流阀 10 的通流截面，使系统压力 p 降至液压泵的额定压力 6.3MPa，观测被试泵的压力脉动值（做两次），即从压力表上观察 p_6 值。

（4）全部打开节流阀 10，使被试泵的压力 p_6 接近零（因有沿程压力损失，不能完全为零，实验时可近似认为此时 p_6 为零），利用流量计 20 测出此时的流量，即为空载流量。流量计的读数是容积（L），实验时测出流量计指针运行半圈（$\Delta V=5$L）时所用时间 t（s），利用公式 $q=60\dfrac{\Delta V}{t}$（L/min），即可计算出流量，以下同。

（5）逐渐关小节流阀 10 的通流截面积，对泵进行加载，使压力 p_6（从压力表上直接读数）分别为 1、2、3、4、5、6.3MPa，对应测出流量 q 和电动机的输入功率 P_d（从功率表 19 上读出）。注意，节流阀每次调节后，须运转 1～2min 后，再测有关数据。

（6）逐渐开大节流阀 10 的通流截面积，对泵进行卸载，使压力 p_6 分别为 5、4、3、2、1、0MPa，重复上述步骤。

（7）实验结束，溢流阀 9 全部打开，压力表开关置“0”位，停车。

注意：实验步骤 5 和 6 的数据取平均值，即为所测得数据，填入表 2-2。根据所得数据，绘制出图 2-3 所示的被试液压泵 8 的特性曲线。

表 2-2　　油温 t=______℃ 实验记录表格

<table>
<tr><th>调定参数</th><th colspan="2">设定参数</th><th rowspan="2">实验次数</th><th colspan="3">待测参数</th><th colspan="5">计算结果</th></tr>
<tr><th>p_y(MPa)</th><th>ΔV (L)</th><th>p_6(MPa)</th><th>t(s)</th><th>P_d (kW)</th><th>η_d (%)</th><th>q (L/min)</th><th>η_V (%)</th><th>η (%)</th><th>P_i (kW)</th><th>P_o (kW)</th></tr>
<tr><td rowspan="12">7</td><td rowspan="12">5</td><td rowspan="3">0</td><td>加载</td><td></td><td></td><td></td><td></td><td></td><td></td><td></td><td></td></tr>
<tr><td>卸载</td><td></td><td></td><td></td><td></td><td></td><td></td><td></td><td></td></tr>
<tr><td>平均</td><td></td><td></td><td></td><td></td><td></td><td></td><td></td><td></td></tr>
<tr><td rowspan="3">1</td><td>加载</td><td></td><td></td><td></td><td></td><td></td><td></td><td></td><td></td></tr>
<tr><td>卸载</td><td></td><td></td><td></td><td></td><td></td><td></td><td></td><td></td></tr>
<tr><td>平均</td><td></td><td></td><td></td><td></td><td></td><td></td><td></td><td></td></tr>
<tr><td rowspan="3">2</td><td>加载</td><td></td><td></td><td></td><td></td><td></td><td></td><td></td><td></td></tr>
<tr><td>卸载</td><td></td><td></td><td></td><td></td><td></td><td></td><td></td><td></td></tr>
<tr><td>平均</td><td></td><td></td><td></td><td></td><td></td><td></td><td></td><td></td></tr>
<tr><td rowspan="3">3</td><td>加载</td><td></td><td></td><td></td><td></td><td></td><td></td><td></td><td></td></tr>
<tr><td>卸载</td><td></td><td></td><td></td><td></td><td></td><td></td><td></td><td></td></tr>
<tr><td>平均</td><td></td><td></td><td></td><td></td><td></td><td></td><td></td><td></td></tr>
</table>

续表

调定参数	设定参数		实验次数	待测参数			计算结果				
p_y（MPa）	ΔV（L）	p_6（MPa）		t（s）	P_d（kW）	η_d（%）	q（L/min）	η_V（%）	η（%）	P_i（kW）	P_o（kW）
7	5	4	加载								
			卸载								
			平均								
		5	加载								
			卸载								
			平均								
		6.3	加载								
			卸载								
			平均								

图 2-3　被试液压泵特性曲线

任务二　液压泵的拆装

任务描述

（1）拆装外啮合齿轮泵。通过拆装，了解齿轮泵密闭容积的形成及其大小变化的方式，以及解决齿轮泵的困油现象、径向不平衡力及轴向泄漏的三大问题，在结构上所采取的措施。

（2）拆装双作用叶片泵。通过拆装，了解叶片泵密闭容积的形成及其大小变化的方式，以及叶片泵的结构特点。

（3）拆装斜盘式轴向柱塞泵。通过拆装，了解轴向柱塞泵密闭容积的形成及大小变化的方式，以及柱塞泵的主要结构特点和变量原理。

任务分析

要完成本任务，需要认真学习，掌握相关液压泵的工作原理，对其结构组成有一个基本的认识。操作时，针对不同的液压元件，利用相应工具，严格按照其拆卸、装配步骤进行，严禁违反操作规程私自进行拆卸、装配。拆装过程中，认真观察相关液压泵的结构组成、工作原理及主要零、部件特殊结构的作用。

相关知识

2.3 齿轮泵

齿轮泵结构简单、紧凑、寿命长，对油液的污染不太敏感，且对冲击载荷的适应性较好，因此广泛应用于各种液压系统中。但是，目前齿轮泵的压力较低、流量脉动较大、噪声高，并且只能作定量泵用，所以使用范围受到一定的限制。

齿轮泵按其啮合方式可分为外啮合和内啮合两种，由于外啮合齿轮泵加工容易，因而应用更为广泛。

2.3.1 外啮合齿轮泵

1. 外啮合齿轮泵的工作原理

齿轮泵的工作原理如图 2-4 所示，在泵体内有一对外啮合齿轮，齿轮两端面由端盖密封，因此泵体、端盖和齿轮的各齿槽间就形成多个密封腔，泵的密封腔被相互啮合的轮齿分成左、右两部分，即吸油腔和压油腔。当电动机带动齿轮按图 2-4 所示方向旋转时，右侧吸油腔的轮齿逐渐脱开啮合，使密封腔容积逐渐增大，形成局部真空，油箱中的油液在大气压的作用下，经吸油管进入吸油腔齿间，充满于轮齿脱开啮合时所增加的空间，从而完成一次吸油过程。随着齿轮的旋转，充满各个齿间的油液被带到左侧的压油腔。此时，啮合点左侧的轮齿逐渐进入啮合，密封腔容积逐渐减小把齿间油液挤出泵口，进入液压系统，从而完成一次压油过程。随着齿轮不断地旋转，齿轮泵便不断地完成吸油和压油过程。这就是齿轮泵的工作原理。

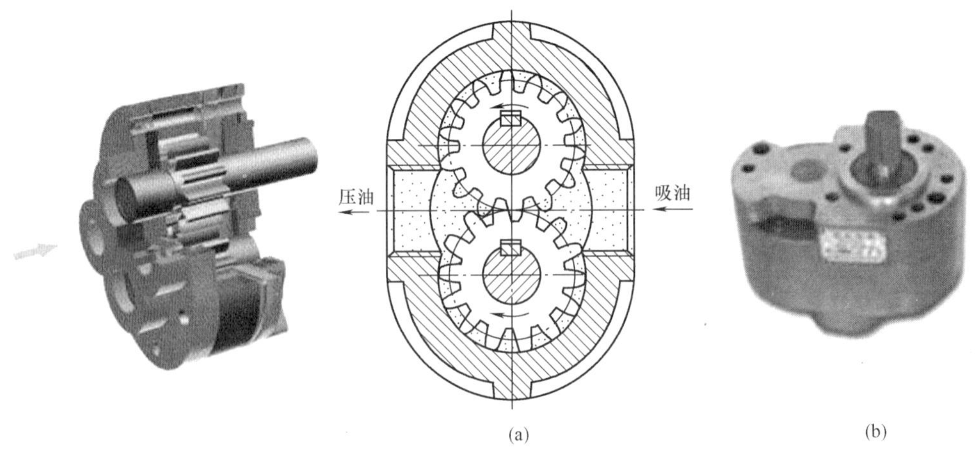

图 2-4 外啮合齿轮泵

(a) 工作原理图；(b) 外形图

2. 外啮合齿轮泵的流量计算

齿轮泵的实际输出流量为

$$q = 6.66zm^2Bn\eta_V \tag{2-4}$$

式中　m——齿轮的模数；

z——齿数；

B——齿宽；

n——齿轮泵转速；

η_V——齿轮泵容积效率。

式（2-4）中的流量 q 是齿轮泵的平均流量。齿轮泵在工作过程中，轮齿进入啮合和脱开啮合所造成的密闭容腔容积的变化率不一样，因此，每一瞬时所排出的油量也不一样，引起瞬时流量产生脉动。在容积式液压泵中，齿轮泵的流量脉动最大。

3. 外啮合齿轮泵的结构

（1）CB-B型外啮合齿轮泵的结构。

图2-5所示为CB-B型外啮合齿轮泵的结构图，它属于低压泵，不能承受较高的压力，其额定压力为2.5MPa，排量为2.5～125mL/r，额定转速为1450r/min。一对外啮合齿轮装在泵体7中，由主动轴12带动旋转。带保持架的滚针轴承3，分别装在前、后端盖8和4中。由于齿轮和轴承不装在同一泵体内，因此称为三片式齿轮泵结构。泵的前、后端盖和泵体由两个定位销17定位，用6只螺钉紧固。为了保证齿轮能灵活地转动，同时又要保证泄漏最小，在齿轮端面和泵盖之间应有适当间隙（轴向间隙），对小流量泵轴向间隙为0.025～0.04mm，大流量泵为0.04～0.06mm。齿顶和泵体内表面间的间隙（径向间隙），由于密封带长，同时齿顶线速度形成的剪切流动又和油液泄漏方向相反，故对泄漏的影响较小，

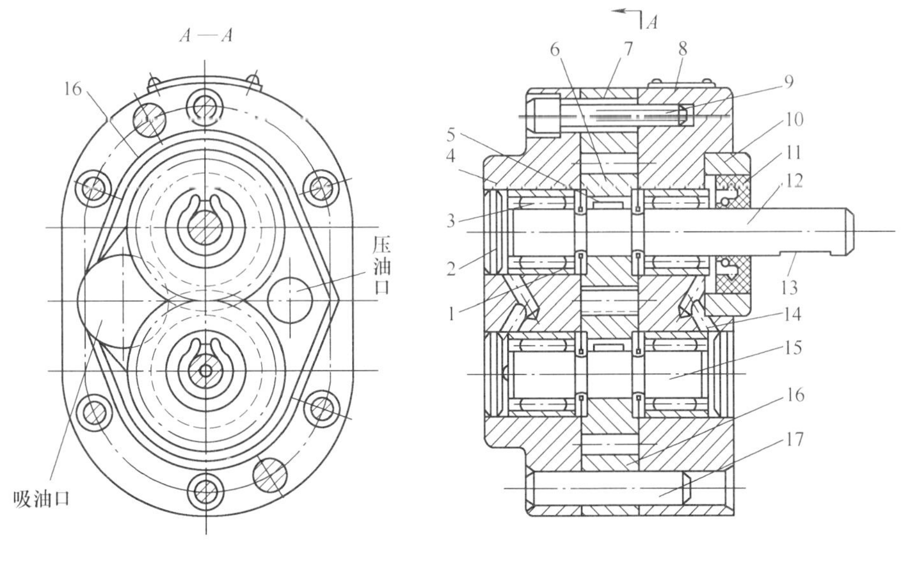

图2-5　CB-B型齿轮泵的结构图

1—轴承外环；2—堵头；3—滚针轴承；4—后端盖；5—键；6—齿轮；7—泵体；8—前端盖；9—螺钉；10—压环；11—密封环；12—主动轴；13—键；14—泄油孔；15—从动轴；16—泄油槽；17—定位销

这里要考虑的问题是当齿轮受到不平衡的径向力后，应避免齿顶和泵体内壁相碰，所以径向间隙就可稍大一些，一般取 0.13～0.16mm。

为了防止压力油从泵体和泵盖间泄漏到泵外，并减小压紧螺钉的拉力，在泵体两侧的端面上开有泄油槽 16，使渗入泵体和泵盖间的压力油引入吸油腔。在泵盖和从动轴上的小孔，其作用是将泄漏到轴承端部的压力油也引到泵的吸油腔去，防止油液外溢，同时也润滑了滚针轴承。

（2）外啮合齿轮泵在结构上存在的问题。

1）泄漏问题。外啮合齿轮泵的泄漏比较大，其高压腔的压力油通过三条途径向低压腔泄漏：一是齿轮两端面与两端盖间的端面轴向间隙；二是齿顶圆与泵体内表面间的径向间隙；三是齿轮轮齿啮合处的间隙。其中，端面与端盖间的泄漏量最大，约占总泄漏量的75%～80%，因此轴向间隙的大小对整个泵的泄漏量影响最大。轴向间隙越大，漏油越多，齿轮泵容积效率也就越低；但轴向间隙过小，齿轮端面与端盖之间的机械摩擦就要增加，使齿轮泵的机械效率也就越低。因此，要提高齿轮泵的效率和工作压力，首要的问题是减小轴向间隙。

2）困油现象。要保证齿轮泵正常工作，必须使齿轮啮合的重叠系数 $\varepsilon>1$，即前一对轮齿尚未脱离啮合之前，后面一对轮齿就要进入啮合。这样，从后一对轮齿进入啮合到前一对轮齿尚未脱开啮合这段时间内，同时有两对轮齿处于啮合状态，这样两对啮合的轮齿之间产生一个封闭容积，称为困油区，一部分油液被困在这个封闭容积之中。这个封闭容积先随齿轮转动逐渐减小［见图 2-6（a）到（b）］，后又逐渐增大［见图 2-6（b）到（c）］。封闭容积减小会使被困油液受到挤压而产生高压，并从一切可能的缝隙中挤出，造成功率损失和油液发热，轴承也会突然受到很大的冲击载荷，并产生噪声、振动等；封闭容积增大会形成局部真空，容易产生气蚀、振动、噪声等危害。上述现象称为困油现象。

困油现象严重地影响着泵的工作平稳性和寿命。为了消除困油现象，通常在两侧端盖上开消除困油的卸荷槽［见图 2-6（d）中的双点画线所示］，使封闭容积由大变小时，能通过卸荷槽与压油腔相通；封闭容积由小变大时，能通过另一卸荷槽和吸油腔相通。通常，两槽并不对称于齿轮中心线分布，而是整个向吸油腔平移一段距离，这样能起到更好的卸荷效果。

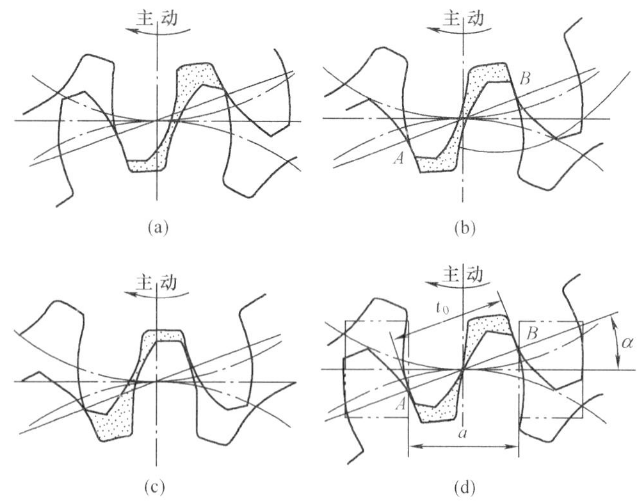

图 2-6　外啮合齿轮泵的困油现象及消除措施

3）径向不平衡力。齿轮泵工作时，压油腔的油压高于吸油腔的油压，从压油腔起沿齿轮外缘至吸油腔的每一个齿间内的油压是不同的，压力依次递减，压力的分布情况如图 2-7 所示。可见，泵内齿轮所受的径向力是不平衡的。工作压力越高，径向不平衡力也越大。这个不平衡力把齿轮压向一侧，并作用到轴承上，影响轴承的寿命。为了减小径向不平衡力的影响，低压齿轮泵中常采取缩小压油口的办法，使压油腔的压力油仅作用在 1～2 个齿的范围内，因而径向力也相应减小；也可采用如图 2-8 所示的方法，在泵端盖上设置压力平衡槽，来减小齿轮泵的径向不平衡力。

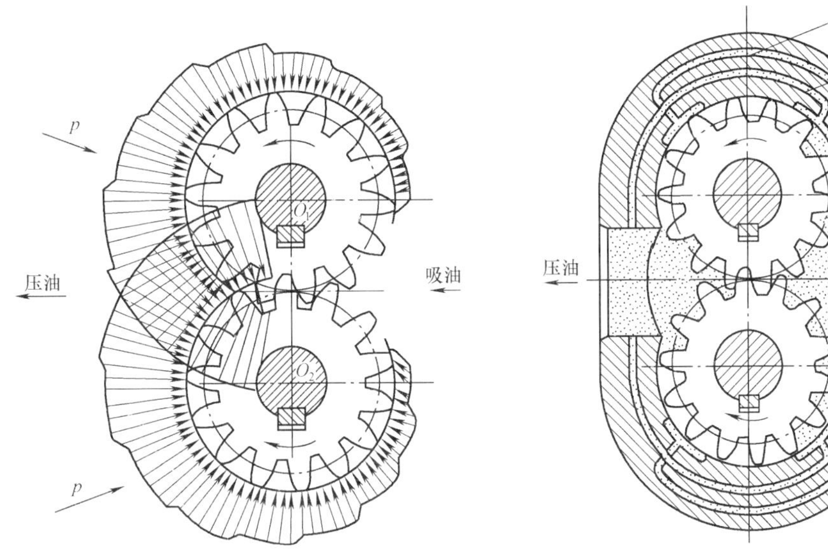

图 2-7　齿轮泵的径向不平衡力

图 2-8　齿轮泵的压力平衡槽
1、2—压力平衡槽

4. 提高外啮合齿轮泵压力的措施

要提高齿轮泵的压力和容积效率，就必须对端面间隙进行自动补偿，减小端面间隙泄漏量。通常采用的端面间隙自动补偿装置有浮动轴套式、浮动侧板式、挠性侧板式等，其原理都是引入压力油使轴套或侧板紧贴齿轮端面，自动补偿端面间隙，使泵的工作压力得到提高。

2.3.2　内啮合齿轮泵

内啮合齿轮泵有渐开线齿轮泵和摆线齿轮泵（又称摆线转子泵）两种，其工作原理如图 2-9 所示。它们也是利用齿间密封容积变化实现吸、压油的。

渐开线内啮合齿轮泵中，小齿轮与内齿轮之间有一月牙形隔板将吸油腔和压油腔隔开。当小齿轮带动内齿轮绕各自的中心逆时针旋转时，左半部轮齿脱开啮合，形成局部真空，泵吸油。进入齿槽的油液被带到压油腔，右半部轮齿进入啮合，容积减小，从压油口排油。

摆线内啮合齿轮泵，由于小齿轮（又称内转子）和内齿轮（又称外转子）只差一个齿，故不需设置隔板。内转子带动外转子同向旋转。工作时，所有内转子齿都进入啮合，形成几个独立的密封腔。随着内外转子的啮合旋转，各密封腔的容积发生变化，从而进行吸油和压油。

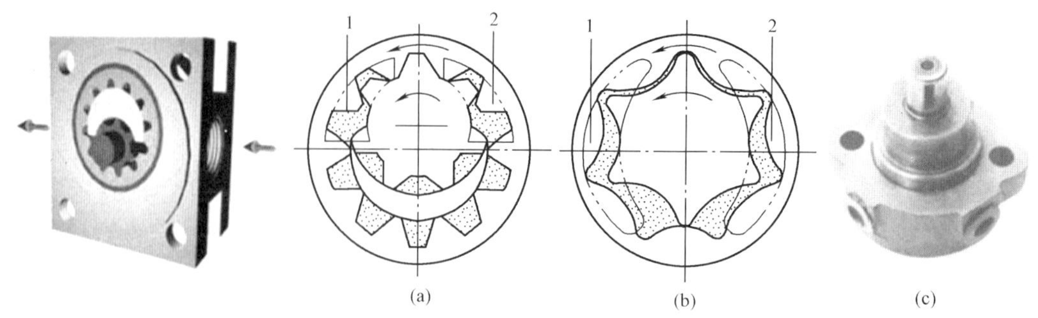

图 2-9 内啮合齿轮泵

（a）渐开线齿形；（b）摆线齿形；（c）外形图

1—吸油腔；2—压油腔

内啮合齿轮泵的优点是结构紧凑，尺寸小，重量轻，使用寿命长，流量脉动和噪声都较小，在高转速下工作时有较高的容积效率；其缺点是齿形复杂，加工精度要求高，造价较贵。现在采用粉末冶金工艺压制成型，成本降低，得到广泛应用。

2.4 叶片泵

叶片泵具有运动平稳，噪声小，流量均匀，容积效率高，结构紧凑，寿命长等优点，但自吸性能差，转速受到限制，对液压油的污染比较敏感，结构也比较复杂。目前，叶片泵广泛应用于中高压系统中。

叶片泵可分为单作用和双作用两大类。单作用叶片泵可作变量泵使用，但它的工作压力较低。双作用叶片泵均为定量泵，工作压力可达 16MPa 甚至更高。

2.4.1 单作用叶片泵

1. 工作原理

如图 2-10 所示，单作用叶片泵由配油盘、传动轴、转子、定子、叶片、壳体等零件组成。

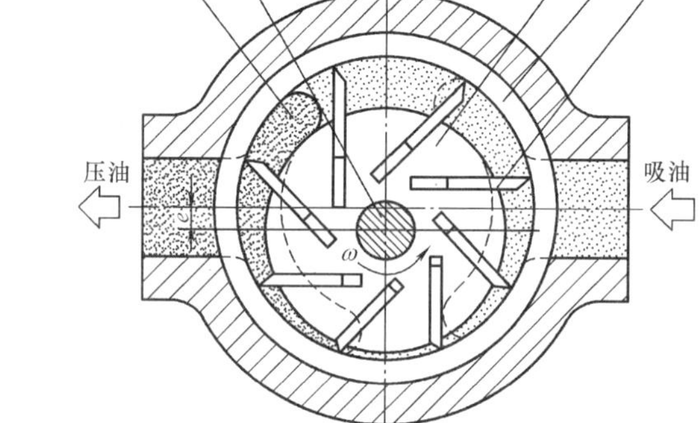

图 2-10 单作用叶片泵工作原理

1—配油盘；2—传动轴；3—转子；4—定子；5—叶片

定子的内表面是一圆柱面，转子上均布有叶片槽，矩形叶片装在转子槽内，且能在槽内滑动。定子和转子间存在一偏心距 e。当转子转动时，在离心力和叶片根部压力油的作用下，使叶片紧贴在定子内表面上，于是，定子、转子、叶片和配油盘之间就形成了若干的密封容腔。当转子逆时针旋转时，如图 2-10 所示右侧的叶片逐渐伸出，相邻两叶片间的密封容腔逐渐增大，形成局部真空，油液从配油盘的吸油窗口吸入，完成一次吸油；而左侧叶片逐渐被定子内表面压进槽内，相邻两叶片间的密封容腔逐渐缩小，腔内油液受压后从压油窗口排出，输送到液压系统中去，完成一次压油。

这种泵的转子每转一周，泵的每个密封容腔完成吸油和压油各一次，所以称为单作用叶片泵。单作用叶片泵转子上受到不平衡的液压作用力，所以又称非平衡式泵，其轴承负载较大。通过变量机构来改变定子和转子间的偏心距 e，就可改变泵的排量，使其成为一个变量泵。此外，还可以通过改变偏心的方向来变换泵的进出油口，从而改变泵的输油方向。

2. 流量计算

单作用叶片泵的平均流量为

$$q = 2\pi BeDn\eta_V \tag{2-5}$$

式中　B——叶片宽度；

e——转子与定子偏心距；

D——定子内径；

n——泵的转速；

η_V——泵的容积效率。

式（2-5）表明，只要改变偏心距 e，即可改变流量，故常将单作用叶片泵做成变量泵。

单作用叶片泵的定子内缘和转子外缘均为圆柱面，由于偏心安装，其容积变化是不均匀的，故有流量脉动，泵内叶片数越多，流量脉动率越小。另外，叶片数为奇数时的脉动率较小，故单作用叶片泵的叶片数一般为 13 或 15。

2.4.2　外反馈限压式变量叶片泵的工作原理

图 2-11 所示为外反馈限压式变量叶片泵工作原理图，这种泵的流量可以根据其出口压力的大小自动调节。当泵的工作压力对变量活塞 2 产生的推力不能克服调压弹簧 3 的预紧力时，调压弹簧 3 把定子 6 推到最左端的位置

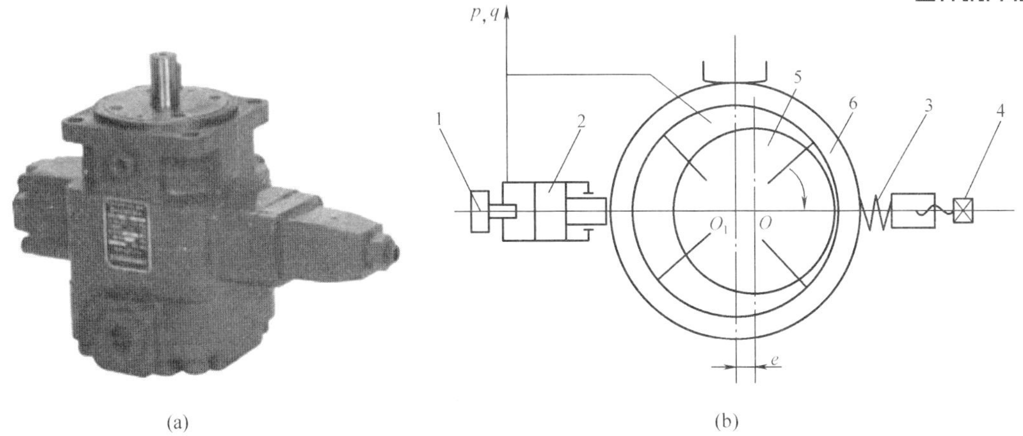

图 2-11　外反馈限压式变量叶片泵工作原理

（a）外形图；（b）工作原理图

1—流量调节螺钉；2—变量活塞；3—调压弹簧；4—调压螺钉；5—转子；6—定子

上，这时偏心距 e 最大，泵输出的流量也最大。当泵的工作压力增大到对变量活塞 2 的推力大于调压弹簧 3 的预紧力时，调压弹簧被压缩，定子 6 右移，偏心距 e 减小，泵的输出流量也相应减小。当泵的工作压力达到某一极限时，定子移到最右端，偏心距 e 趋于零，这时泵的输出流量为零。

图 2 - 12 所示为限压式变量泵的压力流量特性曲线。曲线 AB 段变量泵的特性相当于定量泵，只是因为泄漏量 Δq 随工作压力的增加而增加。B 点对应的压力 p_B 主要由调压弹簧的预紧力决定，曲线 BC 段是泵的变量段，泵的实际输出流量随工作压力的增加剧减。C 点对应的压力 p_C 为极限压力，这时调压弹簧被压缩到最短，偏心距趋于零，泵的实际输出流量为零。

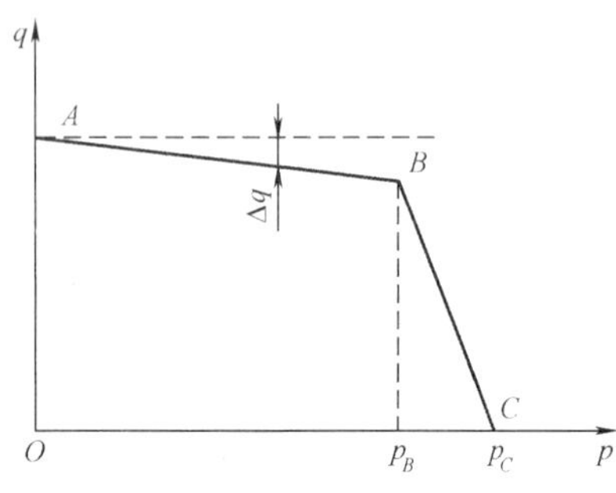

图 2 - 12　限压式变量叶片泵的压力流量特性曲线

泵的最大流量由流量调节螺钉 1 来调节，它可改变最大偏心距，从而改变 A 点的位置，使曲线 AB 段上下平移；调节调压螺钉 4 可通过改变弹簧的预紧力来调整泵限定压力 p_B 的大小，使曲线 BC 段左右平移。若改变调压弹簧的刚度，可改变曲线 BC 的斜率。

限压式变量叶片泵与定量叶片泵相比，结构复杂、尺寸大，相对运动的机件多，泄漏大，容积效率和机械效率较低。但是这种泵的流量可随负载的大小自动调节，故可节省能源，减少发热。由于它在低压时流量大，高压时流量小，特别适合有快进—工进的速度换接的场合。例如，在组合机床上驱动动力滑台实现快进—工进—快退的液压系统中，采用了变量叶片泵。

2.4.3　双作用叶片泵

1. 工作原理

双作用叶片泵的工作原理如图 2 - 13（b）所示，它的结构和作用与单作用叶片泵相似，不同之处在于定子内表面是由两段长半径圆弧、两段短半径圆弧和四段过渡曲线八个部分组成的。定子和转子同心安装。当转子顺时针

(a)

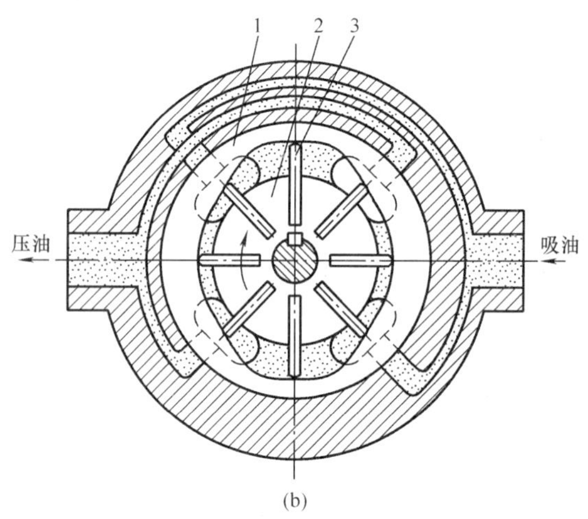

(b)

图 2 - 13　双作用叶片泵工作原理

（a）外形图；（b）工作原理

1—定子；2—转子；3—叶片

旋转时，叶片在离心力和叶片根部压力油的作用下紧贴定子内表面，于是在叶片、转子、定子和配油盘之间便构成了若干个密封容腔。转子顺时针转动，使左上角和右下角的密封容腔逐渐增大，形成局部真空而吸油；右上角和左下角的密封容腔逐渐减小而压油。转子每转一周，每个密封容腔完成吸油和压油动作各两次，故称为双作用叶片泵。由于双作用叶片泵的两个吸油窗口和压油窗口对称分布，所以径向力平衡，因此又称为平衡式叶片泵。

2. 流量计算

双作用叶片泵的平均流量为

$$q = 2B\left[\pi(R^2 - r^2) - \frac{R-r}{\cos\theta}SZ\right]n\eta_V \tag{2-6}$$

式中　R、r——定子圆弧部分的长、短半径；

θ——叶片的倾角；

Z——叶片数；

S——叶片厚度。

其余符号意义同前。

如果不考虑叶片厚度，双作用叶片泵的瞬时流量是均匀的。实际上叶片是有厚度的，而且长短半径圆弧制造得也不能完全同心等原因，造成双作用叶片泵的瞬时流量仍出现少量的脉动，但脉动率除螺杆泵外较其他形式的泵小得多，且叶片数为 4 的倍数并大于 8 时最小。故双作用叶片泵的叶片数一般取 12 或 16 片。

3. YB1 型叶片泵的结构

YB1 型叶片泵是在 YB 型叶片泵基础上改进设计而成的。YB1 型叶片泵的结构如图 2-14所示，它由前泵体 7 和后泵体 6、左右配油盘 1 和 5、定子 4、转子 12 等组成。右配油盘 5 的右侧面与压油腔相通，在液压力作用下配油盘会紧贴定子端面，从而消除端面间隙。在泵启动时，右配油盘 5 与前泵体 7 间的端面 O 形密封圈可提供初始预紧力，保证配油盘与定子端面的贴合。

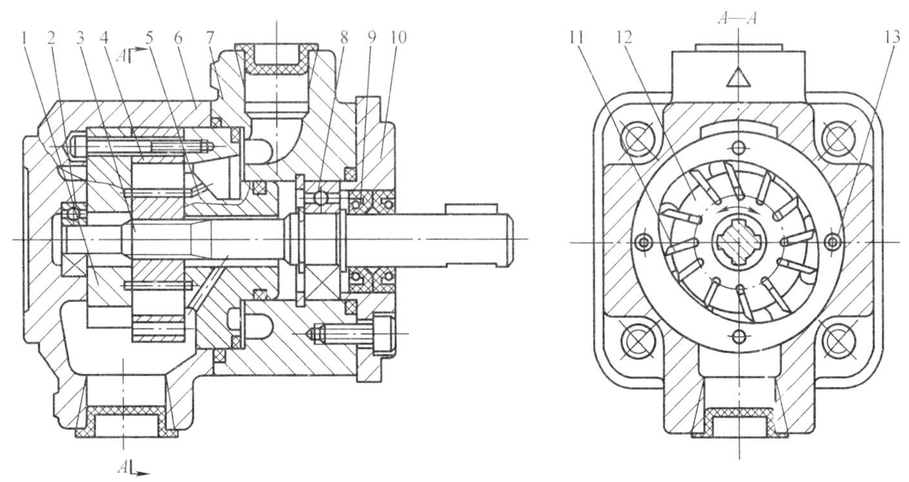

图 2-14　YB1 叶片泵的结构

1—左配油盘；2、8—滚珠轴承；3—主动轴；4—定子；
5—右配油盘；6—后泵体；7—前泵体；9—密封圈；10—盖板；
11—叶片；12—转子；13—长螺钉

图 2 - 15 所示为叶片泵配油盘。为使叶片顶部和定子内表面紧密接触，在配油盘 5 上对应于叶片根部位置，开有一环形槽 c。在环形槽内开有两个小孔 d 与配油盘另一侧的压油孔道相通，使压力油能通过小孔进入环形槽 c，然后进入叶片根部，保证了叶片顶部和定子内表面间的可靠密封。配油盘上的上、下缺口 b 为吸油口，两个腰型孔 a 为压油口，三角槽 e 为卸荷槽，此槽是避免发生困油现象的。f 为泄漏油孔，可将泄漏至轴承 8 处的油液引入吸油口，以降低密封圈的压力和保证冷油循环润滑轴承 8。配油盘采用凸缘式，小直径部分伸入前泵体 7 内，并合理布置了 O 形密封圈的位置。当配油盘右侧受到液压力作用而贴紧定子，能保证可靠的密封。

YB1 型叶片泵的噪声较低，容积效率较高，使用寿命长，装配维修使用方便。只要将泵的定子、转子、叶片组件翻转 180°重新装配，即可实现泵的反转。

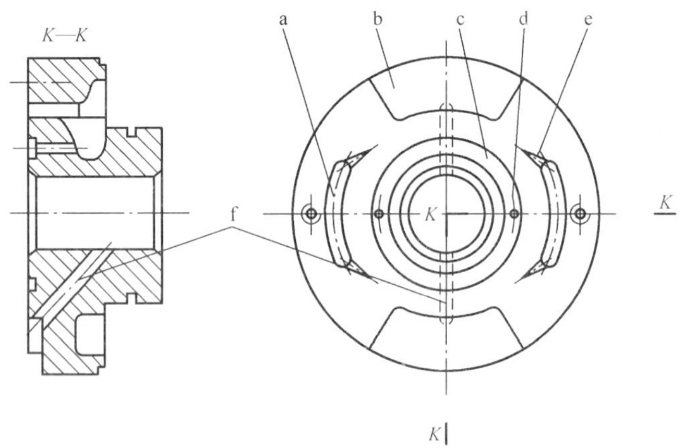

图 2 - 15　叶片泵配油盘

2.4.4　双联叶片泵

双联叶片泵是在一个泵体内安装两个双作用叶片泵，用同一个传动轴驱动，在油路上并联工作，它们共用一个吸油口，分别有各自独立的压油口，两个泵的输出流量可以相等也可以不等，如图 2 - 16 所示。

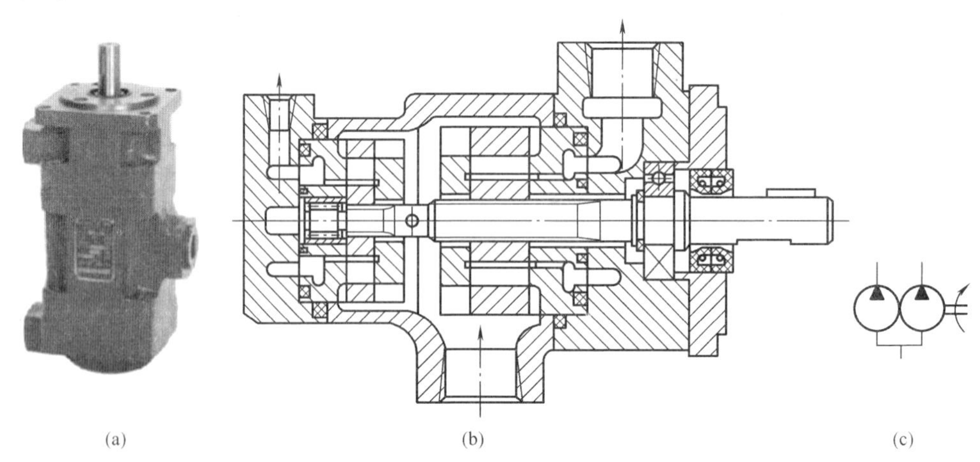

图 2 - 16　双联叶片泵

(a) 外形图；(b) 结构图；(c) 图形符号

安装大小不同的单泵，可得到两种大小不同的流量，以适应液压系统对各种不同速度的要求。例如某些机床的进给系统，有快进和工进的进给要求，可用由一高压小流量泵和一低压大流量泵组成的双联泵，当工作台快进或快退时，两泵同时供低压油；当工作台工进时，高压小流量泵单独供油，低压大流量泵卸荷，这样既可以降低功率损耗，又可以减少油液发热。双联泵也可用于互不干扰的独立液压回路中。

2.4.5　双级叶片泵

双级叶片泵是将两个双作用定量叶片泵安装在同一个泵体内，由同一个传动轴驱动，其油路互相串联，即第一级泵的出口与第二级泵的吸油口相接，这样可以得到两倍于单级泵的工作压力。为了使第一级泵与第二级泵载荷平衡，泵体内装有载荷平衡阀。图 2 - 17 所示为双级叶片泵的图形符号及 FED 系列双级叶片泵的外形图。

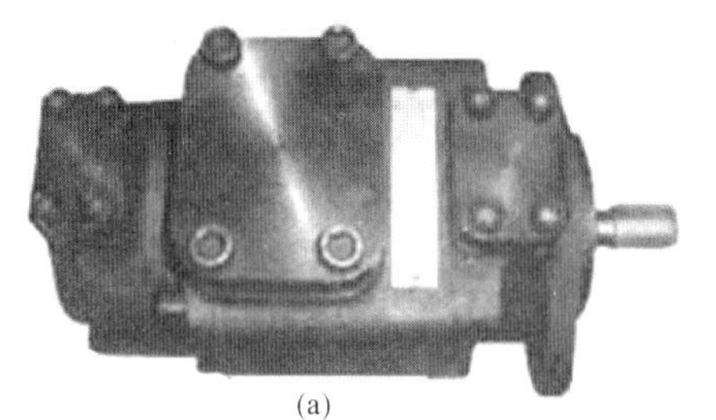

(a)

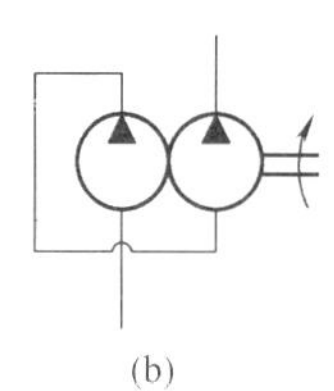

(b)

图 2 - 17　FED 系列双级叶片泵

(a) 外形图；(b) 图形符号

2.5　柱塞泵

柱塞泵是依靠柱塞在缸体内往复运动，密封工作容腔产生容积变化来实现吸油和压油的。由于柱塞和缸体内孔均为圆柱表面，加工方便，配合精度高，因此密封性能好，泄漏小，在高压下工作仍有较高的容积效率。另外，只要改变柱塞的工作行程就能改变泵的排量，容易实现单向或双向变量，故柱塞泵常用于高压大流量和流量需要调节的液压系统中，如龙门刨床、工程机械等液压系统。它的缺点是结构较复杂，有些零件对材料和加工工艺要求较高，所以造价较高。

按柱塞的运动方向与缸体轴线的相对位置不同，可分为轴向柱塞泵和径向柱塞泵两大类。

2.5.1　径向柱塞泵

图 2 - 18 所示为径向柱塞泵的外形图和工作原理图。柱塞 3 沿径向均匀地安装在转子 1 上，配油铜套 4 和转子 1 是过盈配合，随转子一起旋转，并套装在配油轴 5 上，而配油轴固定不动。转子顺时针旋转时，柱塞在离心力（或低压油）的作用下紧压在定子 2 的内壁上。由于转子和定子之间有一偏心距 e，故转子转到上半周时，柱塞向外伸出，柱塞底部的密封工作容积逐渐增大，产生局部真空，于是通过配油轴 5 上的吸油口 a 吸油。当柱塞转到下半周时，柱塞受定子内表面的推压而缩回，柱塞底部的密封工作容积逐渐减小，通过配油轴上的压油口 b 排

油。转子每转一周，每个柱塞吸油、压油各一次。通过调节定子和转子之间的偏心距 e，就可改变径向柱塞泵的流量。若改变偏心距 e 的方向，就能使吸油口和压油口互换。因此，径向柱塞泵可做成单向或双向变量泵。

径向柱塞泵的优点是流量大，工作压力较高，便于做成多排柱塞的形式，轴向尺寸小，工作可靠等。缺点是径向尺寸大，自吸能力差，且配油轴受到径向不平衡液压力的作用，易磨损，泄漏间隙不能补偿。这些缺点限制了径向柱塞泵转速和压力的提高。

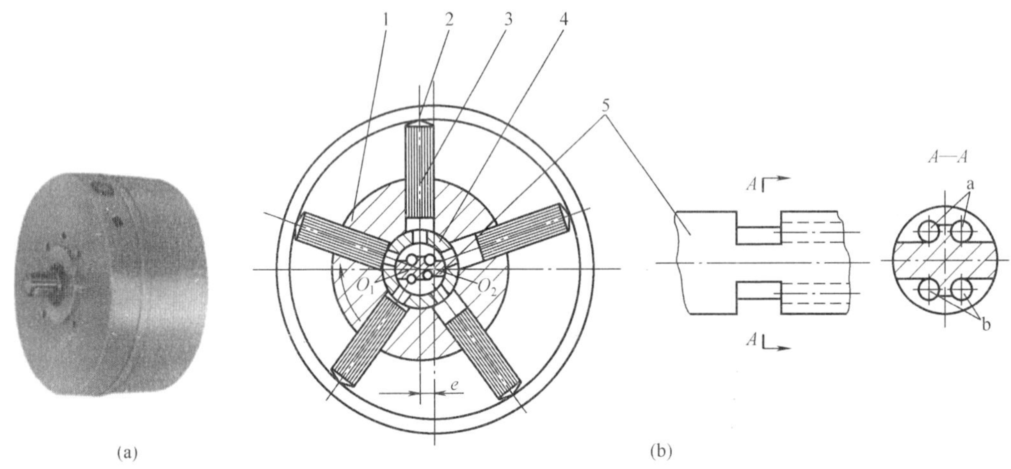

图 2-18　径向柱塞泵

(a) 外形图；(b) 工作原理图

1—转子；2—定子；3—柱塞；4—配油铜套；5—配油轴

2.5.2　斜轴式轴向柱塞泵

轴向柱塞泵的柱塞沿缸体圆周均匀分布，柱塞轴线与旋转缸体的轴线平行，按照其结构的不同，可分为斜盘式（直轴式）和斜轴式两大类。目前，斜盘式和斜轴式都得到了广泛的应用。图 2-19 所示为斜轴式轴向柱塞泵的外形图和工作原理图。传动轴 1 与缸体 4 的轴线具有倾角 γ，连杆 2 的一端铰接在传动轴上，另一端与柱塞 3 相铰接。当传动轴旋转时，通过连杆驱动缸体一同旋转，同时，连杆又带动柱塞在缸体内做往复运动，使柱塞孔底部的密封工作容积发生增大和缩小的周期性变化，并通过配油盘 5 完成吸油和压油动作。通过改变倾角 γ 的大小，就可改变泵的排量。

与斜盘式轴向柱塞泵相比，斜轴式轴向柱塞泵转速高，自吸性能好，结构强度较高，故允许的倾角 γ_{max} 较大。一般斜盘式泵的最大倾角约为 20°，而斜轴式泵的最大倾角可达 40°，但斜轴式泵体积较大，结构较复杂。

2.5.3　斜盘式轴向柱塞泵

1. 工作原理

图 2-20 所示为斜盘式轴向柱塞泵工作原理。缸体 7 内沿圆周均匀分布着几个轴向柱塞孔，柱塞 5 可在其中滑动。斜盘具有倾角 γ，柱塞头部靠机械装置或低压油的作用压紧在斜盘上。当传动轴带动缸体逆时针方向旋转时，柱塞在缸体内做往复运动。在自下而上回转的半周（π～2π）范围内，柱塞逐渐向外伸出，其腔内的密封工作容积不断增大，形成局部真空，油液从配油盘上的吸油窗口吸入；在自上而下回转的半周（0～π）的范围内，柱塞逐

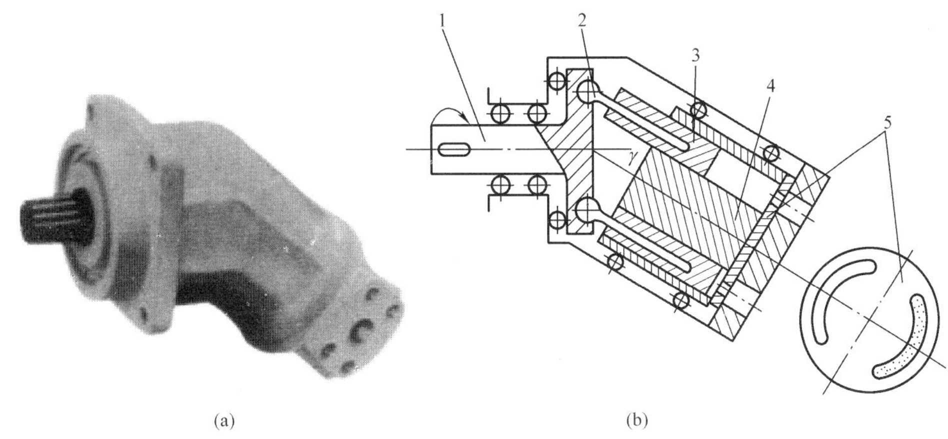

图 2-19　斜轴式轴向柱塞泵

(a) 外形图；(b) 工作原理图

1—传动轴；2—连杆；3—柱塞；4—缸体；5—配油盘

渐向内缩回，使其腔内的密封工作容积不断缩小，油液受压后从配油盘上的压油窗口排出。缸体每转一转，每个柱塞往复运动一次，完成一次吸油和一次压油动作。若改变斜盘倾角 γ 的大小就能改变柱塞行程长度，从而改变泵的排量。若改变斜盘倾角的方向，就能改变吸油和压油的方向而变成双向变量泵。

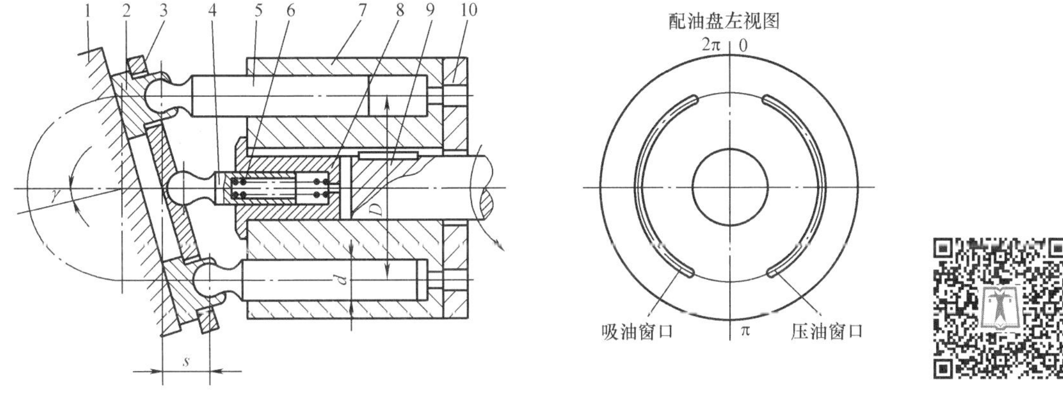

图 2-20　斜盘式轴向柱塞泵工作原理

1—斜盘；2—滑履；3—压盘；4—内套；5—柱塞；

6—弹簧；7—缸体；8—外套；9—传动轴；10—配油盘

2. 流量计算

轴向柱塞泵输出的平均流量

$$q=\frac{\pi}{4}d^{2}D(\tan\gamma)Zn\eta_{V} \tag{2-7}$$

式中　d——柱塞直径；

D——柱塞分布圆直径；

γ——斜盘轴线与缸体轴线间的夹角；

Z——柱塞数。

其余符号意义同前。

轴向柱塞泵的瞬时流量是脉动的。当柱塞数为奇数时，脉动较小，一般常用的柱塞数为7，当泵的流量大时，也可取柱塞数为9和11的。

3. SCY14-1B型轴向柱塞泵的结构

SCY14-1B型斜盘式轴向柱塞泵是目前应用较广的一种斜盘式轴向柱塞泵，其结构如图2-21（a）所示。它由主体和变量机构两部分组成。

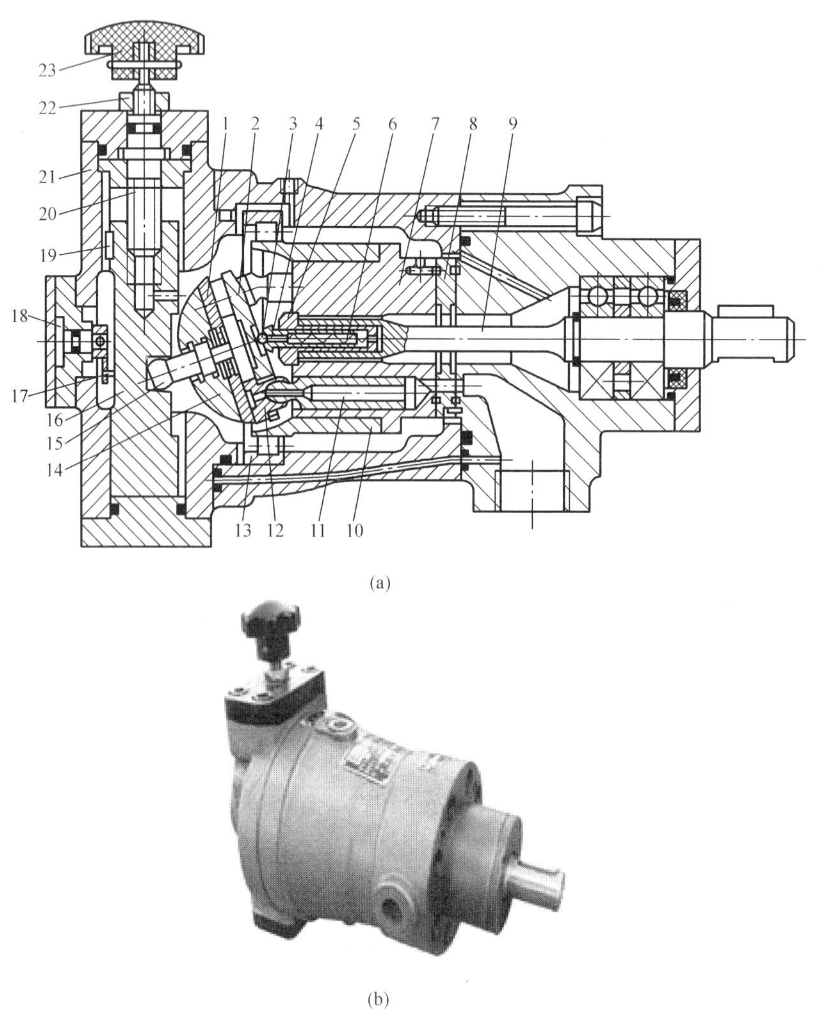

图2-21 SCY14-1B型斜盘式轴向柱塞泵

（a）结构图；（b）外形图

1—斜盘；2—压盘；3—钢球；4—内套；5—外套；6—定心弹簧；7—缸体；8—配油盘；9—传动轴；10—钢套；11—柱塞；12—滑履；13—滚柱轴承；14—变量头；15—轴销；16—变量柱塞；17—销子；18—刻度盘；19—导向键；20—螺杆；21—变量壳体；22—锁紧螺母；23—转动手轮

（1）主体。泵的主体主要由缸体7、柱塞11、配油盘8和传动轴9组成。缸体7装在中间泵体和前泵体内，由传动轴9通过花键带动旋转，使均匀分布于缸体内的7个柱塞11绕传动轴的中心线做往复运动。柱塞的球形头部装在滑履12的孔内并可做相对转动，定心弹簧6通过钢球3和压盘2，将滑履压紧在斜盘1上。当传动轴带动缸体旋转时，由于滑履紧贴在斜盘表面上滑动，柱塞便在缸体中做轴向往复运动，完成吸油和压油动作。

（2）变量机构。若转动手轮 23，螺杆随之转动，在导向键 19 的作用下，变量柱塞便上下移动，通过轴销使支承在变量壳体 21 上的斜盘 1 绕其中心转动，从而改变斜盘倾角 γ，相应地也就改变了泵的排量。当流量达到要求时，可用手轮 23 下面的锁紧螺母 22 锁紧。这种手动变量机构结构简单，但手操作力较大，通常只能在停机或泵的工作压力较低时才能实现变量。图 2-21（b）所示为 SCY14-1B 型斜盘式轴向柱塞泵的外形图。

任务指导

2.6　液压泵拆装实训

2.6.1　实训工具及材料

实训用液压泵：齿轮泵、叶片泵、轴向柱塞泵。

工具：内六方扳手、固定扳手、螺丝刀、卡簧钳等。

材料：铜棒、棉纱、煤油、耐油橡胶、小方盒等。

2.6.2　液压泵拆装要求

（1）实训前，预习液压泵的工作原理及结构组成。

（2）拆卸时要做好拆卸记录，必要时要画出装配示意图。

（3）对于容易丢失的小零件，要放入专用的小方盒内。

（4）装配前最好列出各元件的装配顺序。

（5）装配后要进行试运转。

2.6.3　泵的拆卸与装配

1. 齿轮泵的拆卸与装配

（1）齿轮泵的拆卸。

1）清洗要拆卸的齿轮泵表面，观察泵外表有无漏油痕迹。

2）将齿轮泵夹持在用软金属保护好钳口的虎钳上，拔出定位销。对称旋松并卸下连接螺钉。

3）用铜棒轻敲前端盖并将其卸下。

4）卸下齿轮及后端盖，观察齿轮和传动轴的密封、润滑通道及轴承状况。

5）卸下两个传动轴。

在拆卸过程中，观察消除困油现象的卸荷槽、吸压油口，并注意观察主要零件的结构和相互配合关系，分析工作原理。

（2）齿轮泵的装配。

1）装配前清洗各零件，将轴与泵盖之间，齿轮与泵体之间的配合表面涂润滑油。

2）装配齿轮泵时，先将齿轮、轴装在后泵盖的滚针轴承内，轻轻装上泵体和前泵盖，打紧定位销，拧紧螺栓，注意使其受力均匀，即按拆卸的相反顺序装配。

（3）拆装时的注意事项。

拆卸过程中，如果元件被卡住，不要硬敲，请实训指导老师来解决。

装配时，遵循先拆的零部件后安装，后拆的零部件先安装的原则，正确合理的安装，安装完毕后应确保齿轮泵转动灵活，没有卡死现象。

2. 双作用叶片泵的拆卸与装配

（1）双作用叶片泵拆卸顺序。

1）卸下传动轴上的半圆销，卸下端盖上的螺钉，用铜棒轻击卸下端盖。

2）用铜棒轻轻敲打使花键轴和端盖、前泵体松脱，卸下端盖和前泵体。

3）卸下配油盘上的密封圈，沿轴向卸下配油盘。

4）取下传动轴，用镊子把叶片取出，再取下转子。

5）拔出销钉，取出定子，在端面做记号，安装时不能装反。

拆完后，观察后泵体内定子、转子、叶片、配油盘的安装位置，分析其结构、特点，理解工作原理。

（2）双作用叶片泵的装配顺序。

1）装配前清洗各零件。

2）装配时，遵循先拆的零部件后安装、后拆的零部件先安装的原则，正确合理的安装，注意配油盘、定子、转子、叶片的安装要正确。

3）安装完毕后应使双作用叶片泵转动灵活，没有卡死现象。

（3）双作用叶片泵拆装时的注意事项。

1）在拆卸过程中注意，由于两个配油盘、定子、转子、叶片之间及轴与轴承之间是预先组成一体的，不能分离的部分不要强拆，请实训指导老师来解决。

2）注意不要把叶片的底部和顶部装反，按拆卸的相反顺序装配。相互位置要正确，各处标记对齐，销钉插到位，叶片在槽内滑动轻松，各处密封正常，防止密封件翻转、歪斜、破损，对称均匀紧固螺钉。组装完毕，传动轴转动轻松，无卡、擦等不正常现象。

3. 斜盘式轴向柱塞泵的拆卸与装配

（1）拆卸顺序。

1）先拆掉前泵体上的螺钉、销子、分离前泵体与中间泵体，再拆掉变量机构上的螺钉，分离中间泵体与变量机构。

2）拆卸前泵体部分：拆下端盖，再拆下传动轴、前轴承及轴套等。

3）拆卸中间泵体部分：拆下压盘、柱塞，取出中心弹簧、钢球、内套、外套等，卸下缸体和配油盘。

4）拆卸变量机构部分：拆下斜盘、手轮、两端的螺钉，卸掉端盖，取出螺杆、变量活塞等。

在拆卸过程中，注意旋转手轮时斜盘倾角的变化。

（2）装配顺序。

1）装配前清洗各零件。

2）装配时，先装中间泵体和前泵体，注意装好配油盘，之后装上弹簧、套筒、钢球、压盘、柱塞。在变量机构上装好斜盘，最后用螺栓把泵体和变量机构连接为一体。

3）安装完毕后应使花键轴带动缸体转动灵活，没有卡死现象。

（3）拆装时的注意事项。

1）拆卸过程中，遇到元件卡住的情况时，不要乱敲硬砸，请实训指导老师来解决。

2）装配中，注意不能最后把花键轴装入缸体的花键槽中，更不能猛烈敲打花键轴，避免花键轴推动钢球顶坏压盘。

3）安装时，遵循先拆的零部件后安装，后拆的零部件先安装的原则，即按拆卸的相反顺序装配。

气动知识

2.7　气源装置及辅件

气源装置的作用是为气动设备提供符合需要的压缩空气。由空气压缩机产生的压缩空气必须经过降温、净化等一系列处理后才能用于传动系统。因此，除空气压缩机外，气源装置还包括干燥器、过滤器、后冷却器、气罐等。

图 2-22 所示为常见的气源装置。空气压缩机 1 用以产生压缩空气，一般由电动机带动，其吸气口装有空气过滤器，以减少进入空气压缩机内气体的杂质量；后冷却器 2 用以降温冷却压缩空气，使气化的水、油凝结起来；除油器 3 用以分离并排出降温冷却凝结的水滴、油滴、杂质等；储气罐 4 用以储存压缩空气，稳定压缩空气的压力，并除去部分油分和水分；干燥器 5 用以进一步吸收或排除压缩空气中的水分及油分，使之变成干燥空气；过滤器 6 用以进一步过滤压缩空气中的灰尘、杂质颗粒；7 也是储气罐，储气罐 4 输出的压缩空气可用于一般要求的气压传动系统，储气罐 7 输出的压缩空气可用于要求较高的气压传动系统（如气动仪表及射流元件组成的控制回路等）；加热器 8 可将空气加热，使热空气吹入闲置的干燥器中进行再生，以备干燥器Ⅰ、Ⅱ交替使用；四通阀 9 用于转换两个干燥器的工作状态。

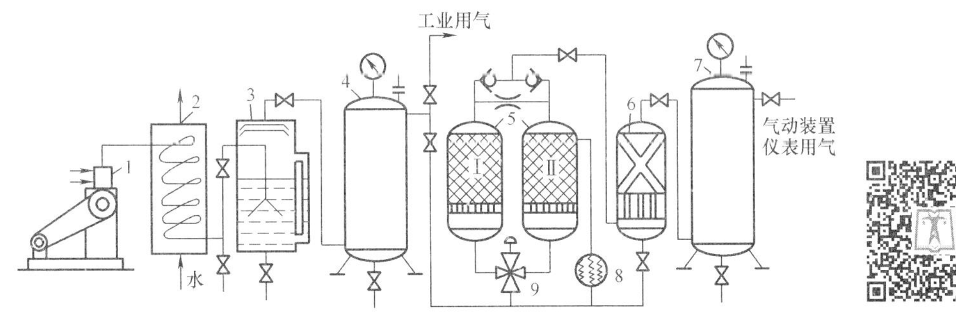

图 2-22　气源装置的组成和布置示意

1—空气压缩机；2—后冷却器；3—除油器；4、7—储气罐；5—干燥器；6—过滤器；8—加热器；9—四通阀

2.7.1　空气压缩机

空气压缩机是将机械能转化成气体压力能的装置，为气动系统的动力源，简称为空压机。空压机的种类很多，按工作原理的不同来划分，可分为容积式和动力式两类。在气压传动中，一般都采用容积式空压机。容积式空压机通过密封容积周期性的变化，来完成对空气的吸入和压缩过程。这种空压机又有几种不同的结构形式，如螺杆式、膜片式、活塞式等，其中最常用的是活塞式空压机，如图 2-23 所示。

在选择空气压缩机时，其额定压力和额定流量均应稍大于气动系统所需的工作压力和系统设备的最大耗气量并考虑泄漏等因素。

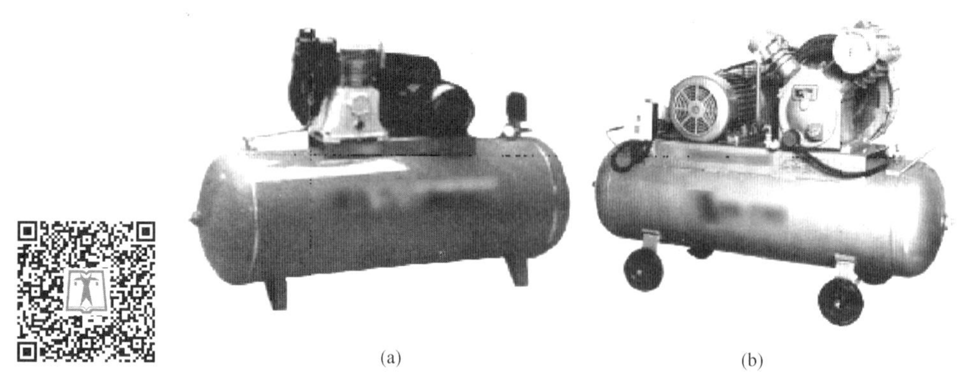

(a) (b)

图 2-23 活塞式空压机
（a）单级活塞式；（b）两级活塞式

2.7.2 后冷却器

后冷却器安装在空气压缩机的出口管道上，用于将空气压缩机排出的具有 140～170℃ 的压缩空气冷却至 40～50℃并除去水分。后冷却器的结构形式有蛇形管式、列管式、散热片式、套管式等。冷却方式有水冷和风冷两种方式，风冷式是靠风扇产生的冷空气吹向带散热片的热空气管道，经风冷后的压缩空气出口温度大约比环境温度高 15℃。水冷式是通过强制循环冷却水与压缩空气反向流动来进行热交换的，其散热系数高于风冷式，图 2-24 所示为水冷的蛇形管式和列管式后冷却器，压缩空气的出口温度大约比环境温度高 10℃。

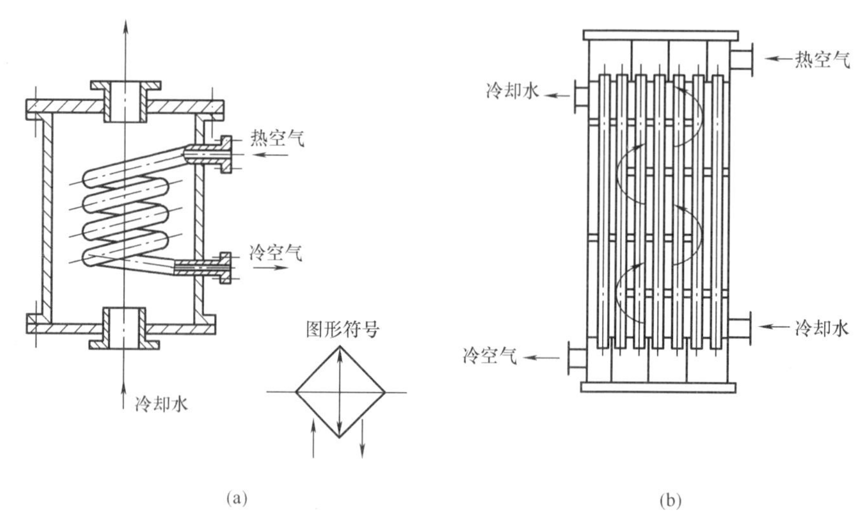

(a) (b)

图 2-24 水冷式后冷却器
（a）蛇形管式；（b）列管式

2.7.3 除油器

除油器安装在后冷却器后的管道上，作用是将压缩空气中凝聚的水分、油分、灰尘等杂质分离出来，使压缩空气得到初步净化。除油器的结构形式有环形回转式、撞击折回式、离心旋转式、水浴式及以上形式的组合使用等。除油器主要利用回转离心、撞击、水浴等方法使水滴、油滴及其他杂质颗粒从压缩空气中分离出来。撞击折回式除油器的工作原理是：当压缩空气进入分离器后产生流向和速度的急剧变化，再依靠惯性作用，将密度较大的油滴和水滴分离出来。

撞击折回式除油器的结构形式如图 2-25 所示，当压缩空气由入口进入分离器后，气流受到隔板阻挡而被撞击折回向下，之后又上升产生环形回转（见图 2-25 中箭头所示方向）。由此凝聚在压缩空气中的油滴和水滴在惯性力的作用下分离析出，积聚在底部，经排污阀定期排出。

2.7.4　储气罐

储气罐的作用是消除压力波动，保证输出气流的连续性，并储存一定数量的压缩空气，以备发生故障和临时需要应急使用，并能够进一步分离压缩空气中的水分和油分。储气罐一般采用焊接结构，以立式居多。立式储气罐的结构形式如图 2-26 所示，其高度 H 为其内径 D 的 2～3 倍。同时应使进气管在下、出气管在上，并尽可能加大两管口的间距，以利于充分分离空气中的油水。每个储气罐上应安装安全阀，调整其极限压力比正常工作压力高 10%；安装压力表以指示罐内空气压力；设置手孔以便清理、检查；底部应设排放油水的接管和阀门。储气罐应布置在室外、人流较少处和阴凉处。

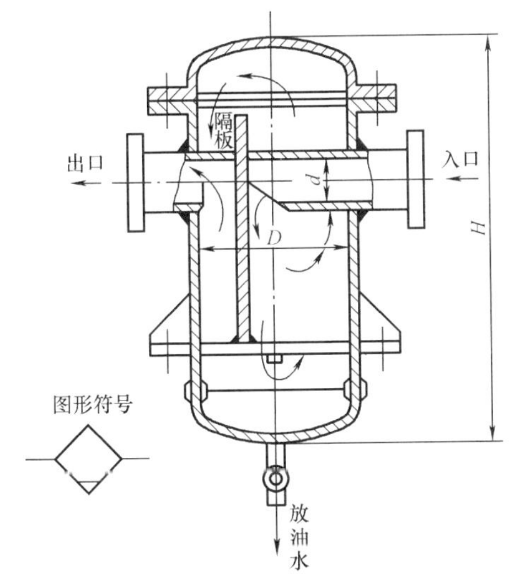

图 2-25　撞击折回并回转式除油器

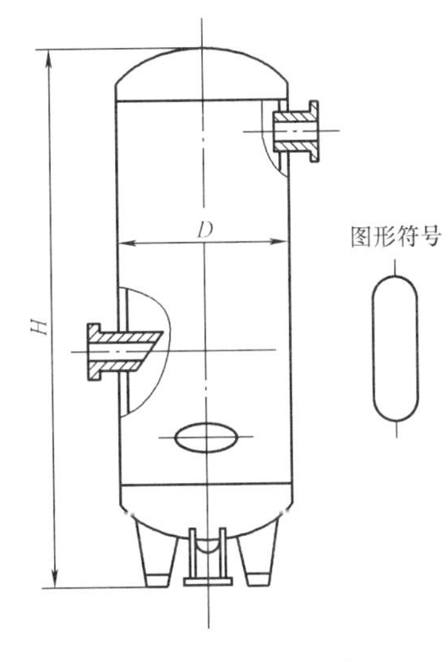

图 2-26　储气罐

目前，在气压传动中后冷却器、除油器和储气罐三者一体的结构形式已被采用，使得压缩空气站的辅助设备大为简化。

2.7.5　干燥器

从压缩机输出的压缩空气经过后冷却器、除油器、储气罐初步净化处理后，已能满足一般气动系统的要求，但对于一些精密机械、仪表等装置，还需进行干燥、过滤处理。干燥处理需采用干燥器，其作用是进一步去除压缩空气中的水分，使空气干燥；过滤处理则采用空气过滤器，其作用是进一步滤除压缩空气中的杂质。

图 2-27 所示为吸附式干燥器的工作原理图和外形图。当压缩空气从干燥器底部入口进入干燥器后，气体经过干燥剂的脱湿处理后，从上部的出口输出干燥的压缩空气。当干燥剂达到饱和时，需进行脱湿处理，因此通常采用吸附式干燥器时，都是两个干燥器交替使用，

一个对干燥剂脱湿，一个对压缩空气进行干燥，两个干燥器定时交替使用。

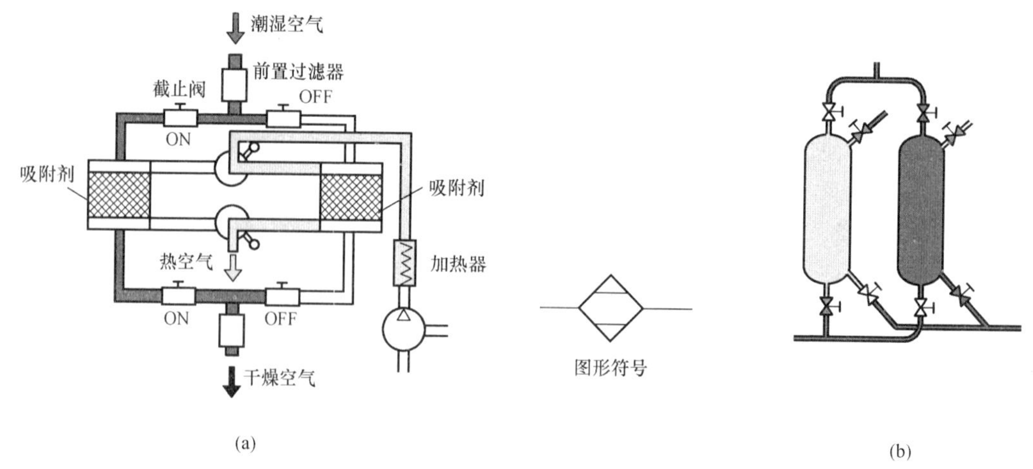

图 2-27 吸附式干燥器

（a）原理图；（b）外形图

2.7.6 空气过滤器

空气过滤器的作用是滤除压缩空气中的杂质，达到系统所要求的净化程度。常用的有简易空气过滤器、空气过滤器和高效过滤器。

简易空气过滤器（又称一次过滤）由壳体和滤芯所组成，按滤芯所采用的材料不同可分为纸质、织物（麻布、绒布、毛毡）、陶瓷、泡沫塑料和金属（金属网、金属屑）等过滤器。空气进入空压机之前，必须经过简易空气过滤器，以滤去空气中所含的一部分灰尘和杂质。空压机中普遍采用纸质过滤器和金属过滤器。

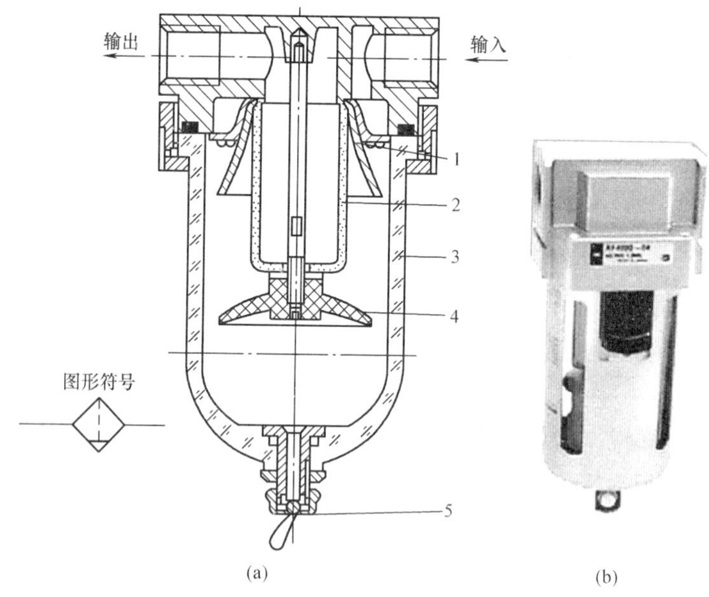

图 2-28 空气过滤器

（a）结构原理图；（b）外形图

1—旋风叶子；2—滤芯；3—存水杯；4—挡水板；5—手动放水阀

空气过滤器（又称二次过滤器），安装在空气压缩机的输出端、气动系统的入口处，通常与减压阀，油雾器一起构成气动三联件，并装在减压阀之前，图 2-28（a）所示为空气过滤器的结构图。其工作原理是：压缩空气从输入口进入后，被引入旋风叶子 1，旋风叶子上有许多成一定角度的缺口，迫使空气沿切线方向产生强烈旋转，这样夹杂在空气中的较大水滴、油滴和灰尘便获得较大的离心力，从空气中分离出来沉到杯底；而微粒灰尘和雾状水汽则由滤芯 2 滤除，洁净的空气便从输出口输出。为防止气体旋转将存水杯中积存的污水卷起，在滤芯下部设挡水板 4。为保证其正常工作，必须及时将存水杯 3 中的污水通过手动放水阀 5 放掉。

空气过滤器要根据气动设备要求的过滤精度和自由空气流量来选用。须按壳体上的箭头方向正确连接其进、出口，不可将进、出口接反，也不可将存水杯朝上倒装。

高效过滤器的过滤效率更高，适用于要求较高的气动装置、射流元件等使用。

练习与提高

2-1　什么是容积式液压泵？它是怎样进行工作的？

2-2　什么是齿轮泵的困油现象？有何危害？如何解决？

2-3　简述齿轮泵、叶片泵和柱塞泵的工作原理。

2-4　双作用叶片泵和单作用叶片泵各有什么优缺点？

2-5　限压式叶片泵的限定压力和最大流量如何调节？调节时，泵的流量压力特性曲线将如何变化？

2-6　某液压泵的输出油压 $p=10\text{MPa}$，转速 $n=1450\text{r/min}$，排量 $V=100\text{mL/r}$，容积效率 $\eta_V=0.95$，总效率 $\eta=0.9$，求泵的输出功率和电动机的驱动功率。

2-7　什么是气动三联件？每个元件起什么作用？安装顺序如何？如果不按顺序安装，会出现什么问题？

学习情境三　液压与气动系统的执行元件

任务一　液压系统中工作压力形成的原理

任务描述

图 3-1 所示为 QCS002 液压实验台液压系统中工作压力形成原理图的一部分，要求学生根据这部分原理图完成以下任务：

（1）分析液压缸中摩擦阻力变化时，对液压缸工作压力的影响。

（2）分析液压缸的外加负载变化时，对液压系统中压力的影响。

（3）分析进入液压缸的流量改变时，对液压缸工作压力的影响。

（4）分析液压缸活塞下行时，回油路的液压局部阻力（背压）变化时对液压系统中压力的影响。

（5）分析多缸并联系统中外加负载不同时，对液压系统工作压力的影响。

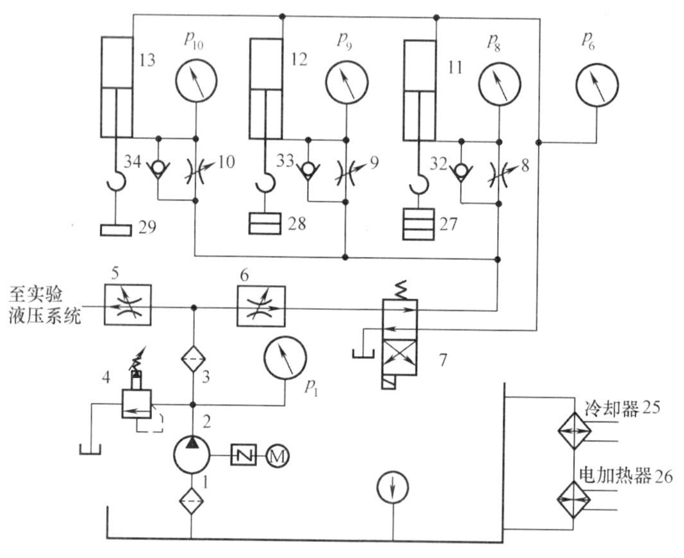

图 3-1　液压系统中工作压力形成的原理图

任务分析

（1）液压缸中摩擦阻力变化时，对液压缸工作压力的影响。液压缸的摩擦阻力指活塞与缸筒内壁，以及活塞杆与端盖密封处的摩擦阻力。活塞杆与端盖密封处的摩擦阻力，在实验装置中是可调的。以轴向机械力压紧或放松 V 形橡胶密封圈，从而改变摩擦阻力。摩擦阻力是液压缸的无效负载，此无效负载以液压缸工作腔的表压形式表示。

液压缸的工作压力是指其工作腔的压力。活塞上行时下腔的表压 p 即为该液压缸的工作压力，液压缸的有效压力指其工作腔的压力与摩擦（无效）负载之差。

此实验应在外加重力负载和液压阻力不变的情况下进行。

（2）液压缸的外加负载变化时，对液压系统中压力的影响。实验应在正常摩擦阻力（使V形橡胶密封轻轻压紧）的情况下和液压局部阻力（背压）不变的情况下进行。

外加负载是指直接加在活塞杆上的有效负载——砝码，实验装置中液压缸铅直布局，砝码可直接作为外加负载使液压缸做有效功。加不同数量的砝码，即可有效地改变负载值。所以，可以通过增减砝码的数量，来研究外加负载对液压缸工作压力及液压泵输出压力的影响。

（3）进入液压缸的流量改变时，对液压缸工作压力的影响。液压系统中流量和压力是两个独立的参数，它们之间没有直接的影响。

（4）液压缸活塞下行，回油路的液压局部阻力（背压）变化时，对液压系统中压力的影响。液压阻力包含局部液压阻力和沿程液压阻力。本项实验通过改变节流阀的通流截面积来改变局部液压阻力。当液压缸上腔进油时，通过改变回油路上的节流阀通流截面积，来研究液压局部阻力变化对液压缸工作压力及液压泵输出压力的影响。

（5）多缸并联系统中外加负载不同时，对系统工作压力的影响。实验装置中采用三个液压缸的并联油路，在摩擦阻力和液压阻力基本相同的情况下，对三个液压缸施加不同的负载，开车进行观察，观察其运动状态和系统压力的变化。

相关知识

液压与气动系统的执行元件有各种液压（气）缸和液压（气）马达，它们都是将液体或气体的压力能转换为机械能的能量转换装置。液压（气）马达一般用来实现连续的回转运动，而液压（气）缸则用于实现直线往复运动或周期性的往复摆动。

液压缸具有结构简单、工作可靠、制造容易、维护方便等优点，可与杠杆、连杆、齿轮齿条等机构配合实现多种机械运动，因此，广泛应用于工业生产各部门。在工程机械中，最为常见的有液压挖掘机和装载机的铲装机构、提升机构等。

3.1　液压缸的类型及特点

液压缸按结构特点可分为活塞式、柱塞式和摆动式三大类；按作用方式可分为单作用式和双作用式两种。在单作用式液压缸中，压力油仅通入液压缸的一腔，使缸单向运动，返回时则需要依靠外力——弹簧力、自重或外部载荷等来实现；在双作用式液压缸中，压力油可交替地通入液压缸的两腔，使缸实现正、反两个方向的往复运动。单作用式液压缸广泛应用于各种工程机械中，而双作用式液压缸则在机床的液压系统中应用较多。

3.1.1　活塞式液压缸

活塞式液压缸可分为双活塞杆和单活塞杆两种结构，且有缸体固定和活塞杆固定两种安装形式，如图 3-2 所示。

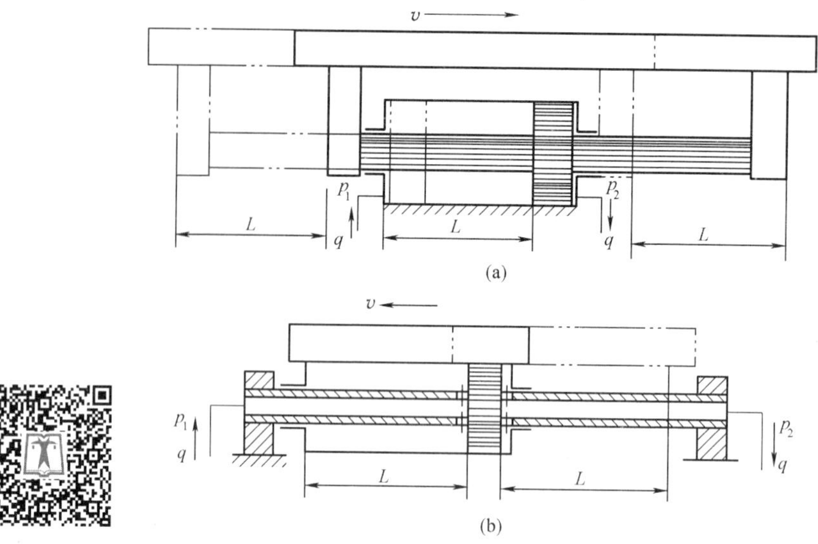

图 3-2　双活塞杆液压缸

（a）缸体固定；（b）活塞杆固定

1. 双活塞杆液压缸

双活塞杆液压缸两端都有活塞杆伸出，如图 3-3 所示。图 3-3 所示的双活塞杆液压缸缸体固定，当液压油从油口 A 进入液压缸左腔时，活塞 5 拖动工作台向右运动，而右腔的油液从油口 B 排出。如果两油口互换，则工作台反向运动。

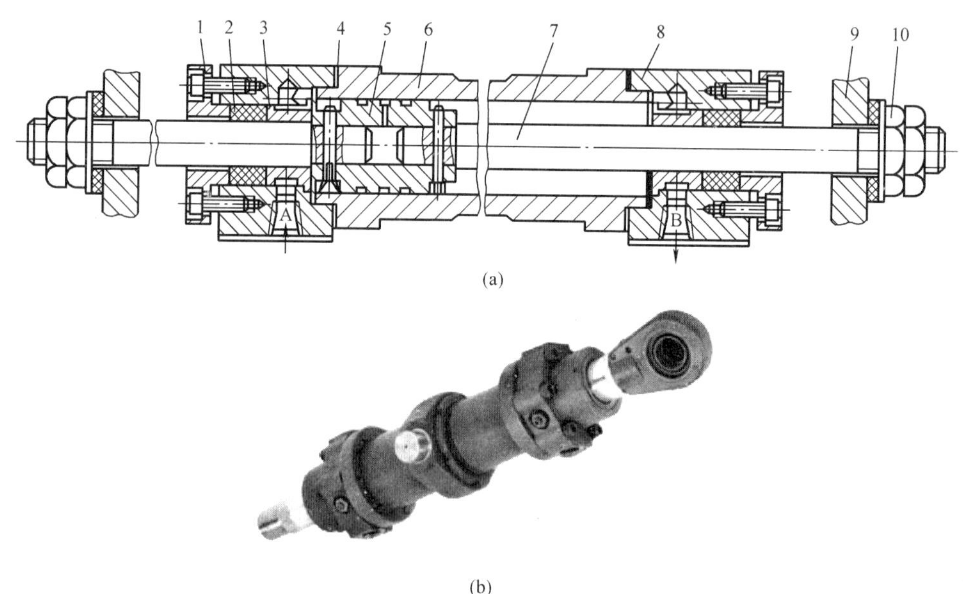

图 3-3　缸体固定的双活塞杆液压缸

（a）结构图；（b）外形图

1—压盖；2、4—密封圈；3—导向套；5—活塞；

6—缸体；7—活塞杆；8—端盖；9—支架；10—螺母

通常双活塞杆液压缸两端的活塞杆是直径相等的，且为双作用式。这种液压缸的特点是两腔的有效作用面积相等，因此当输入流量和油液压力不变时，其双向运动速度和输出推力相等。那么缸（或活塞）的运动速度 v 和推力 F 分别为

$$v=\frac{q}{A}=\frac{4q}{\pi(D^2-d^2)} \tag{3-1}$$

$$F=(p_1-p_2)A=\frac{\pi}{4}(D^2-d^2)(p_1-p_2) \tag{3-2}$$

式中　q——输入流量；

A——活塞有效工作面积；

D、d——活塞、活塞杆直径；

p_1、p_2——缸进、出口压力。

这种两个方向速度相等、推力也相等的特性，使双活塞杆液压缸适用于双向负载基本相等且往返运动速度相同的场合，如平面磨床液压系统。图 3 - 2（a）所示为缸体固定式双活塞杆液压缸的结构，活塞通过活塞杆带动工作台移动，工作台的移动范围约等于活塞有效行程 L 的 3 倍，占地面积较大，一般用于中小型液压设备。图 3 - 2（b）所示活塞杆固定式双活塞杆液压缸的结构，进回油管采用软管时，进回油口可设在缸体两端；采用硬管时，进回油口则设置在空心活塞杆两端；其工作台的移动范围等于缸体有效行程 L 的 2 倍，占地面积小，常用于大中型液压设备。

2. 单活塞杆液压缸

图 3 - 4 所示为工程机械通用的一种双作用单活塞杆液压缸，主要由缸筒 10、活塞 5、活塞杆 15、缸底 1、缸盖 13 等组成。缸筒 10 与缸底 1 焊接在一起，缸盖 13 与缸筒 10 用螺纹连接。两端进出油口 A 和 B 均可通压力油或回油，以实现双向运动。对于双作用单活塞杆液压缸，不论是缸体固定，还是活塞杆固定，其工作台的移动范围是相同的，都约等于液压缸有效行程的 2 倍。由于只在活塞的一端装有活塞杆，因此液压缸两腔的有效作用面积不同，即当向缸的两腔分别输入压力油，且油液的压力和流量不变时，活塞双向运动可获得不同的运动速度和输出推力。

（1）无杆腔进油时，如图 3 - 5（a）所示，有

$$v_1=\frac{q}{A_1}=\frac{4q}{\pi D^2} \tag{3-3}$$

$$F_1=p_1A_1-p_2A_2=\frac{\pi}{4}[D^2p_1-(D^2-d^2)p_2] \tag{3-4}$$

（2）有杆腔进油时，如图 3 - 5（b）所示，有

$$v_2=\frac{q}{A_2}=\frac{4q}{\pi(D^2-d^2)} \tag{3-5}$$

$$F_2=p_1A_2-p_2A_1=\frac{\pi}{4}[(D^2-d^2)p_1-D^2p_2] \tag{3-6}$$

比较式（3 - 3）～式（3 - 6）可知，$v_1<v_2$，$F_1>F_2$，即活塞杆伸出时，推力较大，速度较小；活塞杆缩回时，推力较小，速度较大。因而，它适用于伸出时承受工作载荷，缩回时为空载或轻载的场合。例如，各种金属切削机床、压力机、注塑机、起重机的液压系统中

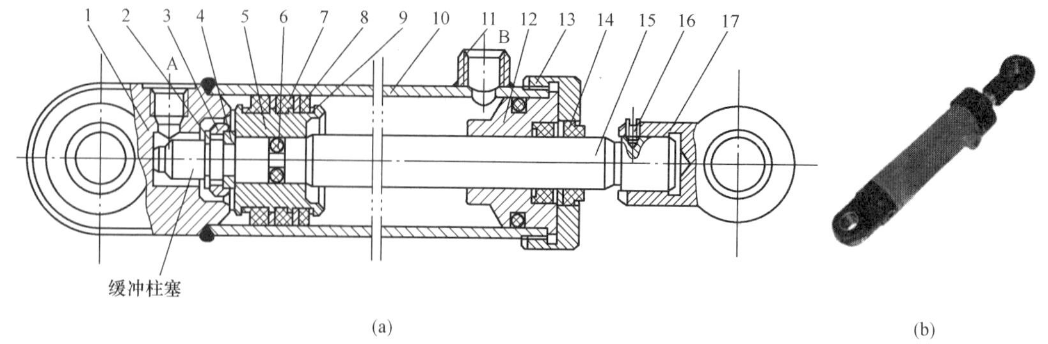

(a) (b)

图 3-4 工程机械用液压缸

(a) 结构图；(b) 外形图

1—缸底；2—弹簧挡圈；3—套环；4—卡环；5—活塞；6—O 形密封圈；7—支承环；8—挡圈；9—Y_X 形密封圈；10—缸筒；11—管接头；12—导向套；13—缸盖；14—防尘圈；15—活塞杆；16—定位螺钉；17—耳环

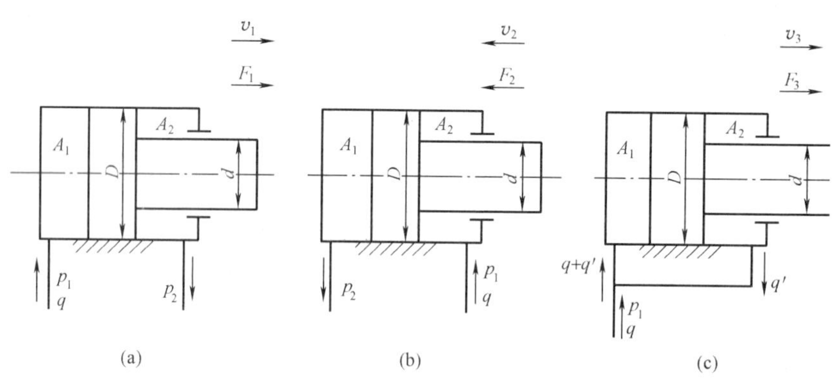

图 3-5 单活塞杆液压缸计算简图

常用单活塞杆液压缸。

液压缸往返运动的速度 v_2 与 v_1 之比称为速比，用 λ_v 表示，则

$$\lambda_v = \frac{v_2}{v_1} = \frac{D^2}{D^2 - d^2} \tag{3-7}$$

可见，活塞杆粗则速比大，活塞杆细则速比小。对于有往返速度要求的液压缸，可以通过改变活塞与活塞杆的直径比，来满足两个方向速度不同的要求。

（3）液压缸差动连接时，如图 3-5（c）所示。当压力油同时供给单活塞杆液压缸的两腔时，由于无杆腔受力面积大，活塞以一定速度向右移动，此时有杆腔排出的油液与泵供给的油液汇合后进入液压缸的无杆腔。在忽略两腔连通压力损失的情况下，两腔油液压力相等，故活塞运动速度 v_3 为

$$v_3 = \frac{q + q'}{\frac{\pi D^2}{4}} = \frac{q + \frac{\pi}{4}(D^2 - d^2)v_3}{\frac{\pi D^2}{4}}$$

整理得

$$v_3 = \frac{4q}{\pi d^2} \tag{3-8}$$

$$F_3 = \frac{\pi}{4} d^2 p_1 \tag{3-9}$$

通过比较可知，差动连接时活塞的运动速度比无杆腔进油时的速度大，即 $v_3 > v_1$，但推力减小，即 $F_3 < F_1$。差动连接是在不增加液压泵流量的前提下实现快速运动的有效方法，在组合机床中，经常通过控制阀来改变单活塞杆液压缸的油路连接，而获得快进（v_3）—工进（v_1）—快退（v_2）的工作循环。

实际生产中，常要求单活塞杆液压缸的快速进、退速度相等，即 $v_2 = v_3$，故常取活塞杆的面积等于活塞整个面积的一半，所以相应的有 $D = \sqrt{2} d$。

3.1.2　柱塞式液压缸

图 3-6 所示为柱塞式液压缸结构图和外形图。工作时，压力油从进油口 1 进入缸筒 2 中，推动柱塞 3 向外伸出，而返回时需要靠外力如弹簧力、自重等驱动。若想实现往复运动，柱塞式液压缸应成对使用，如图 3-7 所示。

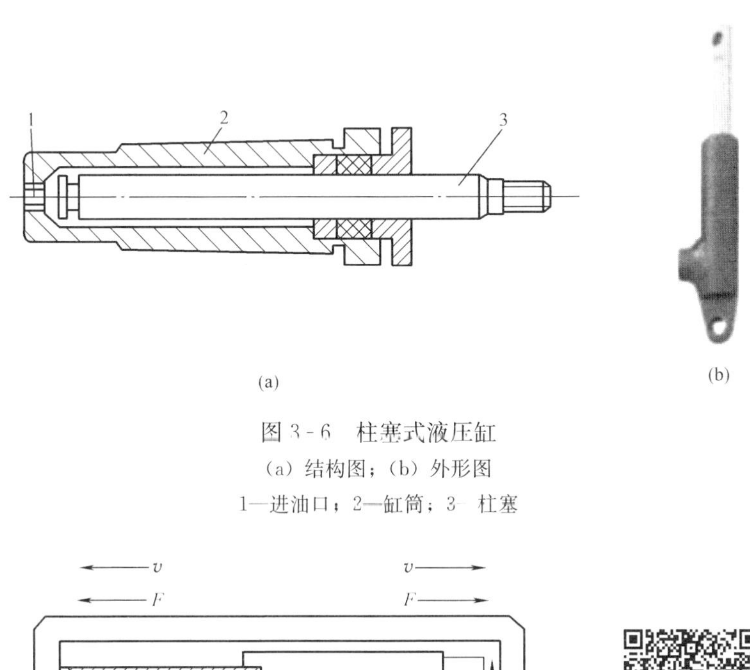

图 3-6　柱塞式液压缸
(a) 结构图；(b) 外形图
1—进油口；2—缸筒；3—柱塞

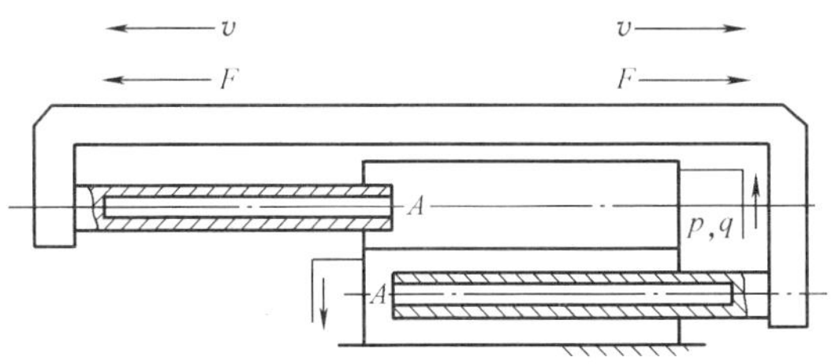

图 3-7　柱塞式液压缸成对使用

当柱塞直径为 d，输入液压油的流量为 q，压力为 p 时，输出的速度 v 和推力 F 为

$$v = \frac{q}{A} = \frac{4q}{\pi d^2} \tag{3-10}$$

$$F = pA = \frac{\pi}{4} d^2 p \tag{3-11}$$

柱塞工作时受压，为保证足够的刚度，柱塞一般较粗，重量较大，水平安装时易产生单边磨损，因此柱塞缸适宜于垂直安装使用；水平安装使用时，为减轻重量，可制成空心柱塞；为防止柱塞自重下垂，通常设有柱塞支承套和托架。

柱塞缸和活塞缸一样，也有缸筒固定式和柱塞固定式两种安装形式，它们对机床工作台移动范围的影响和活塞缸的情况完全相同。如图 3-6 所示，柱塞不与缸筒接触，所以缸筒内壁可不加工或仅作粗加工，只需对柱塞及其支承部分进行精加工。柱塞式液压缸结构简单、制造容易，适用于行程较长的导轨磨床、龙门刨床、液压机等设备。

3.1.3 摆动式液压缸

摆动式液压缸是输出转矩并实现往复摆动的液压缸（又称摆动液压马达），有单叶片和双叶片两种形式。如图 3-8 所示，定子块 1 固定在缸体 4 上，叶片 2 与摆动轴 3 连为一体。当两油口交替通入液压油时，在叶片带动下，其传动轴能输出小于 360°的摆动运动。

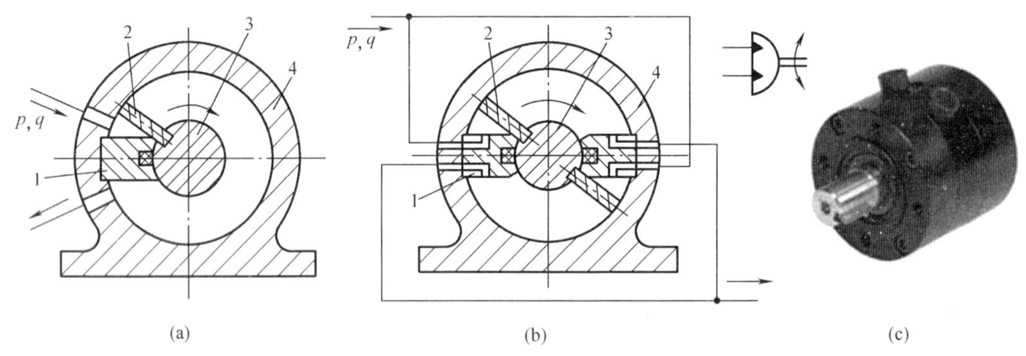

图 3-8 摆动式液压缸

(a) 单叶片式；(b) 双叶片式；(c) 外形图

1—定子块；2—叶片；3—摆动轴；4—缸体

图 3-8 (a) 所示为单叶片式摆动缸，当压力油从左上方油口输入时，叶片在压力油作用下带动摆动轴做顺时针转动，摆动角度小于 360°，回油从缸体左下方的油口流出；图 3-8 (b)所示为双叶片式摆动缸，缸体的左上方和右下方两个油口同时输入压力油，两个叶片在压力油作用下带动摆动轴做顺时针转动，摆动角度小于 150°，回油从缸体右上方和左下方两个油口流出。当压力油交替地向摆动式液压缸的两腔输入时，叶片在压力油的作用下带动摆动轴往复摆动。

双叶片式摆动液压缸的输出转矩是单叶片式的两倍，但角速度是单叶片式的一半，它具有径向力平衡的优点。

3.1.4 其他形式的液压缸

1. 增压缸

图 3-9 所示为一种由活塞缸和柱塞缸组合而成的增压缸，又称增压器，可用于液压系统中的局部区域获得高压。其增压原理是活塞有效作用面积大于柱塞有效作用面积。如果向活塞缸无杆腔输入的油液的压力为 p_A，柱塞缸排出的油液压力为 p_B，则有

$$\frac{\pi}{4}D^2 p_A = \frac{\pi}{4}d^2 p_B$$

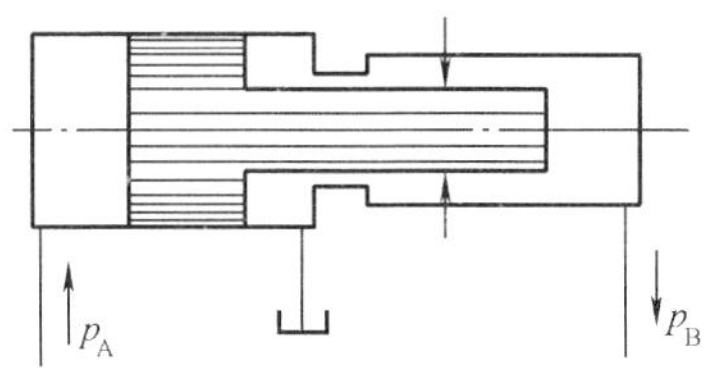

图 3-9　增压缸

整理得

$$p_B = p_A\left(\frac{D^2}{d^2}\right) \tag{3-12}$$

显然，由于 $D^2 > d^2$，柱塞缸输出压力 p_B 高于活塞缸输入压力 p_A。

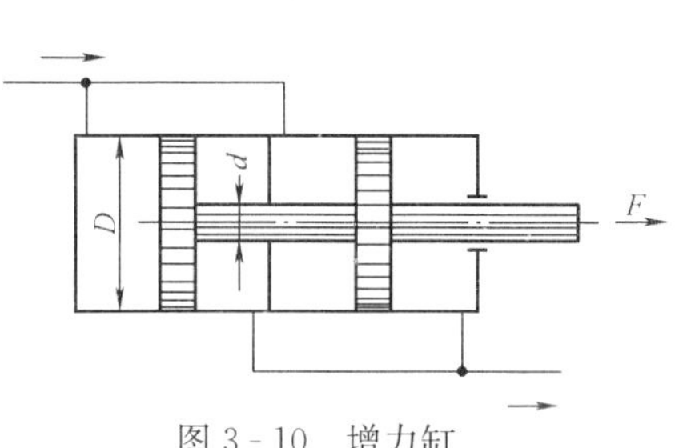

图 3-10　增力缸

2. 增力缸

增力缸的结构原理如图 3-10 所示，它是由两个单活塞杆液压缸串连在一起的。当压力油输入两缸左腔时，活塞向右移动，缸右腔排油。该缸的推力为两个活塞作用力之和，即

$$F = \frac{\pi}{4}D^2 p + \frac{\pi}{4}(D^2 - d^2)p = \frac{\pi}{4}p(2D^2 - d^2) \tag{3-13}$$

这种增力液压缸应用在径向空间安装受限制，而轴向长度不受限制的场合。

3. 伸缩缸

伸缩缸又称多级液压缸，它由多个活塞缸套装而成，前一级活塞缸的活塞是后一级活塞缸的缸筒，结构与拉杆天线类似，如图 3-11 所示。伸缩缸有单作用和双作用两种形式，图 3-11所示为双作用式。当压力油通入缸筒左腔，各级活塞按其有效工作面积的大小依次向外伸出，面积大的先动，小的后动。压力油通入缸筒的右腔，各级活塞则又依次缩回。因此，液压缸工作过程中，若工作压力及流量不变，则液压缸的推力及速度亦是逐级变化的。

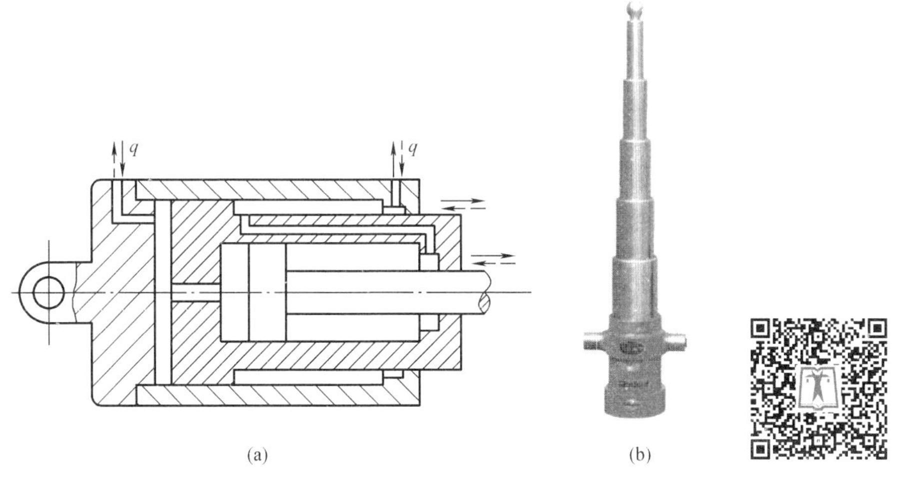

图 3-11　伸缩缸

(a) 结构图；(b) 外形图

伸缩缸的特点是行程大，而回缩后的长度较短、结构紧凑，适用于安装空间受到限制但行程要求却很大的场合。例如，起重机伸缩臂液压缸、自卸汽车举升液压缸等。

4. 齿条液压缸

图 3-12 所示为齿条液压缸，它由两个活塞缸和一套齿轮齿条传动装置组成。活塞的往复移动经齿轮齿条机构转换成齿轮轴周期性的往复转动，可用于实现机床工作部件的往复摆动。这种液压缸多用于自动生产线、组合机床等的转位或分度机构中。

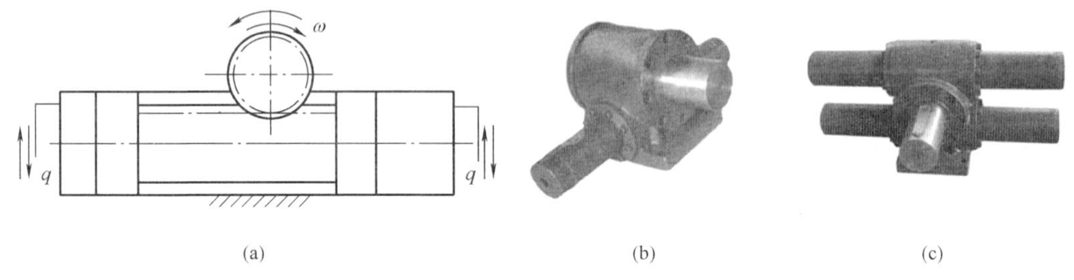

图 3-12 齿条液压缸

(a) 结构图；(b) 单齿条活塞缸外形图；(c) 双齿条活塞缸外形图

任务指导

3.2 液压系统中工作压力形成的原理实验

3.2.1 实验目的及要求

容积式液压传动中，系统工作压力的大小取决于外负载，即取决于油液运动时所受到的阻力。

1. 实验目的

本实验要求通过多种负载对液压缸、液压泵工作压力的影响而深入理解：

（1）液压系统中工作压力和负载的关系。

（2）分析液压系统中的负载体现在哪些方面，液压系统中工作压力的组成。

（3）进一步理解有效工作压力和压力损失（无效工作压力）。

2. 实验要求

本实验台所用油液为纯净的 20 号或 30 号液压油，液压泵开动之前需要检查油箱内是否充满油液（以油标指示高度为准），并须松开全部压力阀、节流阀的调节手柄。

3.2.2 实验仪器设备

QCS002 液压教学实验台（见图 3-1）、秒表、量筒、卡尺、棉纱。

3.2.3 实验内容及步骤

实验前的调试：实验油温控制在 20～40℃范围内，如果超出范围，应相应开启冷却器 25 或电加热器 26。

（1）松开溢流阀 4，关闭调速阀 5 和 6，启动液压泵 2，让液压泵 2 空转 1～2min。

（2）调节溢流阀 4，使系统压力达到 2MPa。

（3）将节流阀 8、9、10 开至最大，再慢慢打开调速阀 6，转换电磁开关 7 的控制按钮，使活塞全程往复运动3～5次，排出系统空气。在调试时，液压缸下端不加砝码，但是要控制活塞下降速度，使之不要过快，端部冲击声最小，且有充分时间在活塞单行程中观察出压力表值。下面依次进行实验。

1. 液压缸中摩擦阻力变化对工作压力的影响

（1）从液压缸11、12、13中任选一缸作为实验缸。本次实验选取液压缸11作为实验缸，关闭节流阀9和10。转换电磁阀7的开关，使活塞处于下位，将液压缸11下端盖处的密封调节螺母放松后再轻轻拧紧。

（2）使电磁阀7断电处于上位，使液压缸11下腔进油，活塞上行。观察各有关压力表的变化情况，记录下活塞运动时 p_1、p_6 和 p_8 各表的稳定值。通过电磁阀7使活塞处于下位。

（3）多次逐步旋紧液压缸11下端盖处的密封调节螺母，重复步骤（2），将实验数据记录于表3-1中。重复上述步骤，至少4次。

（4）实验完毕后，通过电磁阀7使活塞处于下位，将液压缸11下端的密封调节螺母轻轻拧紧，恢复到正常状态。

2. 液压缸外加负载变化对液压系统中压力的影响

在液压缸11的砝码托盘上分别挂上不同数量的砝码，重复实验1中的第（2）项内容，至少4次，将实验数据记录在表3-2中。实验完毕后，取下砝码。

3. 进入液压缸的流量改变时，对液压缸工作压力的影响

（1）调节调速阀6的开度，使活塞运动速度和实验2中的活塞速度有明显的不同，但速度不宜过快，速度的快慢可用秒表监测。

（2）重复实验2的全部内容，至少4次，将实验数据记录在表3-3中。实验完毕后，取下砝码。

注意事项：此项实验，液压缸回油阻力必须很小，否则当每次回油量不等时，将产生不同的背压，造成一定的误差。

4. 液压系统中液压阻力（背压）变化时，对液压系统中压力的影响

（1）使调速阀6恢复实验2中的开度，即手柄刻度值。

（2）使液压缸11活塞处于上端，将节流阀8全部打开，切换电磁阀7，使活塞向下运动，记录下活塞运动时 p_1、p_6 和 p_8 各表的稳定值，再通过电磁阀7使液压缸活塞处于上端。

（3）逐渐调小节流阀8的开度，重复步骤（2），至少4次，将实验数据记录在表3-4中。

注意事项：此项实验前，观察 p_1，应保持在2MPa，若调节 p_1，最好不要超过2.5MPa，以免损坏压力表 p_8。

5. 多缸并联系统中外加负载不同时，对系统工作压力的影响

（1）将三个缸下缸盖处的调节螺母放松，然后再轻轻压紧，通过电磁阀7使液压缸11、12和13往复数次，分别调整下缸盖处的调节螺母松紧度，使三个缸的摩擦阻力基本相等，记录三个缸在外加负载（无效负载）相同的情况下，启动时和运动中的压力（数值应当相接近）。

（2）将溢流阀4调至三缸并联系统的最大负载所需最低压力值（实验者自己测定）。给三个液压缸分别施加不同数量的砝码，用电磁阀7使活塞上行，在表3-5中记录各缸的运

动顺序、速度快慢及各缸运动时相应的工作压力大小 p_8、p_9 和 p_{10}，实验中注意观察记录各缸压力的变化情况，再通过电磁阀 7，使活塞处于下端。

（3）改变各缸的砝码重量，重复步骤（2），至少 4 次。

实验结束后，取下砝码，使活塞处于上位，松开溢流阀 4，关闭液压泵 2、调速阀 5 和调速阀 6。

注意事项：调速阀 6 正常工作需要 Δp=0.4～0.5MPa 的压力差，因此计算泵的出口工作压力及溢流阀 4 调定的最低值 p_1 时，要将 Δp 计入，即

$$p_1 = p_{泵(\min)} \geqslant \Delta p + p_{缸有效} + p_{缸无效} = \Delta p + p_8$$

3.2.4 实验记录与实验结果分析

1. 实验记录Ⅰ

实验内容：液压缸中摩擦阻力变化时，各测点的压力。

实验条件：采用________号液压油；液压缸下腔有效面积________ mm^2。

表 3-1 液压缸中摩擦阻力变化对工作压力的影响

阻力	序号 \ 测试内容	泵出口压力 p_1（MPa）	液压缸 11 回油腔压力 p_6（MPa）	液压缸 11 工作腔压力 p_8（MPa）	液压缸 11 无效压力 $p_{无效}$（MPa）	备注
摩擦阻力增大	1					
	2					
	3					
	4					
	5					

注　$p_{无效}$只计算其增量，第一次不计算，第二次以后按下式计算：
$p_{无效}$=________（即第 n 次测得的 p_8 减去第一次测得的 p_6，等于第 n 次 $p_{无效}$）

2. 实验记录Ⅱ

实验内容：液压缸的外加负载变化时，各测点的压力。

实验条件：采用________号液压油；液压缸下腔有效面积________ mm^2；调速阀的刻度值________。

表 3-2 液压缸中外加负载变化对液压系统中压力的影响

序号	砝码质量 \ 测试内容	泵出口压力 p_1（MPa）	液压缸 11 回油腔压力 p_6（MPa）	液压缸 11 工作腔压力 p_8（MPa）	液压缸 11 有效压力 $p_{有效}$（MPa）	备注
1						
2						
3						
4						
5						

注　$p_{有效}$=砝码总重/液压缸下腔有效面积。

3. 实验记录Ⅲ

实验内容：进入液压缸的流量改变时，各测点的压力。

实验条件：采用________号液压油；液压缸下腔有效面积________ mm^2；调速阀的刻度值________（此实验调速阀的开口量应比实验 2 的开口量大）。

表 3-3 进入液压缸的流量改变时对液压缸工作压力的影响

序号 \ 砝码重量 \ 测试内容		泵出口压力 p_1（MPa）	液压缸 11 回油腔压力 p_6（MPa）	液压缸 11 工作腔压力 p_8（MPa）	液压缸 11 有效压力 $p_{有效}$（MPa）	备注
1						
2						
3						
4						
5						

注 $p_{有效}$=砝码总重量/液压缸下腔有效面积。

4. 实验记录Ⅳ

实验内容：液压系统中液压阻力（背压）变化时，各测点的压力。

实验条件：采用________号液压油。

表 3-4 液压系统中液压阻力（背压）变化时对液压系统中压力的影响

序号 \ 开口量 \ 测试内容		泵出口压力 p_1（MPa）	液压缸 11 回油腔压力 p_6（MPa）	液压缸 11 工作腔压力 p_8（MPa）	备注
1	节流阀 8 开口量递减				
2					
3					
4					
5					

5. 实验记录Ⅴ

实验内容：液压缸并联系统，液压缸外负载变化时各测点的压力。

实验条件：采用________号液压油。

表 3-5 多缸并联系统中外加负载不同时对系统工作压力的影响

序号	液压缸号	砝码		活塞运动速度比较（快、中、慢）	泵出口压力 p_1（MPa）	液压缸工作压力（MPa）			备注
		块数	重量（N）			p_8	p_9	p_{10}	
1									
2									
3									
4									

任务二 液压缸的拆装

任务描述

（1）拆装柱塞缸。通过拆装，进一步了解柱塞缸的结构特点和工作原理，掌握柱塞缸的拆装要领及调整方法。

（2）拆装单活塞杆液压缸。通过拆装，进一步了解单活塞杆液压缸的结构特点和工作原理，掌握单活塞杆液压缸的拆装要领及调整方法。

任务分析

要完成本任务，首先需要认真学习并掌握相关液压缸的工作原理，对其结构组成有一个基本的认识。其次在操作时，针对不同的液压元件，利用相应工具，严格按照其拆卸、装配步骤进行，严禁违反操作规程私自进行拆卸、装配。拆装过程中，认真观察相关液压缸的结构组成、工作原理及主要零部件特殊结构的作用。

相关知识

3.3 液压缸的结构设计

液压缸的结构基本上可以分为缸体组件、活塞组件、密封装置、缓冲装置和排气装置五个部分，分别介绍如下。

3.3.1 缸体组件

缸体组件由液压缸缸筒与端盖组成。缸筒与端盖有多种连接形式，图 3 - 13 所示为目前常见的几种连接形式。图 3 - 13（a）所示为拉杆连接，前、后端盖装在缸体两边，用四根拉杆（螺栓）将其紧固。这种连接结构通用性好，缸筒加工方便，装拆简单，但端盖的体积和重量较大，拉杆易变形，通常只适用于长度不大的中低压缸。图 3 - 13（b）所示为法兰连接，在缸筒上焊上法兰盘，再用螺钉与端盖紧固。这种连接结构简单，加工和拆装都很方便，连接可靠，外形尺寸和重量比拉杆连接要小。该结构应用最广，大中型液压缸大部分采用这种结构。图 3 - 13（c）所示为内半环连接，半环式连接分外半环和内半环连接两种。图中 K 为半环，把半环切成三块装于缸筒槽内。这种连接结构工艺性好，连接可靠，结构紧凑，但缸筒铣出半环槽后，削弱了其强度，需增加缸筒壁厚，常用于无缝钢管缸筒和端盖的连接。当液压缸轴向尺寸受到限制，又要获得较大行程时，可采用外半环连接。图 3 - 13（d）所示为焊接连接，这种连接结构简单，外形尺寸较小，但清洗缸筒内孔较困难，而且焊接时易引起缸筒变形，主要用于柱塞液压缸。图 3 - 13（e）所示为外螺纹连接，并装有防松螺母防止端盖松动。图 3 - 13（f）所示为内螺纹连接。螺纹连接重量轻，外径小，结构紧凑，但加工较复杂，装拆需专用工具，旋端盖时易损坏密封圈，一般用于小型液压缸。

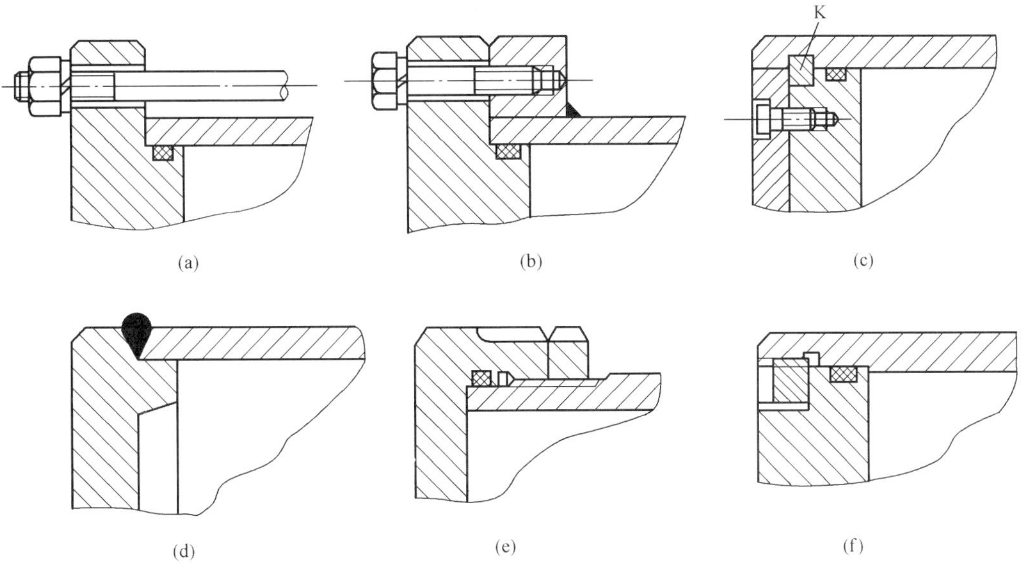

图 3-13　缸体与端盖的连接结构

(a) 拉杆连接；(b) 法兰连接；(c) 内半环连接；

(d) 焊接连接；(e) 外螺纹连接；(f) 内螺纹连接

3.3.2　活塞组件

活塞组件由活塞和活塞杆组成。根据工作压力、安装方式和工作条件的不同，活塞组件有多种结构形式。图 3-14 (a) 所示为最常用的螺纹连接。这种连接结构简单，装拆方便，一般需要有防松螺母装置。在负载较大的情况下，需要用如图 3-14 (b) 所示的卡键连接结构。这种连接方法可以使活塞在活塞杆上浮动，使活塞与缸筒不易卡住，但是结构要相对复杂。

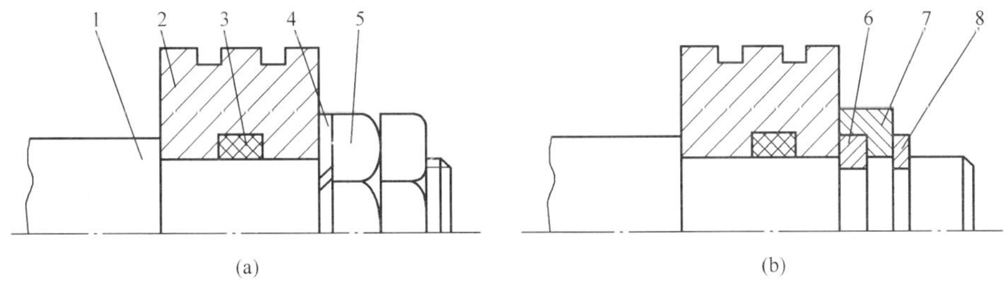

图 3-14　活塞与活塞杆的连接结构图

(a) 螺纹连接；(b) 卡键连接

1—活塞杆；2—活塞；3—密封圈；4—弹簧垫圈；

5—螺母；6—卡键；7—套环；8—弹簧挡圈

活塞杆头部直接与工作机械连接，根据与负载连接要求的不同，活塞杆头部有几种不同的结构，如图 3-15 所示。

3.3.3　密封装置

密封装置主要用来防止液压油的泄漏。液压缸是依靠密闭容积的变化来传递运动和动力的，所以密封装置的优劣将直接影响系统的性能和效率。液压缸的密封主要指活塞、活塞杆

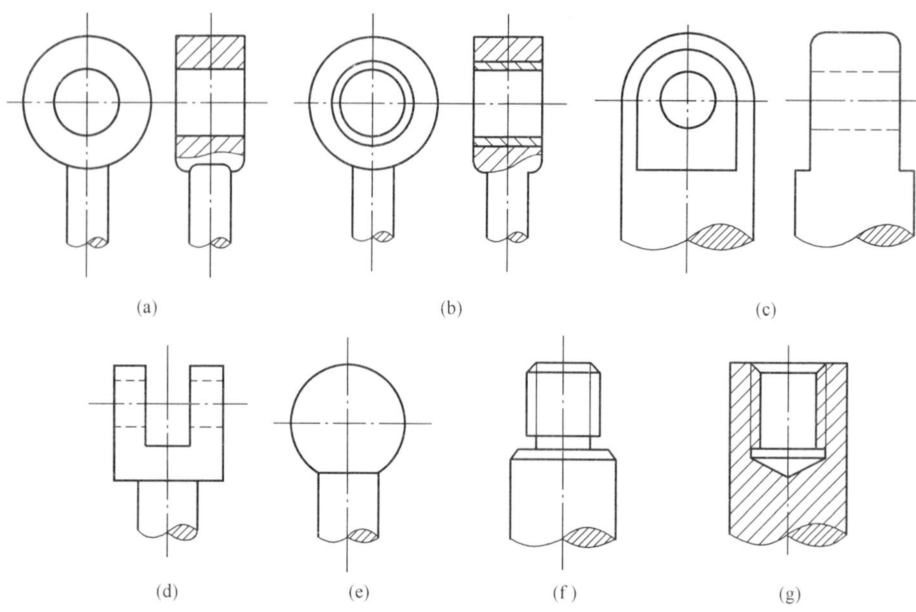

图 3-15 活塞杆头部结构

(a) 单耳环不带衬套；(b) 单耳环带衬套；(c) 单耳环；
(d) 双耳环；(e) 球头；(f) 外螺纹；(g) 内螺纹

处的动密封，以及缸盖等处的静密封。工程上因为液压缸工作压力较高，为防止泄漏而广泛采用密封圈密封，其密封性能可靠，效果较好。

3.3.4 缓冲装置

一般的液压缸可不考虑缓冲措施。当活塞运动速度很高且运动部件质量很大时，为了防止活塞在行程终点处与端盖发生机械碰撞，引起噪声和冲击，甚至造成液压缸和被驱动装置的损坏，则有必要设置缓冲装置。常见的缓冲装置有环状间隙式、节流口可调式、节流口可变式。

(1) 环状间隙式缓冲装置。图 3-16 (a) 所示为圆柱形环状间隙式（圆柱形环隙式）缓冲装置，由活塞上的圆柱形缓冲柱塞 A 和端盖上的凹腔组成。缸盖和活塞间形成环形缓冲油腔 B，当柱塞 A 进入凹腔中，端盖和柱塞间的油液从环形间隙 δ 中挤出。这样活塞受到很大的阻力，运动速度减慢，起到缓冲作用。缓冲刚开始时，效果较差，且实现减速所需的行程较大。这种缓冲装置的性能易受油温影响，但其结构简单，一般系列化的成品液压缸中常采用这种缓冲装置。环状间隙缓冲装置的缓冲柱塞 A 也可以制成圆锥形，如图 3-16 (b) 所示，即圆锥柱塞的通流面积随缓冲行程的增大而逐渐减小，缓冲压力变化平缓，缓冲效果好。

(2) 节流口可变式缓冲装置。图 3-16 (c) 所示为节流口可变式缓冲装置。这种缓冲装置在缓冲柱塞外圆开有几个沿圆周均布的轴向三角槽，通流面积随缓冲行程的增大而逐渐减小，缓冲压力变化平缓，缓冲效果好。

(3) 节流口可调式缓冲装置。图 3-16 (d) 所示为节流口可调式缓冲装置。在缓冲过程中，缓冲腔中的油液经节流阀 C 流出，调节节流阀的通流面积大小，便可限制缓冲腔内的缓冲压力，以适应不同负载和速度对缓冲的要求。活塞反向启动时，油液从单向阀 D 进入液压缸，可实现快速启动。

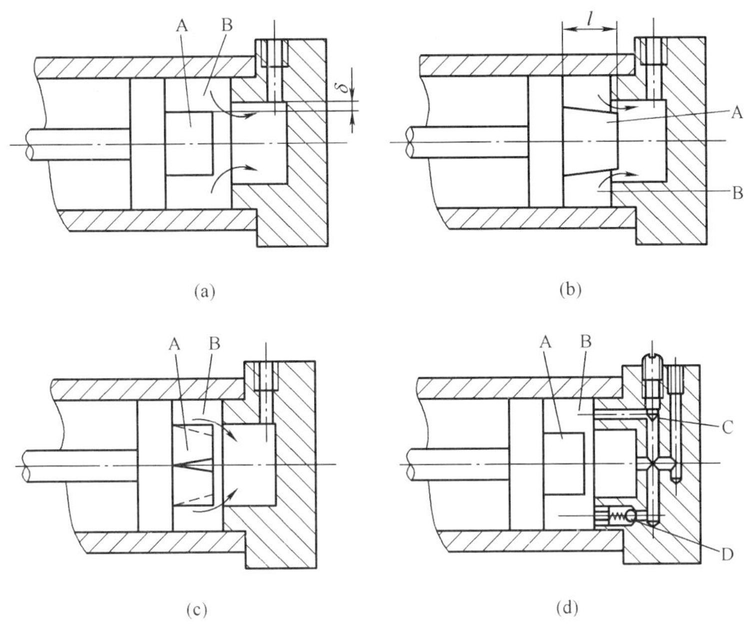

图 3-16　液压缸的缓冲装置

(a) 圆柱形环隙式；(b) 圆锥形环隙式；(c) 可变节流槽式；(d) 可调节流槽式

3.3.5　排气装置

液压系统在安装过程中或长时间停工后，油液中会渗入空气，由此会引起活塞运动时的爬行和振动，产生噪声，甚至使整个液压系统不能正常工作。对精度不高的液压缸，不必设置排气装置，而常将进、出油口布置在缸筒两端的最高处，使液压缸内空气由流出的油液带出。对精度较高的液压缸，可在液压缸的最高处设置排气塞结构，如图 3-17 所示。

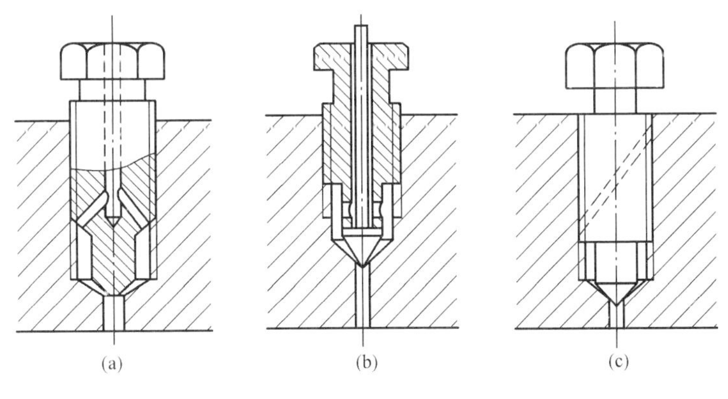

图 3-17　排气装置结构图

3.4　液压缸的设计计算

液压缸是液压系统的执行元件，不同的工作机构对液压缸有不同的工作要求。因此，在设计液压缸之前是在对所设计的液压系统进行工况分析、负载计算，以及确定了其工作压力的基础上进行的。首先依据使用要求确定液压缸的类型；再按负载和运动要求确定液压缸的结构尺寸，必要时需进行强度验算；最后进行结构设计。

液压缸的主要尺寸包括液压缸的直径 D、缸的长度 L、活塞杆直径 d。主要根据液压缸的负载、活塞运动速度和行程等因素来确定上述参数。

3.4.1 确定基本参数

1. 液压缸工作负载的确定

计算工作负载是为了确定液压缸所需的牵引力。液压缸的工作负载是指工作机构在满负荷情况下，以一定的加速度启动时，对液压缸产生的总阻力，其计算式为

$$F = F_e + F_f + F_g \tag{3-14}$$

式中 F_e——工作机构的工作阻力及自重（液压缸垂直安装时）等对液压缸产生的作用力，N；

F_f——工作机构满载下起动时的静摩擦力对液压缸产生的作用力，N；

F_g——工作机构满载起动的惯性力对液压缸产生的作用力，N。

2. 液压缸工作压力的确定

液压缸的工作压力按负载确定。对于不同用途的液压设备，由于工作条件不同，采用的压力范围也不同。设计时液压缸的工作压力可按负载大小确定，液压缸负载与工作压力之间的关系见表 3-6；也可按液压设备类型来确定，各类型液压设备常用工作压力见表 3-7。

表 3-6 液压缸负载与工作压力之间的关系

负载 F（kN）	<5	5～10	10～20	20～30	30～50	>50
工作压力 p（MPa）	<0.8～1	1.5～2	2.5～3	3～4	4～5	≥5～7

表 3-7 各类液压设备常用的工作压力

设备类型	磨床	组合机床	车床 铣床 镗床	拉床	龙门刨床	农业机械 小型工程机械	液压机 重型机械 起重运输机械
工作压力 p（MPa）	0.8～2	3～5	2～4	8～10	2～8	10～16	20～32

3. 缸筒内径的确定

确定缸筒内径 D 通常有两种方法。

（1）根据最大总负载和选取的工作压力来确定。对于双作用单活塞杆缸而言，无杆腔进油时，根据推力和工作负载相等，由式（3-4）可得

$$D = \sqrt{\frac{4F}{\pi(p_1 - p_2)} - \frac{d^2 p_2}{p_1 - p_2}}$$

液压缸设计中，常初步选取回油压力 $p_2=0$，则上式可简化为

$$D = \sqrt{\frac{4F}{\pi p_1}} \tag{3-15}$$

（2）根据执行机构的速度要求和选定的液压泵流量来确定。对于双作用单活塞杆缸而言，无杆腔进油时，由式（3-3）可得

$$D=\sqrt{\frac{4q}{\pi v_1}} \tag{3-16}$$

由上述计算所得的缸筒内径 D，也就是活塞直径，需按 GB/T 2348—1993 规定的液压缸内径尺寸系列圆整成标准值，可查阅相关液压设计手册。

4. 活塞杆直径

活塞杆的直径 d 根据液压缸的往返速比 λ_v 来确定，推荐液压缸的往返速度比见表 3-8，根据式（3-7）得

$$d=D\sqrt{\frac{\lambda_v-1}{\lambda_v}} \tag{3-17}$$

活塞杆直径也可根据工作压力或设备类型选取，见表 3-9 和表 3-10。

计算所得活塞杆直径 d 也要按 GB/T 2348—1993 规定的活塞杆外径尺寸系列圆整成标准值。

表 3-8　液压缸往返速度比推荐值

工作压力 p（MPa）	≤10	12.5～20	>20
往复速度比 λ_v	1.33	1.46	2

表 3-9　液压缸工作压力与活塞杆直径

工作压力 p（MPa）	≤5	5～7	>7
推荐活塞杆直径 d	（0.5～0.55）D	（0.6～0.7）D	0.7D

表 3-10　设备类型与活塞杆直径

设备类型	磨床、珩磨及研磨机	插、拉、刨床	钻、镗、车、铣床
活塞杆直径 d	（0.2～0.3）D	0.5D	0.7D

5. 最小导向长度的确定

当活塞杆全部外伸时，从活塞支承面中点到导向套滑动面中点的距离称为最小导向长度，如图 3-18 所示。若导向长度太小，将使液压缸因间隙引起的初始挠度增大，从而影响液压缸的工作稳定。对于一般液压缸，其最小导向长度 H 应满足式（3-18）要求：

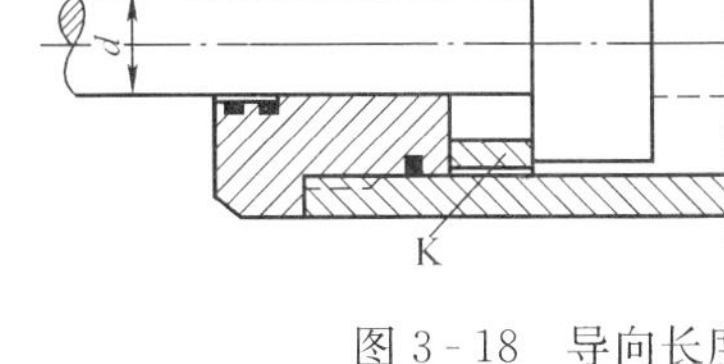

图 3-18　导向长度

$$H\geqslant\frac{L}{20}+\frac{D}{2} \tag{3-18}$$

式中　L——液压缸最大工作行程，m；

D——缸筒内径，m。

导向套滑动面长度　$A=(0.6\sim1.6)D, D<80\text{mm}$

$A=(0.6\sim1.0)d, D\geqslant80\text{mm}$

活塞宽度 $B=(0.6\sim1.0)D$

为保证最小导向长度而过度地增大导向套长度和活塞宽度都是不适宜的，最好的方法是在导向套与活塞之间装一隔离套 K，其长度 $C=H-(A+B)/2$。

3.4.2 强度和稳定性计算

1. 活塞杆强度和稳定性验算

必要时活塞杆直径 d 按式（3-19）进行强度校核：

$$d\geqslant\sqrt{\frac{4F}{\pi[\sigma]}} \tag{3-19}$$

式中 F——液压缸的负载力；

$[\sigma]$——活塞杆材料许用应力，$[\sigma]=\sigma_b/n$；

σ_b——材料的抗拉强度；

n——安全系数，一般 $n\geqslant1.4$。

对于工作行程中受压的活塞杆，当活塞杆长度与其直径之比 $l/d>10$ 时，应对活塞杆进行稳定性验算。验算可查阅材料力学有关公式进行。

2. 缸筒壁厚的校核

一般情况下，液压缸缸筒壁厚往往由结构工艺上的要求确定，必要时再校核其强度。

当 $D/\delta\geqslant16$ 时，可按薄壁筒公式进行校核：

$$\delta\geqslant\frac{p_yD}{2[\sigma]} \tag{3-20}$$

式中 D——缸筒内径；

δ——缸筒壁厚；

p_y——试验压力，当缸的额定压力 $p_n\leqslant16\text{MPa}$ 时取 $p_y=1.5p_n$，$p_n>16\text{MPa}$ 时取 $p_y=1.25p_n$；

$[\sigma]$——缸筒材料的许用应力，$[\sigma]=\sigma_b/n$；

σ_b——材料抗拉强度；

n——安全系数，一般取 $n=5$。

当 $3.2\leqslant D/\delta<16$ 时，按中壁孔校核：

$$\delta\geqslant\frac{p_yD}{(2.3[\sigma]-p_y)\psi}+c \tag{3-21}$$

式中 ψ——强度系数，对于无缝钢管，$\psi=1$；

c——计入壁厚公差及腐蚀的附加厚度，通常圆整到标准厚度值。

当 $D/\delta<3.2$ 时，按厚壁进行校核。

当缸体由脆性材料制造时，缸筒壁厚应按第二强度理论计算：

$$\delta\geqslant\frac{D}{2}\left(\sqrt{\frac{[\sigma]+0.4p_y}{[\sigma]-1.3p_y}}-1\right) \tag{3-22}$$

当缸体由塑性材料制造时，缸筒壁厚按第四强度理论计算：

$$\delta \geqslant \frac{D}{2}\left(\sqrt{\frac{[\sigma]}{[\sigma]-1.73p_y}}-1\right) \tag{3-23}$$

当选无缝钢管为缸筒时，计算的壁厚值按有关标准圆整。

液压缸外径 D_1 便可由式（3-24）求出

$$D_1 = D + 2\delta \tag{3-24}$$

D_1 也应按有关标准圆整为标准值。

任务指导

3.5 液压缸拆装实训

3.5.1 实训工具及材料

实验装置：双活塞杆液压缸、单活塞杆液压缸、柱塞式液压缸。

工具：内六方扳手、固定扳手、螺丝刀、手锤等。

材料：铜棒、棉纱、煤油、耐油橡胶、油盆等。

3.5.2 液压缸拆装要求

（1）实训前，复习液压缸的工作原理及结构组成。

（2）拆装液压缸的缸体时，不可损伤活塞杆顶端的螺纹、油口螺纹和活塞杆表面。拆卸时，不能硬将活塞从缸筒中打出。

（3）拆装时，严禁用锤敲打缸筒及活塞表面。

（4）装配后，活塞杆在液压缸内应能灵活伸缩。

（5）液压缸两端盖装上后，应均匀拧紧螺钉。

3.5.3 液压缸的拆装

1. 柱塞缸的拆卸与装配

（1）拆卸顺序。

1）使用轴用弹簧卡钳将卡簧卸下，用两个专用提环旋入隔套上的两个螺纹孔内，向外均匀用力拉出隔套，向里推动导向套，直至内卡键可取出。

2）垂直放置缸体，使柱塞伸出端朝上垫稳，用吊环拧入柱塞端部的螺纹孔内，向上提取，使柱塞与缸体分离，将柱塞吊出，注意扶好缸体，防止倒下。

3）用吊环拧入导向套端部的两个螺孔，转动缸体，将导向套吊出。

4）卸下密封胶圈、防尘胶圈。

（2）装配要领。

1）装配前清除毛刺，洗净，擦干零件。

2）密封圈截面有多种形式，先试装，若合适再正式组装。V 形密封圈的开口面一定要向缸体内，防尘胶圈紧边在外。

3）柱塞内端一般都有倒角便于安装，组装时应把柱塞倒角端从导向套的外端装入。要特别注意防止碰坏胶圈或使胶圈翻转，先把柱塞装入导向套后再向缸体内装，刚装入时容易歪斜，切忌乱敲乱打。

4）其余安装顺序按拆卸的相反顺序进行。

2. 活塞缸的拆装

（1）拆卸顺序。

1）清洗擦净液压缸，在连接面上适当的位置做标记。

2）将缸体竖直放置，固定好，使活塞杆外伸端朝上，卸下螺栓，取下密封盖。

3）卸下活塞杆导向套，用吊环拧入活塞杆端部的吊环孔中，平衡地把活塞组件吊离缸体。

4）卸掉锁紧螺帽的紧定螺钉，卸下锁紧螺帽，取下活塞及垫圈。

5）把上述零件各部位的密封胶圈卸下。

（2）装配要领。

1）清除零件毛刺，洗净擦干，装配前各配合处加润滑油。装配时要放正，否则易损坏配合面，也易擦伤密封件。按拆卸的相反顺序组装，注意按拆卸时的标记对齐。

2）U形密封胶圈要放平靠紧，防止翻转，方向不能放反。在刚开始向内装时，要注意保护好胶圈的唇边，避免挤裂或折边。

3）导向套与端盖的配合较紧，向内装时要加润滑油，放正，用软金属垫在导向套外轻敲，注意切勿伤及导向套内腔，否则会将活塞杆卡住或拉毛，拉毛的活塞杆会划伤密封胶圈而漏油。

4）装完液压缸密封盖后，不要急于紧固螺钉，应先检查，确认密封盖的内圆不与活塞杆接触后，再对称地逐渐紧固。

5）来回推动活塞杆，检查运转情况，正常后，向缸内灌注液压油，堵好进、出油口，备用。

气 动 知 识

3.6 气缸

3.6.1 气缸的分类及工作原理

1. 气缸的分类

气缸的种类很多，通常按压缩空气在活塞端面上作用力的方向、结构特征和安装方式来进行分类。气缸的类型见表3-11。

2. 气缸的工作原理

气缸主要由缸筒、活塞、活塞杆、前后端盖及密封件、紧固件等组成。图3-19所示为普通双作用气缸。

大部分气缸的工作原理类似于液压缸。普通双作用气缸的工作原理是：当无杆腔气口输入压缩空气时，若气压作用在活塞右端面上的力克服了运动摩擦力、负载等各种反作用力时，活塞杆伸出，有杆腔内的空气经排气口排出。同理，当有杆腔气口输入压缩空气时，活塞杆缩回至初始位置。通过无杆腔和有杆腔交替进气和排气，活塞杆伸出和缩回，气缸实现往复直线运动。此类气缸应用最为广泛，一般应用于包装机械、食品机械、加工机械等设备上。

表 3-11　　常见气缸的结构及功能

类别	名称	简图	原理及功能
单作用气缸	活塞式气缸	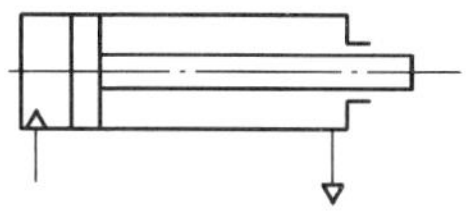	压缩空气驱动活塞向一个方向运动，借助外力复位，可以节约压缩空气，节省能源
		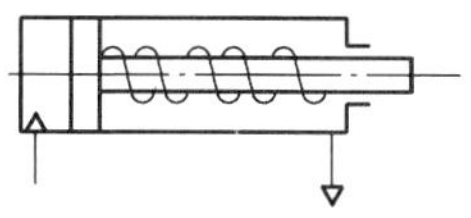	压缩空气驱动活塞向一个方向运动，靠弹簧力复位，输出推力随行程而变化，适用于小行程
	薄膜式气缸	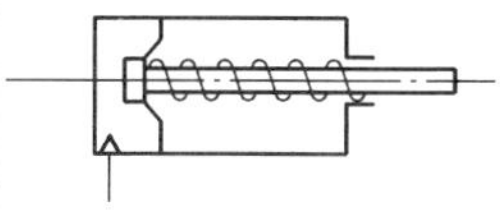	压缩空气作用在膜片上，使活塞杆向一个方向运动，靠弹簧复位，密封性好，适用于小行程
	柱塞式气缸	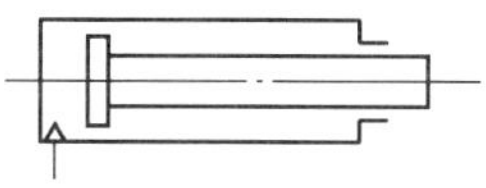	柱塞向一个方向运动，靠外力返回。稳定性较好，用于小直径气缸
双作用气缸	普通式气缸	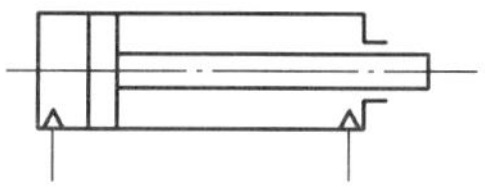	利用压缩空气使活塞向两个方向运动，两个方向输出的力和速度不等
	双出杆气缸	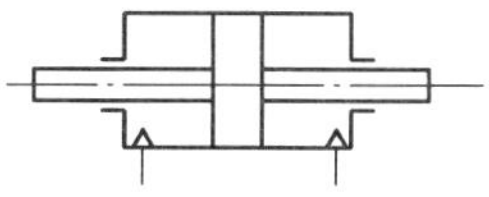	活塞两个方向运动的速度和输出力均相等，适用于长行程
	不可调式缓冲气缸	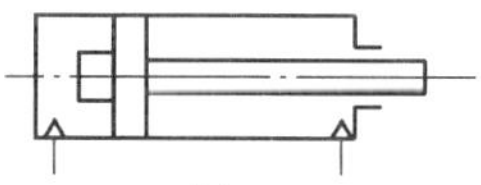 (a) 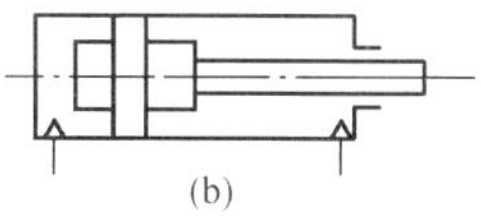 (b)	活塞临近行程终点时，减速制动，减速值不可调整。(a) 为单向缓冲，(b) 为双向缓冲
	可调式缓冲气缸	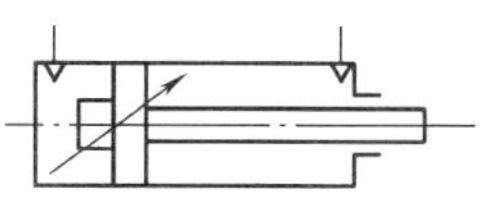 (a) 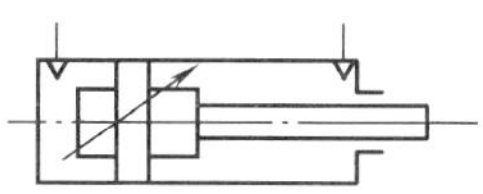 (b)	活塞临近行程终点时，减速制动，可根据需要调整减速值。(a) 为单向缓冲，(b) 为双向缓冲

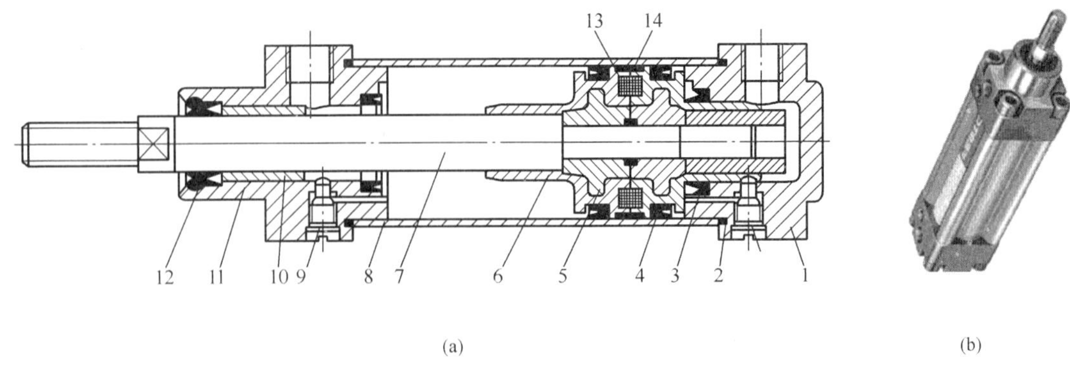

图 3-19 普通气缸

(a) 结构图；(b) 外形图

1—后缸盖；2—密封圈；3—缓冲密封圈；4—活塞密封圈；5—活塞；6—缓冲柱塞；7—活塞杆；8—缸筒；9—缓冲节流阀；10—导向套；11—前缸盖；12—防尘密封圈；13—磁铁；14—导向环

3.6.2 气缸的选择及使用

1. 气缸的选择

在选择气缸时，要考虑多种因素。

(1) 气缸的安装形式。根据安装位置和使用要求来选择，一般情况下，多选用固定式气缸。常见气缸的安装形式如图 3-20 所示。

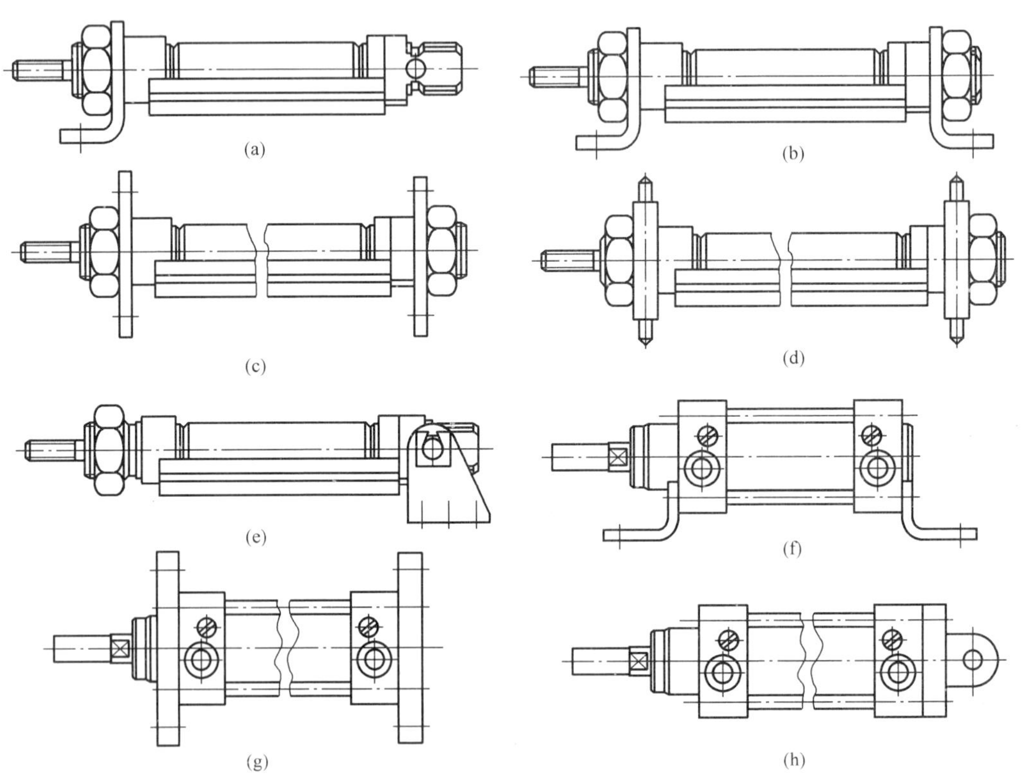

图 3-20 气缸安装形式

(a)、(b)、(f) 脚架型；(c)、(g) 前、后法兰型；(d) 轴销型；(e) 球铰耳环型；(h) 耳环型

(2) 气缸的内径。根据负载的大小来确定活塞杆上的推力和拉力，一般应将计算所需气缸的推力再乘以 1.15～2 的系数，作为选择和确定气缸内径的依据。

(3) 气缸的行程。根据工作机构任务的要求来确定，并受加工和结构的限制，一般不使用满行程，通常留出一定的余量（10～20mm）。

(4) 管径、排气口等。若要求活塞做高速运动，应选用内径较大的排气口及管路，还可用快速排气阀使缸速大幅提高；若要求活塞做缓慢、平稳的运动，可选用气-液阻尼缸或带节流装置的气缸；若要求活塞在行程末端运动平稳，可选用带缓冲装置的气缸。

2. 气缸的使用

在使用气缸时应遵循以下几个原则：

(1) 气缸一般工作压力为 0.4～0.6MPa，输出力一般在 10kN 左右，环境温度为 －35～＋80℃。

(2) 安装前要于 1.5 倍工作压力下试验是否漏气。

(3) 安装时要在密封件的相对运动表面上涂润滑脂。

(4) 活塞杆不能承受偏心负载或横向负载。

(5) 为避免活塞和缸盖撞击，气缸的行程要留有余量。

任务三　液压马达的拆装

任务描述

拆装 YM 型叶片式液压马达。通过拆装，进一步了解叶片式液压马达的结构特点和工作原理，掌握叶片马达的拆装要领及调整方法。

任务分析

要完成本任务，需认真学习，掌握叶片马达的工作原理，对其结构组成有一个基本的认识。操作时，利用相应工具，严格按照其拆卸、装配步骤进行，严禁违反操作规程进行私自拆卸、装配。拆装过程中，要认真观察叶片马达的结构组成、工作原理及主要零部件特殊结构的作用。

相关知识

3.7　液压马达

液压马达在结构上与液压泵类似，但工作过程与液压泵正好相反。从工作原理上讲，液压泵和液压马达是可逆的，即向容积泵中输入压力油，就可使泵转动，输出转矩和转速，成为液压马达。但由于它们各自的使用条件和工作要求不同，不少同类型的液压泵和液压马达在结构上存在差异，一般不能互换使用。

3.7.1 液压马达的分类

液压马达和液压泵的分类方式类似，主要按下列几种形式进行分类：

(1) 按结构形式不同，液压马达主要分为三大类：齿轮式、叶片式和柱塞式。

(2) 按流量是否可调，可分为定量马达和变量马达。

(3) 按额定压力高低，可分为低压、中压和高压马达。

液压马达的图形符号见表 3-12。

表 3-12 液压马达的图形符号

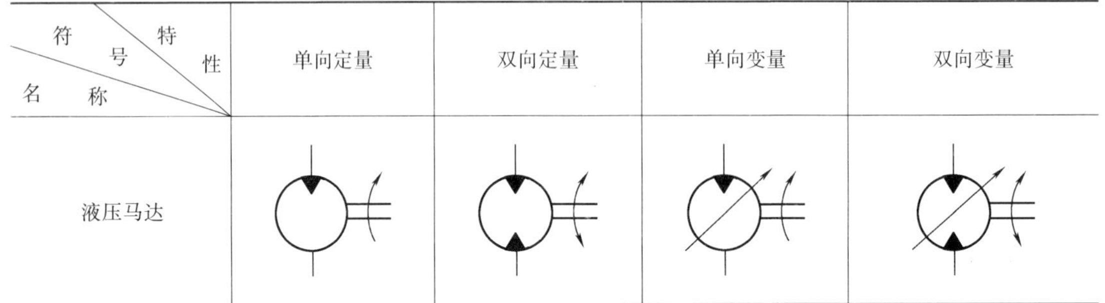

符号 特性 名称	单向定量	双向定量	单向变量	双向变量
液压马达				

3.7.2 液压马达的性能参数

1. 工作压力、额定压力和最大压力

(1) 工作压力。液压马达的工作压力是指马达实际工作时的压力，用 p 表示。对马达来说，工作压力是指它的输入压力，常用单位为 MPa。

(2) 额定压力。液压马达的额定压力是指马达在正常工作条件下，按试验标准规定能连续运转的最高压力，用 p_n 表示，超过此值就是过载，常用单位为 MPa。

(3) 最大压力。液压马达的最高工作压力是指按试验标准规定，允许马达在短时间内超过额定压力运转时的最高压力，常用单位为 MPa。

2. 排量和流量

(1) 排量。液压马达的排量是指马达每转一周，由其密封容腔几何尺寸变化计算而得的输入油液的体积，也就是在无任何泄漏的情况下，每转一周所需输入的油液的体积，用 V 表示，常用单位为 mL/r。排量可调节的液压马达称为变量马达，排量不可调节的液压马达称为定量马达。

(2) 理论流量。液压马达的理论流量是指马达在单位时间内由其密封容腔几何尺寸变化计算而得的输入油液的体积，也就是在无任何泄漏的情况下，单位时间内所输入油液的体积，用 q_t 表示，常用单位为 L/min。液压马达的转速为 n 时，其理论流量为 $q_t=Vn$。

(3) 额定流量。液压马达的额定流量是指按试验标准规定必须保证的流量，也就是在额定压力和额定转速下所需输入到马达中的流量，用 q_n 表示。

(4) 实际流量。液压马达的实际流量是指在某一工况下，单位时间内液压马达工作时所需输入的流量，也就是液压马达工作时入口处的流量。

3. 功率和效率

液压马达的输入量是液体的压力能，即压力和流量；输出量是机械能，即转矩和转速。若不考虑功率损失，则输出功率等于输入功率，即

$$P_t = pq_t = pAv = Fv = 2\pi nT_t = T_t\omega$$

式中　P_t——液压马达的理论输出功率；

T_t——液压马达的理论转矩；

ω——液压马达的角速度。

液压马达在工作中，由于存在泄漏和机械摩擦而不可避免地造成能量损失，故其输出功率小于输入功率。功率损失又可分为容积损失和机械损失。通常容积损失用容积效率 η_V 来表示，机械损失用机械效率 η_m 来表示。

对液压马达来说，因为泄漏不可避免，若泄漏量为 Δq，则实际输入流量 q 必然大于它的理论流量 q_t，即 $q=q_t+\Delta q$，因此容积效率为

$$\eta_V=\frac{q_t}{q}=\frac{q_t}{q_t+\Delta q}=\frac{1}{1+\frac{\Delta q}{q_t}} \tag{3-25}$$

把 $q_t=Vn$ 代入式（3-25），可得液压马达的转速 n 为

$$n=\frac{q_t}{V}=\frac{q}{V}\eta_V \tag{3-26}$$

对于液压马达来说，由于摩擦损失，它的实际输出转矩 T 必然小于理论转矩 T_t，设转矩损失为 ΔT，则机械效率为

$$\eta_m=\frac{T}{T_t}=\frac{T_t-\Delta T}{T_t}=1-\frac{\Delta T}{T_t} \tag{3-27}$$

液压马达的总效率 η 为其输出功率与输入功率的比值，等于容积效率和机械效率的乘积，即

$$\eta=\eta_V\eta_m \tag{3-28}$$

3.7.3　齿轮液压马达

齿轮马达属于高速小转矩马达，其结构与齿轮泵基本相同。图 3-21 所示为齿轮马达产生扭矩的工作原理图。图 3-21 中，P 为两齿轮的啮合点。设齿轮的齿高为 h，啮合点 P 到两齿轮齿根的距离分别为 a 和 b。当进油口输入油液时，处于进油腔的所有轮齿均受到压力

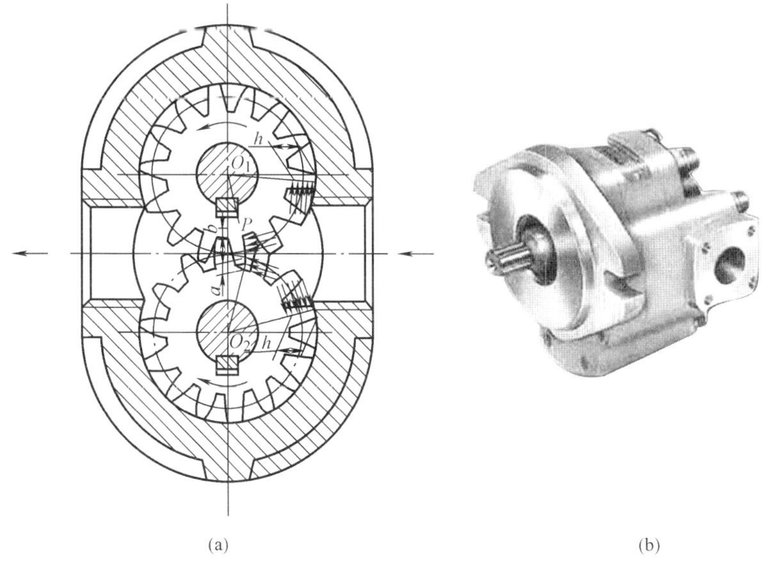

图 3-21　齿轮马达

(a) 工作原理图；(b) 外形图

油的作用，其中相互啮合的两个轮齿只有部分齿面受到高压油的作用。当压力油作用在齿面上时，每个轮齿都受到方向相反的两个切向力的作用，由于 a 和 b 都小于 h，所以当压力油作用在齿面上时，在两个齿轮上就各有一个使它们产生扭矩的液压作用力 $pB(h-a)$ 和 $pB(h-b)$，其中，p 为输入油液的压力，B 为齿宽。在上述不平衡液压力的作用下，两齿轮按图示方向旋转，将进入马达的油液带到低压腔排出，同时带动马达输出轴旋转，输出转矩和转速，拖动外负载做功。

当液压油从齿轮马达左侧油口输入时，马达将反转，这样只有在其进、出口尺寸相等才能实现。

齿轮马达结构简单，成本低，高速运转时稳定性较好，被广泛应用于农业机械、工程机械和林业机械上。

3.7.4 叶片液压马达

叶片液压马达通常是双作用定量马达，图 3-22 所示为叶片液压马达的工作原理图。当压力油从进油口通入时，位于进油腔中的叶片 2、6 因两面均受压力油作用而不产生扭矩，位于回油腔中的叶片 4、8 两面均受到回油压力的作用也不产生扭矩。叶片 1、3、5 和 7 的一个侧面受压力油作用，另一个侧面受排回油箱的低压油作用，所以这两组叶片能够产生扭矩。如图 3-22 所示，叶片 1、5 产生的扭矩使转子顺时针回转，叶片 3、7 产生的扭矩使转子逆时针回转。由于叶片 1、5 伸出部分面积大，产生的扭矩大于叶片 3、7 产生的扭矩，因此转子沿顺时针方向回转。叶片 1、5 和叶片 3、7 产生的扭矩差就是液压马达的输出扭矩。显然，定子长短径差值越大，转子的直径越大，输入的油压越高，马达的输出扭矩就越大。而当改变进油方向时，马达即反转。对于一定结构的马达来说，马达的输出扭矩取决于输入油压 p，输出转速取决于输入流量 q。

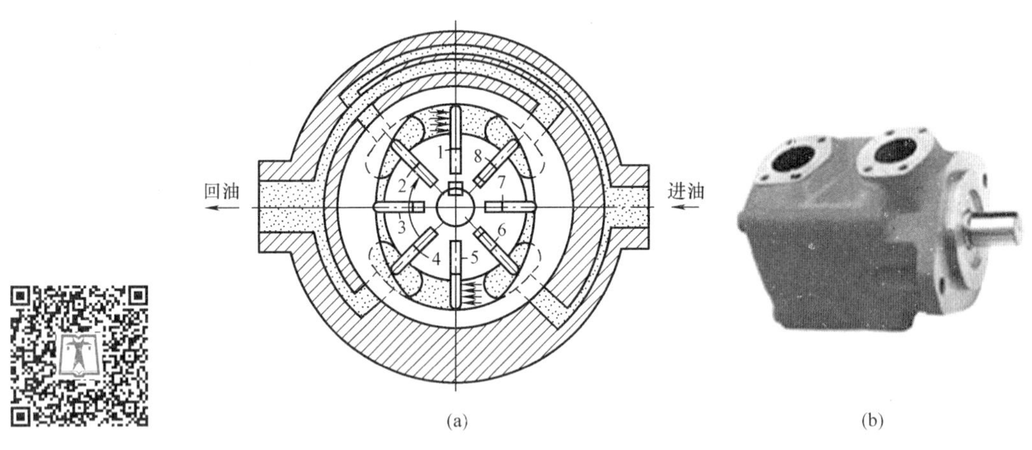

图 3-22 叶片液压马达

(a) 工作原理图；(b) 外形图

为保证液压马达的顺利运转需做到以下几项：为适应液压马达正反转的需要，叶片要径向放置；为保证液压马达有足够的启动转矩，叶片根部应设置预紧弹簧，使叶片始终和定子内表面接触；另外，在叶片底部的高压油路设有两个单向阀，以保证液压马达正、反转时叶片底部始终受到高压油作用。

叶片液压马达体积小、转动惯量小、动作灵敏、换向频率也较高，但泄漏大、低速不稳定。因此，叶片液压马达适用于高转速、低转矩、频繁换向和要求动作灵敏的场合。

3.7.5　轴向柱塞马达

轴向柱塞泵和轴向柱塞马达是可逆元件。一般来说，同一结构既可作为液压泵使用，也可以作为液压马达使用。

斜盘式轴向柱塞马达的工作原理如图 3-23（a）所示。当压力为 p 的高压油通过配油盘的配油窗口输入到缸体内的柱塞孔中时，压力油把孔中的柱塞顶出，使之压在斜盘上。设斜盘给柱塞的反作用力为 F，则力 F 可分解为两个分力 F_x 和 F_y。水平分力 F_x 与柱塞所受的液压力平衡，垂直分力 F_y 则使每个柱塞都对缸体轴线产生一个扭矩，驱动马达旋转。从图 3-23（a）可知，分力

$$F_y = F_x \tan\gamma = p\frac{\pi d^2}{4}\tan\gamma$$

式中　d——柱塞直径；

　　　p——液压马达的工作压力；

　　　γ——斜盘倾角。

作用力 F_y 对缸体产生的扭矩大小与柱塞所处的位置有关，若柱塞与缸体的垂直中心线的夹角为 φ_i，则该柱塞产生的瞬时扭矩为

$$T_i - F_y R\sin\varphi_i = \frac{\pi}{4}d^2 pR\tan\gamma\sin\varphi_i$$

式中　R——柱塞在缸体中的分布圆半径。

液压马达输出的瞬时扭矩等于压油腔各柱塞所产生的扭矩和，即

$$T = \sum T_i = \frac{\pi}{4}d^2 pR\tan\gamma\sum\sin\varphi_i \qquad (3-29)$$

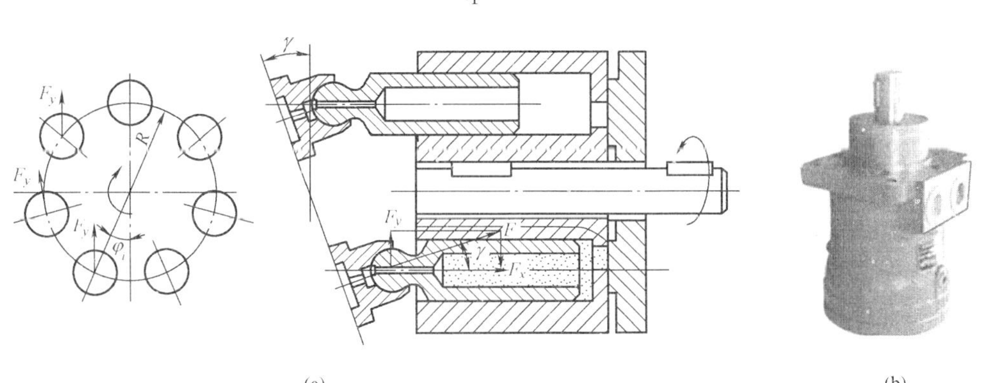

图 3-23　斜盘式轴向柱塞马达

（a）工作原理图；（b）外形图

由式（3-29）可看出，斜盘式轴向柱塞马达输出的瞬时扭矩是脉动的。

当马达的进、出油口互换时，马达将反转。若改变斜盘倾角 γ 时，马达的排量随之改变，从而可以调节输出转矩。若改变斜盘倾角的方向，就可改变马达的旋转方向，这时马达就成为双向变量马达。

轴向柱塞液压马达应用广泛，容积效率较高，容易实现变量且低速稳定性较好，但耐冲击振动性较差，对油液的污染比较敏感，价格也较高，因此，多用于低转矩和高转速场合。

任务指导

3.8 液压马达拆装实训

3.8.1 实训工具及材料

内六角扳手、固定扳手、螺丝刀、叶片液压马达。

3.8.2 实训要求

（1）实训前，预习叶片马达的工作原理及结构组成。

（2）拆卸时要做好拆卸记录，必要时要画出装配示意图。

（3）对于容易丢失的小零件，要放入专用的小方盒内。

（4）装配之前最好列出各元件的装配顺序。

（5）装配之后要进行试运转。

3.8.3 液压马达的拆卸与装配

YM型叶片液压马达是双作用马达，能实现正反转。在结构上和双作用叶片泵有许多相似之处，它还有许多自身的特点。

YM叶片马达的拆装步骤可参考双作用叶片泵的拆装步骤，拆装时要自行分析以下问题：

（1）液压马达是如何形成转矩的？

（2）液压马达的叶片在转子槽中是如何放置的？

（3）叶片底部的弹簧是如何保证在初始条件下使叶片紧贴定子内表面，形成密封容积的？

提示：为了保证叶片马达的起动力矩，在马达转子两侧开有环形槽，扭力弹簧安装在转子两侧的环形槽中，并套在小轴上。扭力弹簧的两臂预加扭力后，各压在一片叶片的底部，迫使叶片始终伸出，紧贴定子，以防马达启动时造成高、低压腔相通而不能工作。观察弹簧，还可以看到它的两臂所夹的两叶片互呈90°。它的优点是当一叶片向槽内移动若干距离时，其他叶片各槽外移动若干距离（当定子曲线采用阿基米德螺线时）。因此，弹簧工作时只是围绕小轴做小量摆动，除了预加的恒定扭矩外，基本不受交变载荷的影响，大大提高了弹簧的工作寿命。

（4）马达底部为何装有两个单向阀？

（5）定子上为何开有大小不等的孔？

提示：根据定子的壁厚，在强度允许的范围内在定子上开有圆孔，而在另一只配油盘上开有不通的配油窗口，以实现双向进油，减小压力损失。

气动知识

3.9 气马达

气马达是一种做连续回转运动的气动执行元件，它是把压缩空气的压力能转换成回转机械能的能量转换装置，其作用相当于液压马达。在气动系统中广泛应用的是叶片式、活塞式和齿轮式气马达。

3.9.1　叶片式气马达的工作原理

叶片式气马达的工作原理如图 3-24（a）所示，主要由定子、转子、叶片等组成。定子上有进排气用的配气槽或孔，转子上铣有长槽，槽内装有叶片。定子两端有密封盖，密封盖上有弧形槽与进排气孔 A、B 及叶片底部相通。叶片数一般为 3～10 个，可在转子的径向槽内活动。转子和输出轴固连在一起，装在偏心的定子中。

压缩空气由 A 孔输入，一部分经定子两端密封盖的弧形槽进入叶片底部，将叶片推出，使叶片在气压推力和离心力综合作用下，抵在定子内壁上。另一部分压缩空气进入相应的密封空间而作用在相邻两个叶片的伸出部分上，使两叶片各产生相反方向的转矩，但由于两叶片伸出长度不等，因此，就产生了转矩差，使叶片与转子按逆时针方向旋转，做功后的气体由定子上的孔 C 排出，残余气体经孔 B 排出。

若改变压缩空气的输入方向（即由 B 孔输入），则可改变转子的转向。

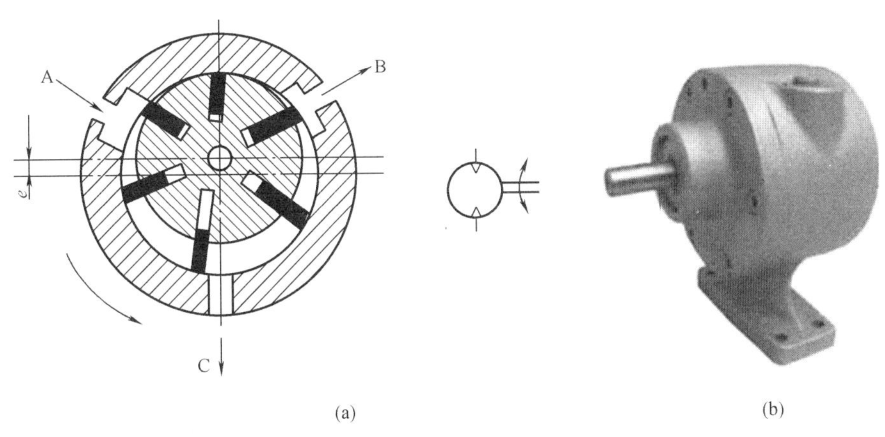

图 3-24　叶片式气马达

（a）工作原理图；（b）外形图

3.9.2　气马达的特点

各种类型的气马达尽管结构不同，工作原理有所区别，但大多数气马达具有以下几个特点：

（1）工作安全，具有防爆性能。适用于恶劣的环境，在易燃、易爆、高温、振动、潮湿、粉尘等条件下均能正常工作。

（2）有过载保护作用。过载时，马达只是转速降低或停转；当过载解除，继续运转，并不产生机件损坏等故障。

（3）可实现无级调速。只要控制进气流量，就能调节马达的功率和转速。

（4）可长期满载工作，且温升较小。

（5）功率范围及转速范围均较宽，功率小至几百瓦，大至几万瓦，转速可从零到每分上万转。

（6）具有较高的启动转矩。可直接带负载启动，启动、停止均迅速。

（7）结构简单，操纵方便。可正、反转，维修容易，成本低。

（8）输出功率小，效率低，耗气量大，噪声大，容易产生振动。

3.9.3 气马达的应用

气马达的工作适应性较强，可应用于无级调速、启动频繁、经常换向、高温潮湿、易燃易爆、负载启动、不便人工操纵及有过载可能的场合。目前，气马达主要应用于矿山机械、专业性的机械制造业、油田、化工、造纸、炼钢、船舶、航空、工程机械等行业；另外，许多气动工具如风钻、风扳手、风砂轮等均装有气马达。随着气压传动的发展，气马达的应用将更趋广泛。

练习与提高

3-1 有一差动液压缸，无杆腔面积 $A_1=50\text{cm}^2$，有杆腔面积 $A_2=25\text{cm}^2$，负载 $F=12.6\times10^3\text{N}$，机械效率 $\eta_m=0.92$，容积效率 $\eta_V=0.95$。试求：（1）供油压力大小；（2）当活塞以 0.9m/min 的速度运动时所需供油量；（3）液压缸的输入功率。

3-2 已知某柱塞式液压缸的柱塞直径 $d=12\text{cm}$，输入流量 $q=10\text{L/min}$ 时，求柱塞的运动速度。

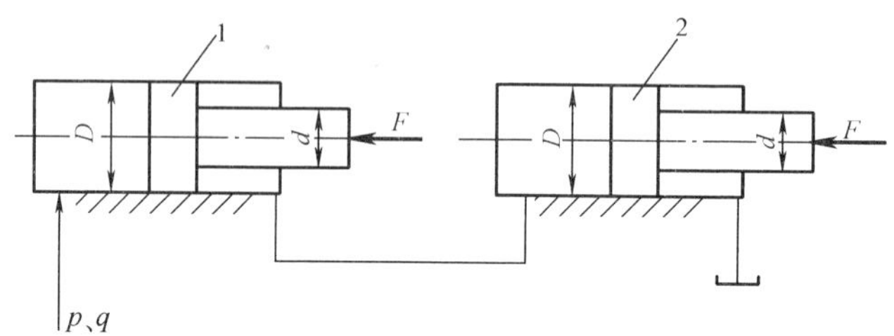

图 3-25 题 3-4 图

3-3 已知单活塞杆液压缸缸筒直径 $D=100\text{mm}$，活塞杆直径 $d=50\text{mm}$，工作压力 $p_1=2\text{MPa}$，流量 $q=10\text{L/min}$，回油压力 $p_2=0.5\text{MPa}$。试求活塞往返运动时的推力和速度。

3-4 如图 3-25 所示，设活塞直径 $D=100\text{mm}$，活塞杆直径 $d=70\text{mm}$，进油压力 $p=50\times10^5\text{Pa}$，进油流量 $q=25\times10^3\text{cm}^3/\text{min}$，各缸上负载 F 相同，试求活塞 1 和 2 的运动速度 v_1、v_2 和负载 F 的大小。

3-5 从能量观点看，液压泵与液压马达有什么区别和联系？

3-6 如图 3-26 所示系统，泵输出压力 $p=10\text{MPa}$，排量 $V_p=10\text{mL/r}$，转速 $n=1450\text{r/min}$，机械效率 $\eta_m=0.9$，容积效率 $\eta_V=0.91$；马达排量 $V_M=10\text{mL/r}$，机械效率 $\eta_m=0.9$，容积效率 $\eta_V=0.9$。其他损失不计，试求：（1）泵的输出功率；（2）泵的驱动功率；（3）马达输出转速、转矩和功率。

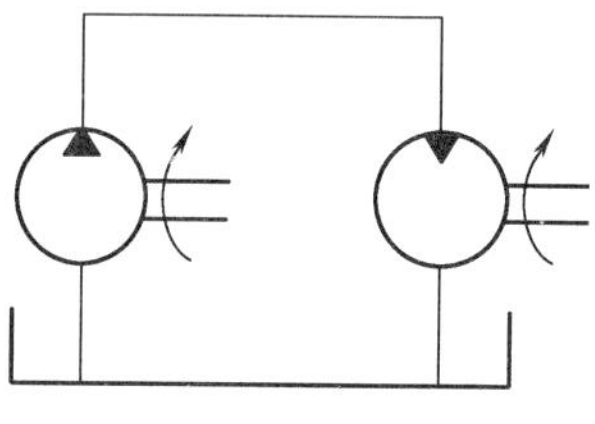

图 3-26 题 3-6 图

学习情境四　液压与气动系统的控制元件

任务一　液压方向控制阀的拆装

任务描述

（1）拆装三位四通电磁换向阀。通过拆装，掌握滑阀式换向阀的换向原理、中位机能及结构形式。

（2）拆装三位四通手动换向阀。通过拆装，掌握手动换向阀的换向原理和结构形式。

（3）拆装单向阀。通过拆装，掌握单向阀的工作原理和结构形式。

（4）拆装液控单向阀。通过拆装，掌握液控单向阀的工作原理和结构形式。

（5）拆装三位四通转阀。通过拆装，了解转阀式换向阀的结构形式和换向原理。

任务分析

要完成本任务，需要认真学习，掌握方向控制阀的工作原理，对其结构组成有一个基本的认识。拆装操作时，针对不同的方向阀，利用相应工具，严格按照其拆卸、装配步骤进行，严禁违反操作规程私自进行拆卸、装配。拆装过程中，认真观察相关方向阀的结构组成、工作原理，以及主要零部件和特殊结构的作用。

相关知识

液压与气动系统的控制调节元件主要是指各种类型的阀件。它们的功能是控制和调节流体的流动方向、压力和流量，以满足执行元件所需要的启动、停止、运动方向、力或力矩、速度或转速、动作顺序、克服负载等要求，从而使系统按照指定要求协调工作。

无论是哪类阀，对它们的基本要求都是动作灵敏，使用可靠，密封性能好，结构紧凑，安装调整，使用维护方便，通用性强等。

4.1　液压方向控制阀

方向控制阀是用来控制液压系统中液流方向，以及油路通、断的液压阀，它可分为单向阀和换向阀两类。

4.1.1　单向阀

单向阀有普通单向阀和液控单向阀两种。

1. 普通单向阀

普通单向阀简称单向阀。它的作用是使油液只能从一个方向通过，而不能反向流动。单向阀有直通式和直角式两种，如图 4-1 所示。图 4-1（a）所示为直通式单向阀，压力油从进油口 P_1 流入，克服弹簧 3 的作用力推动阀芯 2 右移，经阀芯上四个径向孔 a 及内孔 b 从出油口 P_2 流出。反之，当压力油从 P_2 口流入时，在弹簧 3 及油液压力的作用下，阀芯被紧压在阀座上，使油液不能通过。图 4-1（b）所示为直角式单向阀，液压油从进口 P_1 流入，顶开阀芯，从出油口 P_2 流出。反之，压力油从 P_2 口流入时，阀口关闭，油液不能通过。

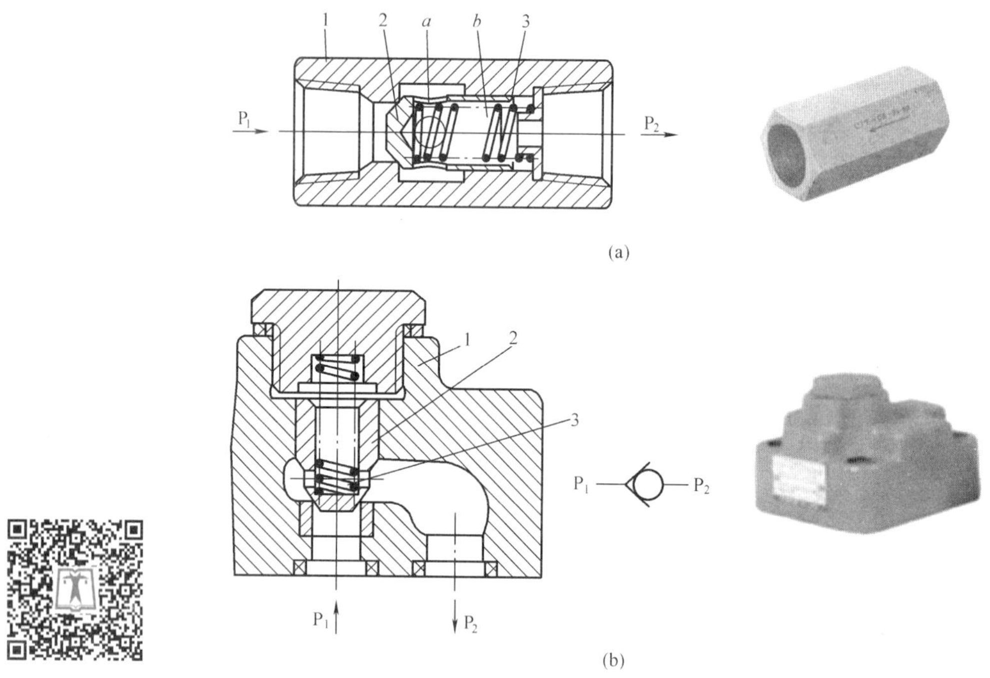

图 4-1 单向阀

（a）直通式（管式）；（b）直角式（板式）；

1—阀座；2—阀芯；3—弹簧

阀中的弹簧主要用来克服阀芯复位时的摩擦力和惯性力，使阀芯复位迅速可靠，为减小压力损失，弹簧刚度较小。一般单向阀的开启压力为 0.035～0.05MPa，若更换硬弹簧，使其开启压力达到 0.2～0.6MPa，即可当背压阀使用。

2. 液控单向阀

图 4-2 所示为液控单向阀，它由单向阀和液控装置两部分组成。当控制油口 K 不通压力油时，其作用与单向阀相同。当控制油口 K 通入压力油推动控制活塞 1（控制活塞上腔油液经外部泄漏口 L 流出）通过顶杆 2 将阀芯 3 顶起时，P_2 和 P_1 通，油液可以从两个方向自由流动。液控单向阀的最小控制压力约为主油路压力的 30%。

4.1.2 换向阀

液压系统中使用的换向阀种类很多，它的作用是利用阀芯和阀体间相对位置的变化来改变油液的流动方向、接通或关闭油路，以达到控制执行元件的运动方向、启动或停止的目的，如图 4-3 所示。换向阀按阀芯的结构可分为转阀式和滑阀式；按阀芯工作位置数可分为二位、三位和多位等；按进出口通道数可分为二通、三通、四通和五通等；按操纵和控制方式可分为手动、机动、电动、液动和电液动等；按安装方式可分为管式、板式和法兰式等。

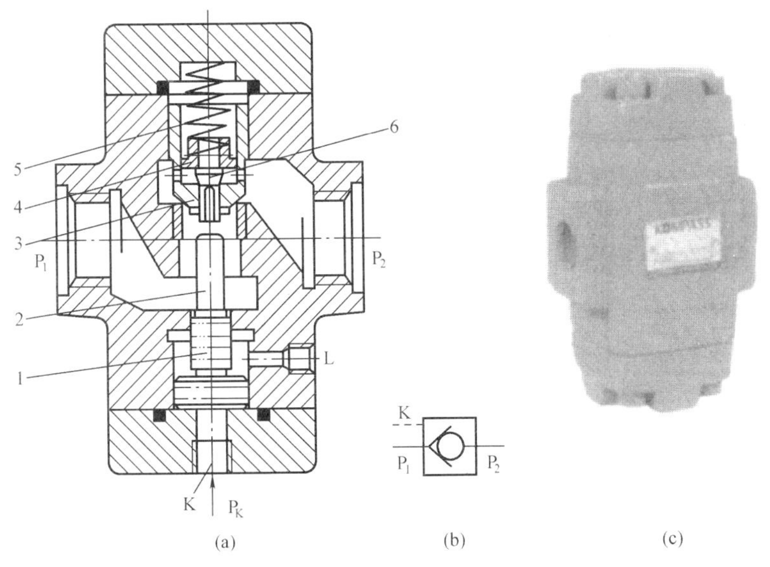

图 4－2　带卸荷阀芯的液控单向阀

（a）结构原理图；（b）图形符号；（c）外形图

1—控制活塞；2—顶杆；3—锥阀芯；4—弹簧座；5—弹簧；6—卸荷阀芯

1. 换向阀的工作原理

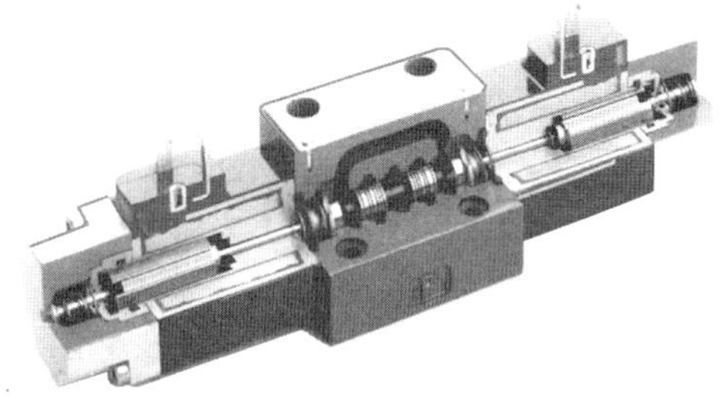

图 4－3　换向阀结构

（1）转阀式换向阀的工作原理。转阀是利用手动或机控使阀芯相对于阀体转动来控制液流方向和油路通、断的。图 4－4（a）所示为三位四通转阀的结构原理图。进油口 P 始终与阀芯 1 上的环形槽 c 和轴向槽 b、d 相通，回油口 T（*C*—*C* 剖面）则始终与阀芯上的环形槽 a 和轴向槽 e、f 相通。图示位置（*D*—*D* 剖面），油口 P 通过槽 c、b 与油口 A 通，油口 B 通过槽 e、a 和油口 T 通；将手柄顺时针转 45°时，槽 b 和油口 A、槽 e 和油口 B 断开，油口 P、A、B、T 互不相通；将手柄再顺时针转 45°时，则油口 P 通过槽 c、d 和油口 B 通，油口 A 通过槽 e、a 和油口 T 通。图 4－4（a）中 3 和 4 是拨杆，可通过挡块拨动来实现机动换向。

转阀结构简单，外形尺寸小。由于径向液压力不平衡，所需操纵力较大，且密封性差，因此一般用于低压、小流量系统。

（2）滑阀式换向阀的工作原理。图 4－5 所示为滑阀式换向阀的换向原理及相应的图形符号。它变换油液的流动方向是利用阀芯相对阀体的轴向位移来实现的。当电磁铁断电时［见图 4－5（a）］，油口 P 和 B 连通，A 和 T 连通。液压油经 P、B 油口进入液压缸左腔，活塞右移，液压缸右腔油液经 A、T 流回油箱。当线圈通电时［见图 4－5（b）］，电磁铁吸合，衔铁通过推杆将阀芯推至右端，油口 P 和 A 连通，B 和 T 连通。液压油经 P、A 油口进入液压缸右腔，活塞左移，左腔的油液经 B、T 油口流回油箱。

换向阀变换左、右位置，执行元件就相应地改变了运动方向。因此阀有两个工作位置，

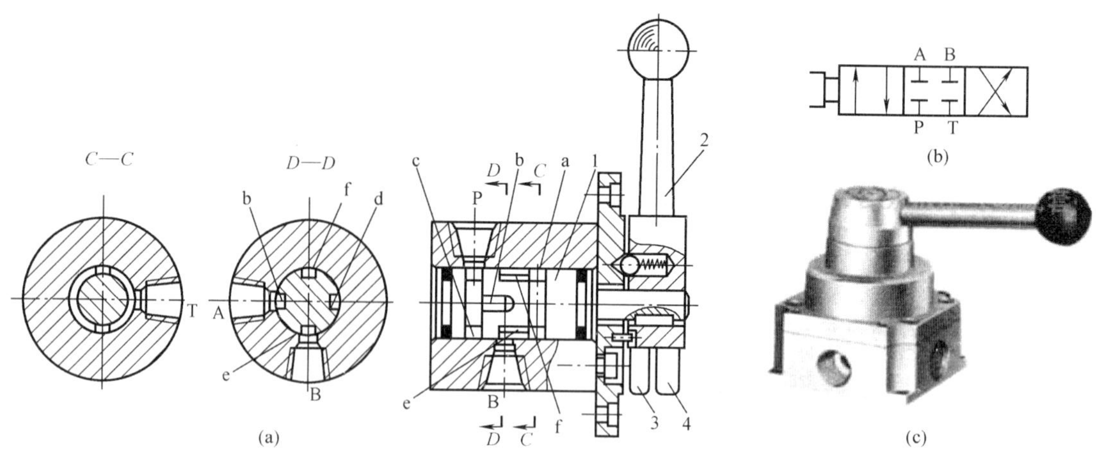

图 4-4　三位四通转阀

（a）结构原理图；（b）图形符号；（c）外形图

1—阀芯；2—手柄；3、4—拨杆

四个通口，阀芯靠电磁铁推力实现移动，所以称为二位四通滑阀式电磁换向阀。

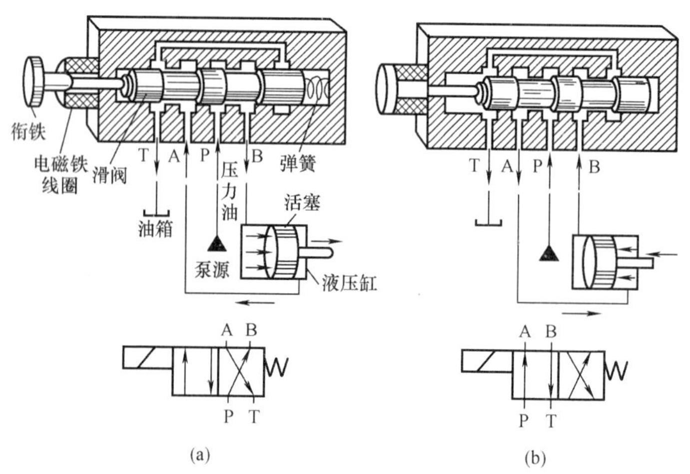

图 4-5　二位四通电磁换向阀工作原理图

（a）电磁铁断电时；（b）电磁铁通电时

2. 滑阀式换向阀的主体结构

在液压系统中使用的换向阀绝大多数为滑阀式换向阀，因此，本节主要介绍此类换向阀。最常见滑阀式换向阀主体部分的结构形式见表 4-1。由表 4-1 可见，阀体上有多个通口，各油口之间的通、断取决于阀芯的不同工作位置。阀芯在外力作用下移动可以停留在不同的工作位置上。

3. 换向阀的中位机能

三位换向阀的阀芯在中间位置时，各阀口间的连通方式称为换向阀的中位机能。中位机能不同，换向阀对系统的控制性能也不同。常用换向阀的各种机能形式、作用及特点见表4-2。

表 4-1　**滑阀式换向阀的结构及图形符号**

<table>
<tr><th>名称</th><th>结构原理图</th><th>图形符号</th><th colspan="3">使用场合</th></tr>
<tr><td>二位二通阀</td><td> 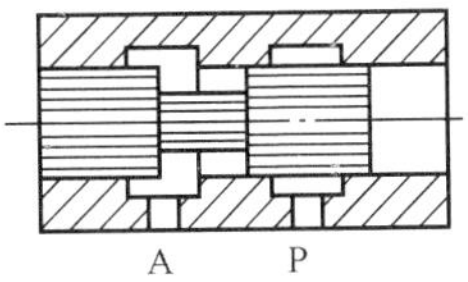</td><td> 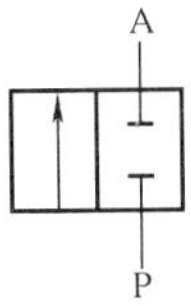</td><td colspan="3">控制油路的接通与切断（相当于一个开关）</td></tr>
<tr><td>二位三通阀</td><td> 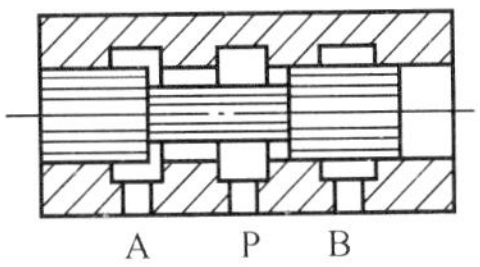</td><td> 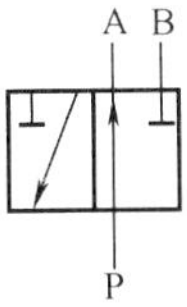</td><td colspan="3">控制液流方向（从一个方向变换成另一个方向）</td></tr>
<tr><td>二位四通阀</td><td> 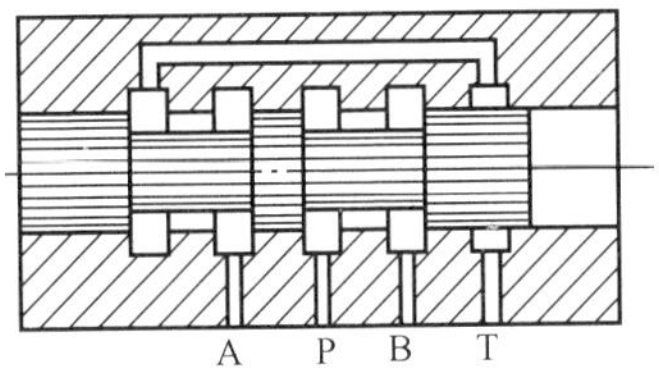</td><td> 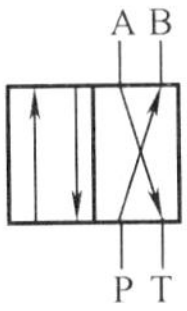</td><td rowspan="4">控制执行元件换向</td><td>不能使执行元件在任一位置上停止运动</td><td rowspan="2">执行元件正反向运动时回油方式相同</td></tr>
<tr><td>三位四通阀</td><td> 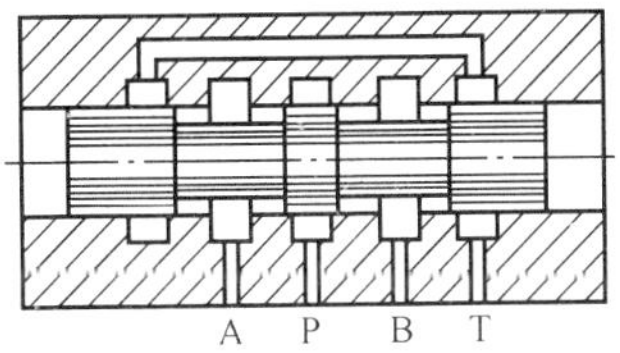</td><td> 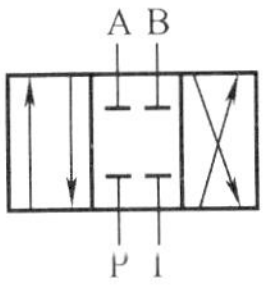</td><td>能使执行元件在任一位置上停止运动</td></tr>
<tr><td>二位五通阀</td><td> 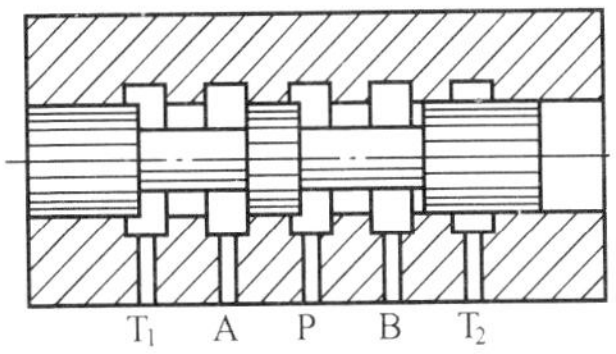</td><td> 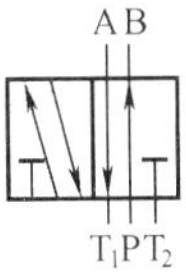</td><td>不能使执行元件在任一位置上停止运动</td><td rowspan="2">执行元件正反向运动时回油方式不同</td></tr>
<tr><td>三位五通阀</td><td> 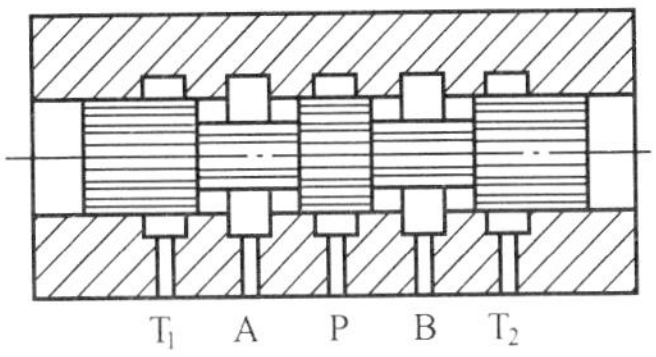</td><td> 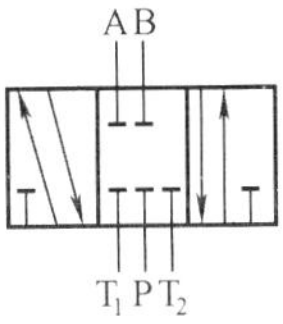</td><td>能使执行元件在任一位置上停止运动</td></tr>
</table>

表 4-2　三位四通换向阀的中位机能

形式	符号	中位油口状况，特点及应用
O 型	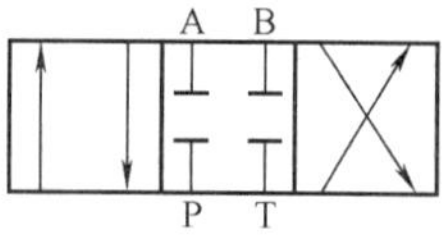 A B P T	P、A、B、T 四口全封闭；液压泵不卸荷，液压缸闭锁，可用于多个换向阀的并联工作
H 型	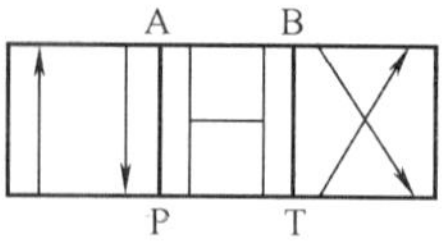 A B P T	四口全串通；活塞处于浮动状态；在外力作用下可移动，泵卸荷
Y 型	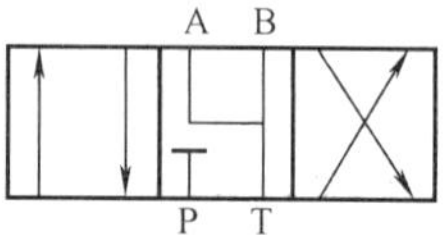 A B P T	P 口封闭，A、B、T 三口相通；活塞浮动，在外力作用下可移动，泵不卸荷
K 型	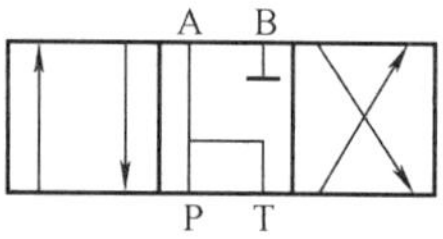 A B P T	P、A、T 相通，B 口封闭；活塞处于闭锁状态，泵卸荷
M 型	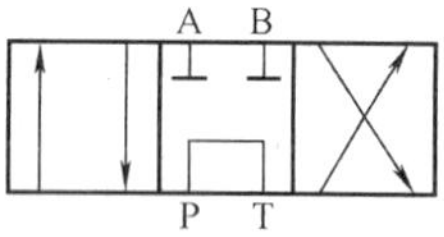 A B P T	P、T 相通，A 与 B 均封闭；活塞闭锁不动，泵卸荷，也可用多个 M 型换向阀并联工作
X 型	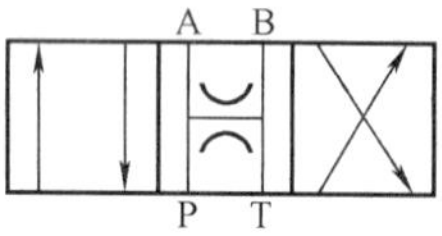 A B P T	回油口处于半开启状态，泵基本上卸荷，但仍保持一定压力
P 型	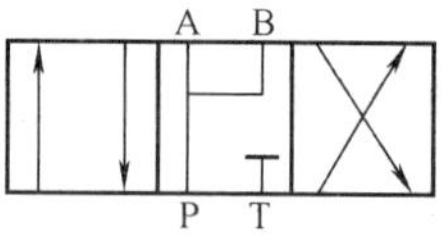 A B P T	P、A、B 相通，T 封闭；泵与缸两腔相通，可组成差动回路
J 型	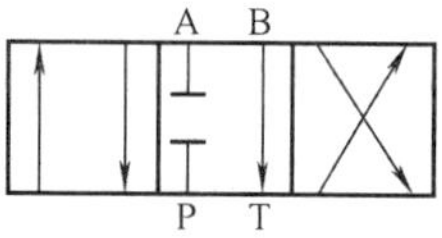 A B P T	P 与 A 封闭，B 与 T 相通；活塞停止，但在外力作用下可向一边移动，泵不卸荷
C 型	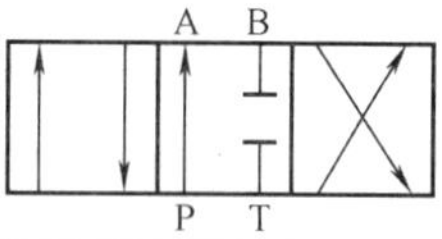 A B P T	P 与 A 相通，B 与 T 皆封闭；活塞处于停止位置
N 型	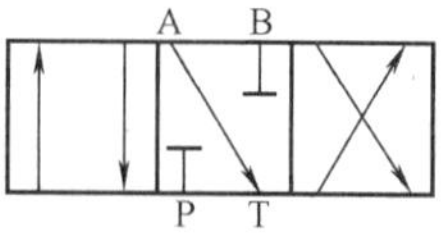 A B P T	P 和 B 皆封闭，A 与 T 相通；与 J 型机能相似，只是 A 与 B 互换了，功能也类似
U 型	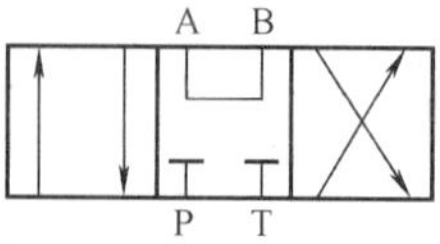 A B P T	P 和 T 都封闭，A 与 B 相通；活塞浮动，在外力作用下可移动，泵不卸荷

4. 几种常用的换向阀

(1) 三位四通电磁换向阀。图 4-6 所示为三位四通电磁换向阀。电磁换向阀是利用电磁铁吸力操纵阀芯换位的方向控制阀。阀两端各有一个电磁铁和一个对中弹簧，阀芯在常态时处于中位。当右端电磁铁通电吸合时，衔铁通过推杆将阀芯推至左端，换向阀就在右位工作；反之，左端电磁铁通电吸合时，换向阀就在左位工作。

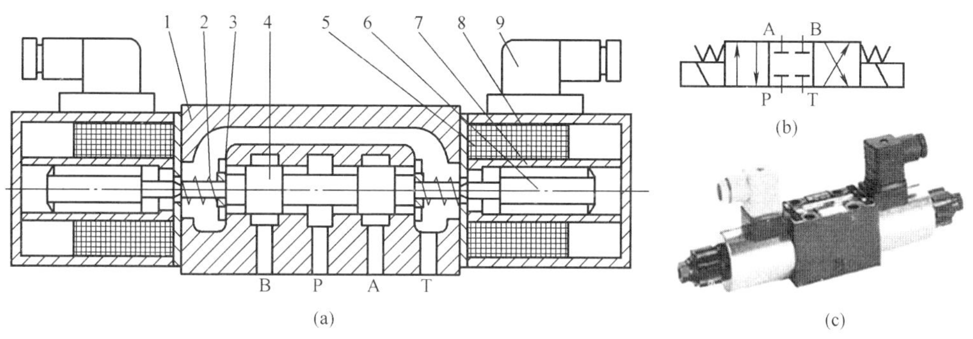

图 4-6　三位四通电磁换向阀

(a) 结构原理图；(b) 图形符号；(c) 外形图

1—阀体；2—弹簧；3—弹簧座；4—阀芯；5—线圈；

6—衔铁；7—隔套；8—壳体；9—插头组件

(2) 手动换向阀。手动换向阀直接用手操纵滑阀换向，它有弹簧自动复位和钢球定位两种形式，如图 4-7 和图 4-8 所示，外形图如图 4-9 所示。由图 4-7 可知，该阀是三位五通

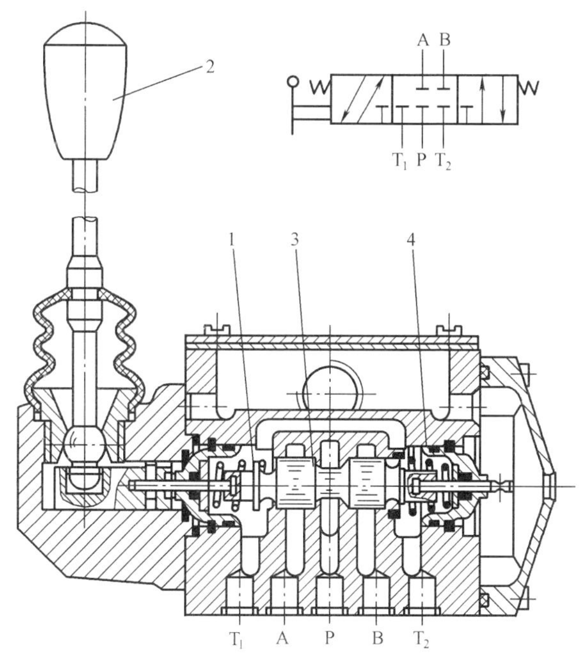

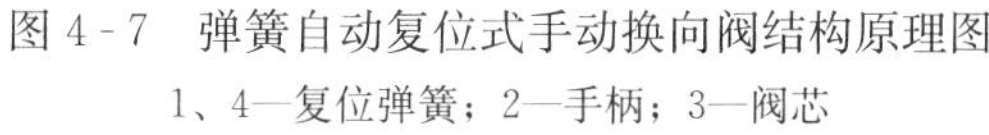

图 4-7　弹簧自动复位式手动换向阀结构原理图

1、4—复位弹簧；2—手柄；3—阀芯

的，扳动手柄 2 即可换位；松手后，复位弹簧 1、4 使阀芯 3 自动回到中位（图示位置）。对于二位的弹簧自动复位式手动换向阀，当松开手柄后，复位弹簧使阀芯自动回到初始（常态）位置。

图 4-8 所示为钢球定位式换向阀，它与弹簧自动复位式换向阀的不同之处是：当松开手柄之后，阀芯靠钢球定位而保持在该位置上。

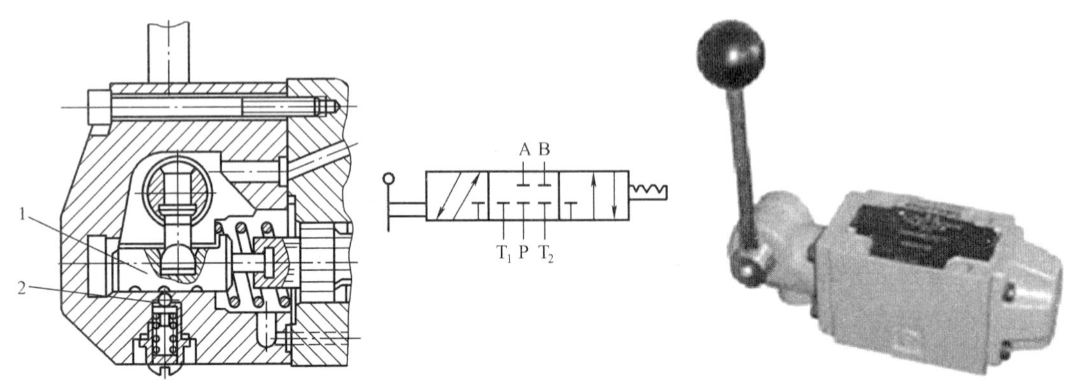

图 4-8　钢球定位式手动换向阀结构原理图

1—连接轴；2—钢球

图 4-9　手动换向阀外形图

（3）机动换向阀。机动换向阀又称行程阀，这种阀必须安装在液压缸附近，在液压缸驱动工作部件的行程中，当装在工作部件一侧的挡块或凸轮移动到预定位置时就会压下阀芯，使阀换位。图 4-10 所示为二位二通常闭式机动换向阀。

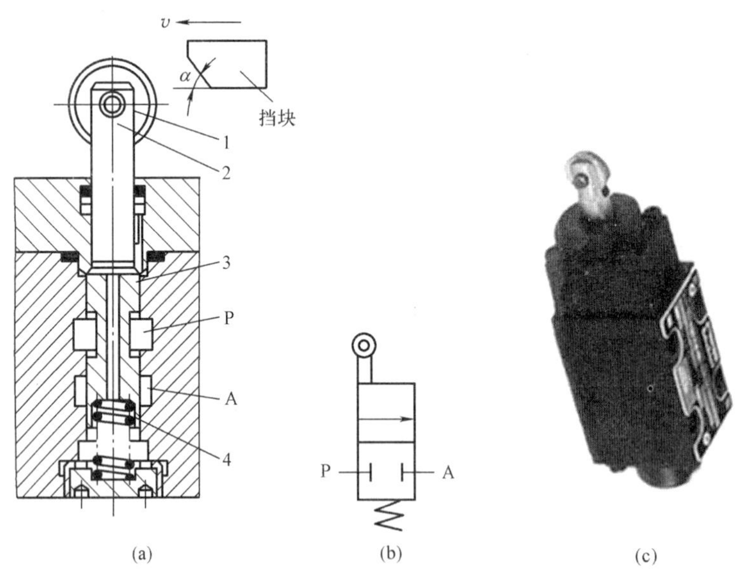

图 4-10　二位二通常闭式机动换向阀

（a）结构原理图；（b）图形符号；（c）外形图

1—滚轮；2—推杆；3—阀芯；4—弹簧

机动换向阀通常是弹簧复位式二位阀，有二通、三通、四通、五通这四种。二通的分为常开和常闭两种形式。机动换向阀换向位置精度高、动作可靠，改变挡块斜面的倾角 α 可使阀芯获得合适的移动速度，从而减小液压冲击，使油路换接平稳。

(4) 液动换向阀。电磁换向阀布置灵活，易于实现自动化，但电磁铁的吸力有限，难以切换大的流量，一般额定流量在 63L/min 以下。当通过滑阀流量较大，阀芯行程长、换向速度要求可调时，常用控制压力油操纵阀芯换位，也就是所谓的液动阀，如图 4-11 所示。图 4-11 (a) 所示为液动换向阀的结构原理图。常态时，控制油口 K_1、K_2 均无控制压力油通入，阀芯在两端弹簧作用下处于中位 [图 4-11 (a) 所示位置]；当分别向控制油口 K_1 和 K_2 输入压力油时，阀芯被推向右端或左端位置，从而实现液流换向。

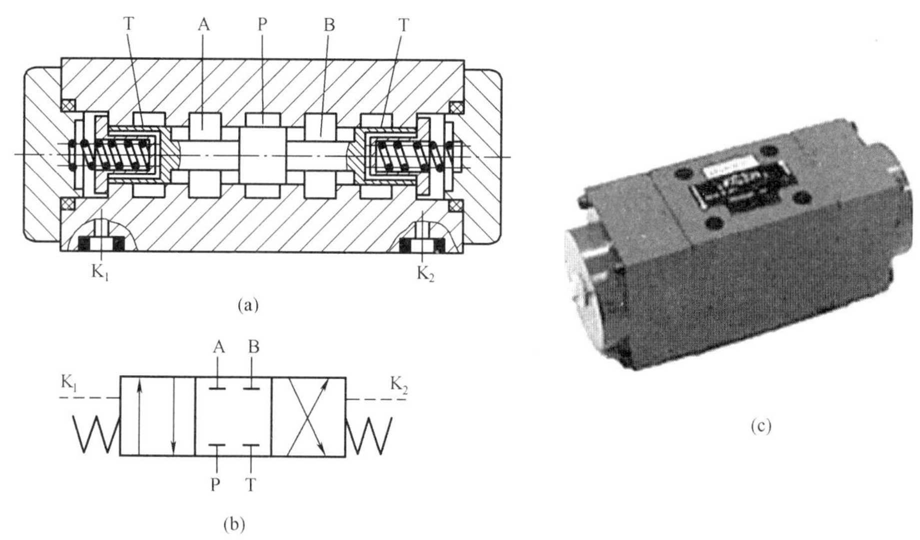

图 4-11　液动换向阀

(a) 结构原理图；(b) 图形符号；(c) 外形图

(5) 电液换向阀。电液换向阀是电磁阀和液动阀的组合，如图 4-12 所示，电磁阀是先导控制阀，通过它来改变控制油液的流动方向，从而实现液动阀换向。也就是说，可实现用小流量的电磁阀来控制较大流量的液动阀。

图 4-12 (a) 所示为电液换向阀的结构原理图。当电磁阀左端电磁铁通电时，电磁阀阀芯被推向右端（左位接通），控制压力油通过电磁阀流入液动阀阀芯的左端控制油口，推动液动阀阀芯向右移动，其右端控制口的油液经电磁阀流回油箱，此时主油路 P 口与 A 口接通，B 口与 T 口接通。反之，电磁阀右端电磁铁通电时，控制压力油经电磁阀进入液动阀阀芯的右端控制油口，推动液动阀阀芯向左移动，其左端控制油口的油液经电磁阀流回油箱，使主油路 P 口与 B 口接通，A 口与 T 口接通。如电磁阀左、右电磁铁均断电，则电磁阀阀芯处于中位，控制压力油被阻断，不能进入液动阀，且因电磁阀的中位机能为 Y 型特性，使液动阀两端控制油口的油液均经电磁阀中位泄回油箱，因此液动阀也在其两端弹簧的作用下处于中位，主油路 P、T、A、B 口均不相通。当分别调节两个节流阀开度时，可调节液动阀换向速度，而使换向平稳，减小换向冲击。

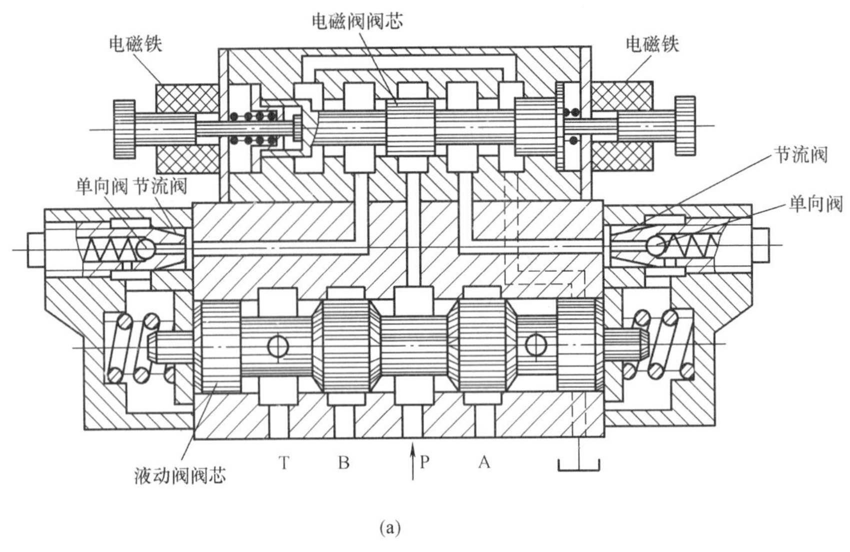

(a)

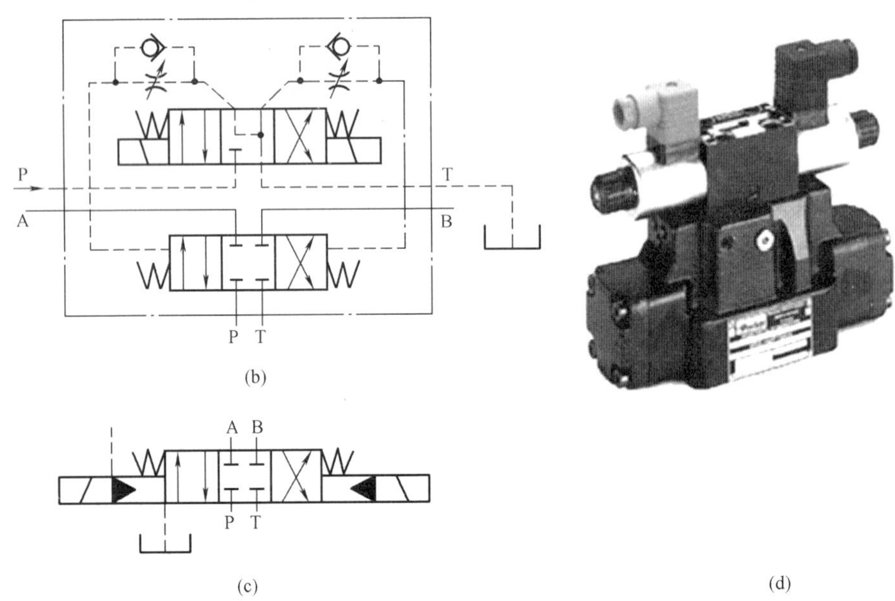

(b)

(c)

(d)

图 4-12 电液换向阀

(a) 结构原理图；(b) 详细符号；

(c) 简化符号；(d) 外形图

(6) 多路换向阀。多路阀是一种集中布置的组合式手动换向阀，常用于工程机械等要求集中操纵多个执行元件的设备中。多路阀的组合方式有并联式、串联式和顺序单动式三种，符号及外形图如图 4-13 所示。

多路换向阀一般有公共的进油腔 P 和回油腔 T，各个换向阀又各有两个工作油口与工作装置相连。操作时可单独或几个同时使用。当整机停止时，阀处中位，液压泵卸荷。

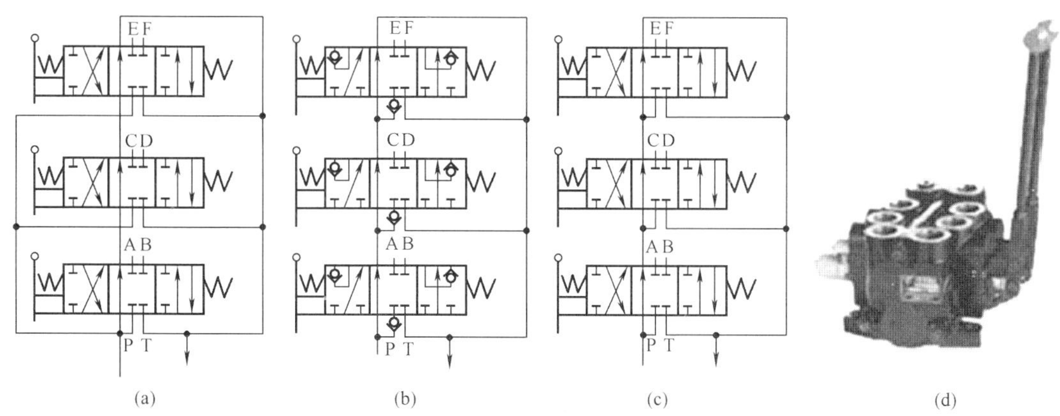

图 4－13　多路换向阀的组合形式

(a) 并联式；(b) 串联式；

(c) 顺序单动式；(d) 外形图

任 务 指 导

4.2　液压方向控制阀拆装实训

4.2.1　实训工具及材料

实训用液压控制阀：三位四通电磁换向阀、手动转阀、单向阀、液控单向阀、电液换向阀。

工具：内六方扳手、固定扳手、螺丝刀、卡簧钳等。

材料：铜棒、棉纱、煤油等。

4.2.2　实训内容及步骤

1. 三位四通电磁换向阀

(1) 拆卸顺序。拆卸前，擦净阀表面的污物，观察阀的外形，分析各油口的作用。具体拆卸顺序如下：

1) 取下面板，松开阀体上电磁铁的电源线接头。

2) 拧下左、右电磁铁的螺钉，从阀体两端取下电磁铁。

3) 用卡簧钳取出两端卡簧。

4) 取出端盖、弹簧、弹簧座及推杆，然后将阀芯推出阀体（把阀芯放在清洁软布上，以免碰伤外表面）。

5) 用光滑的挑针把密封圈从端盖的槽内撬出，检查弹性和尺寸精度。若有磨损和老化，应及时更换。

在拆卸过程中，注意观察主要零件的结构、相互配合关系、密封部位、阀芯与推杆和电磁铁之间的连接关系，并结合结构图和阀表面铭牌上的图形符号，分析换向阀的换向原理和使用注意事项。

(2) 装配要领。装配前要仔细清洗各零件（电磁铁除外），这样可保证装配质量和延长元件使用寿命，并减少阀芯与阀体的卡死等障碍。将清洗后的零件晾干，涂上润滑油，然后按拆卸的相反顺序装配，并注意以下事项：

1）阀芯装入阀体后，用手推拉几次阀芯，阀芯应运动灵活。

2）把推杆装入阀芯的槽口内，再装入弹簧座、弹簧、端盖、卡簧等。

3）装入端盖上的O形密封圈，要保护密封面的平整。

4）把两端电磁铁电源线从专用孔穿至阀体前端，然后再用螺钉将电磁铁与阀体连接牢固。

5）装拆面板之前，要仔细检查电源的接头是否正确。

2. 三位四通手动换向阀的拆装

（1）拆卸顺序。拆卸前转动手柄，体会左右换向的手感，并用记号笔在阀体左、右端做上标记。具体拆卸顺序如下：

1）抽掉手柄连接板上的开口销，取下手柄。

2）拧下右端盖上的螺钉，卸下右端盖，取出弹簧、套筒和钢球。

3）松脱左端盖与阀体的连接，然后从阀体内取出阀芯。

在拆卸过程中，注意观察主要零件结构和相互配合关系，并结合阀表面铭牌上的图形符号，分析换向原理。

（2）装配要领。装配前清洗各零件，将阀芯、定位件等零件的配合面涂润滑油，然后按拆卸的相反顺序装配。拧紧左、右端盖的螺钉时，应分两次并按对角线进行。

3. 单向阀的拆装

单向阀是方向阀中最简单的一种阀，它主要由阀体、阀芯、弹簧、阀座和阀盖组成。拆卸时只需旋出阀盖就可取出弹簧和阀芯（阀座是压入阀体的，可以不拆）。

4. 液控单向阀的拆装

（1）拆卸顺序。具体拆卸顺序如下：

1）旋出上、下端盖上的螺钉，卸下两端盖。

2）从阀体内取出弹簧、主阀芯和顶杆。

在拆卸过程中，注意观察各种零件的结构，并分析阀芯上两个径向小孔的作用。

（2）装配要领。装配前清洗各零件，将阀体、锥芯、顶杆等相互配合的零件表面涂润滑油，然后按拆卸的相反顺序装配。

在拆卸过程中，注意观察阀体和阀芯的结构，并结合阀表面铭牌上的图形符号，分析其工作原理。

5. 三位四通转阀的拆装

（1）拆卸顺序。具体拆卸顺序如下：

1）将转盘与阀芯分开，取出钢球和弹簧。

2）旋出螺钉，从阀体上取下法兰盘及阀芯。

在拆卸过程中，注意观察阀体和阀芯的结构，并结合阀表面铭牌上的图形符号，分析各油道、油孔的作用和转阀的工作原理。

（2）装配要领。装配前清洗各零件，将阀芯、阀体等相互配合的零件表面涂润滑油，按拆卸的相反顺序装配。阀芯装入阀体后，用手转动阀芯灵活、自如。

气动知识

4.3　气压方向控制阀

气压方向控制阀与液压方向控制阀相同，也分为单向型阀和换向型阀两大类。

4.3.1　单向型控制阀

单向型控制阀包括单向阀、与门型梭阀、或门型梭阀、快速排气阀等，其中，单向阀与液压单向阀类似。

1. 与门型梭阀

与门型梭阀又称双压阀，它相当于两个单向阀的组合。如图 4－14 所示，只有当两个输入口 P_1 和 P_2 都有信号输入时，A 口才有输出。若 P_1 或 P_2 口单独有信号输入时，阀芯被推向右端或左端，A 口无输出，而当两个输入信号压力不同时，则高压侧关闭，低压信号从 A 口输出。

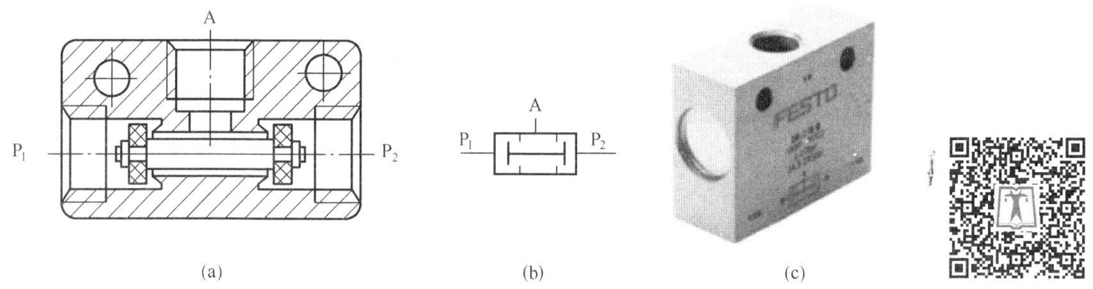

图 4－14　与门型梭阀

（a）结构原理图；（b）图形符号；（c）外形图

图 4－15 所示为与门型梭阀的应用回路，只有两个行程阀 1 和 2 同时被压下时，与门型梭阀才有输出，气缸活塞才能向右伸出。

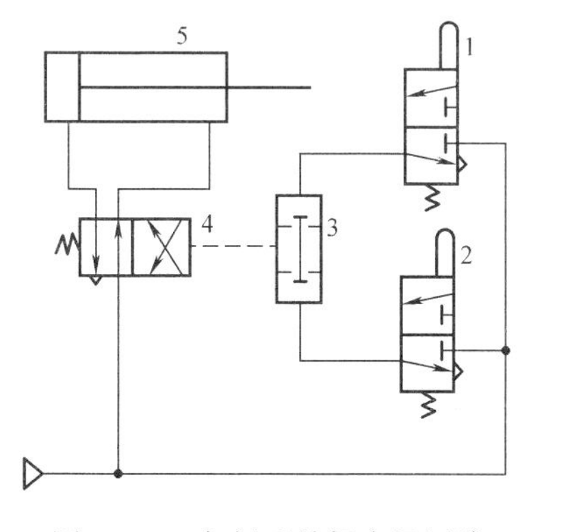

图 4－15　与门型梭阀应用回路

2. 或门型梭阀

或门型梭阀也相当于两个单向阀的组合，如图 4－16 所示。当 P_1 口进气时，阀芯把

P_2 口切断，P_1 口与 A 相通，A 口有输出。当 P_2 口进气时，阀芯把 P_1 口切断，P_2 口与 A 相通，A 口也有输出。若 P_1、P_2 口都有信号输入时，阀芯被高压信号推向低压侧，则高压信号输入口与 A 口相通，A 口有输出。若两个信号输入口压力相等，则先输入信号的输入口与 A 口相通，另一信号口关闭。

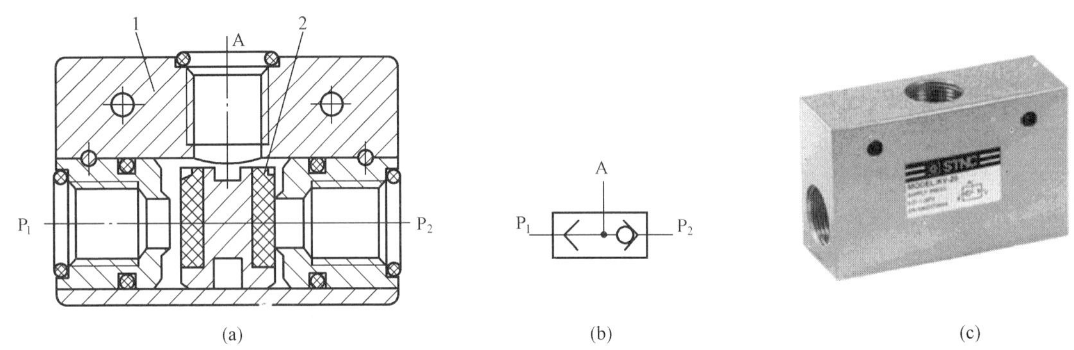

图 4-16　或门型梭阀

(a) 结构原理图；(b) 图形符号；(c) 外形图

1—阀体；2—阀芯

该阀适合在不同位置操纵阀或气缸时用。如在需要手动和自动操作转换的回路中，就可用或门型梭阀来实现，如图 4-17 所示。当电磁阀通电、手动阀处于复位状态，气压将或门型梭阀的阀芯推向右端，P_1 与 A 接通，使气压换向阀的右位处于工作状态，气缸活塞向右伸出；若电磁阀断电，活塞将缩回。电磁阀断电后，按下手动阀，气压将或门型梭阀的阀芯推向左端，P_2 与 A 接通，使气压换向阀的右位处于工作状态，活塞再次向右伸出；手动阀复位，活塞缩回。在这里，或门型梭阀实现了自动和手动的切换。

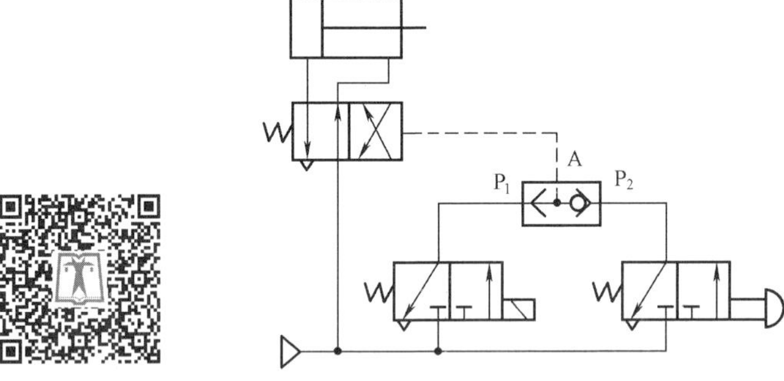

图 4-17　或门型梭阀应用回路

3. 快速排气阀

快速排气阀安装在紧靠气缸的位置上，以便主阀换向时，气缸中的气体能通过快速排气阀迅速排出，使气缸迅速返回。快速排气阀的结构如图4-18所示，当进气口 P 有压缩空气输入时，膜片 1 被气体压下并封闭排气口 O，膜片向下弯曲使其四周小孔脱离阀体，压缩空气便经过这些小孔从输出口 A 流出。当气流反向流动时，则膜片 1 在 A 口气压作用下向上顶起复位，封住 P 口，这时 A 口的气体经 O 口迅速排出。

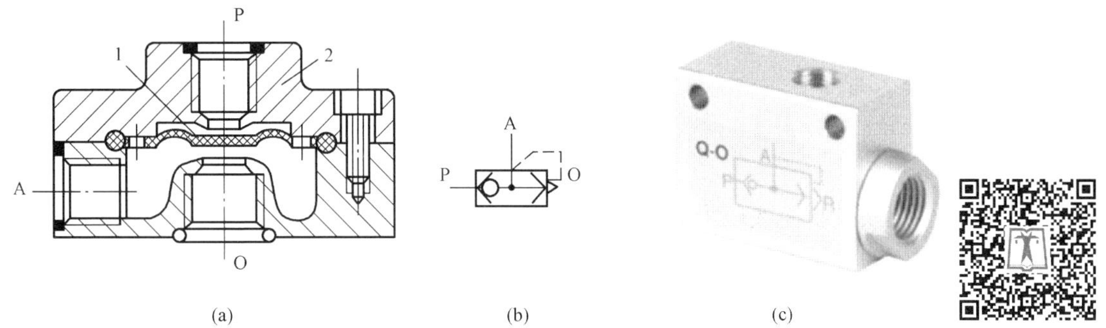

图 4-18　快速排气阀
(a) 结构原理图；(b) 图形符号；(c) 外形图
1—膜片；2—阀体

图 4-19 所示为快速排气阀的应用回路。电磁阀通电在左位工作，压缩空气经快速排气阀的 P—A 口进入气缸的左腔，气缸右腔经节流阀排气，活塞慢速向右伸出；当电磁阀断电，压缩空气经单向阀进入气缸右腔，左腔气体通过快速排气阀的 A—O 口迅速排出，活塞快速向左缩回。

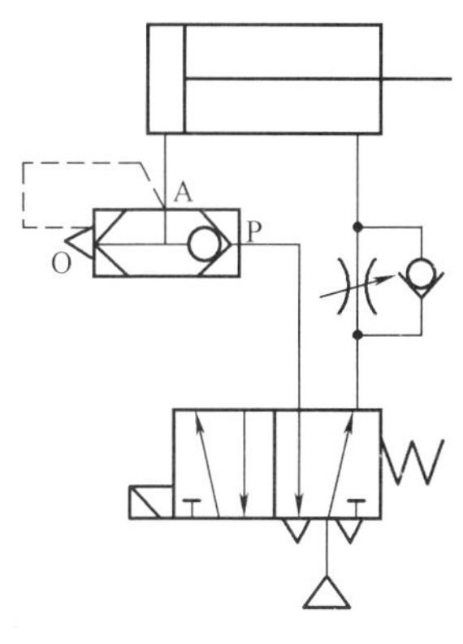

图 4-19　快速排气阀的应用

4.3.2　换向型控制阀

气压换向型控制阀用来改变压缩空气的流动方向，从而改变执行元件的运动方向。气压换向型控制阀的结构、工作原理与液压阀中的同类阀基本相似，操作方式、切换位置和图形符号也基本相同。

任务二　液压压力控制阀的拆装

任务描述

(1) 拆装先导式溢流阀。通过拆装，掌握溢流阀的工作原理和结构特点。
(2) 拆装先导式减压阀。通过拆装，掌握减压阀的工作原理和结构特点。
(3) 拆装直动式顺序阀。通过拆装，掌握顺序阀的工作原理和结构特点。

任务分析

要完成本任务，需要认真学习，掌握压力控制阀的工作原理，对其结构组成有一个基本的认识。拆装操作时，针对不同的压力阀，利用相应工具，严格按照其拆卸、装配步骤进行，严禁违反操作规程私自进行拆卸、装配。拆装过程中，认真观察相关压力阀的结构组成、工作原理及主要零部件、特殊结构的作用。

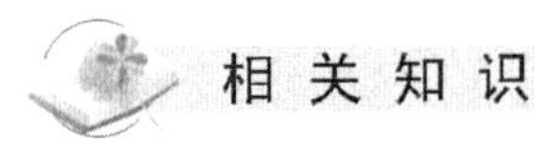

4.4 液压压力控制阀

液压系统中用来控制油液压力高低或利用压力变化实现某种动作的阀统称为压力控制阀。其特点是利用油液压力对阀芯产生的推力与弹簧力平衡在不同位置上，以控制阀口开度来实现压力控制。按照用途不同，可分为溢流阀、顺序阀、减压阀、压力继电器等。

4.4.1 溢流阀

溢流阀的主要作用是使被控系统或回路的压力保持基本恒定，同时使系统中多余的压力油溢流回油箱。也可用它来限制液压系统的最高压力，防止系统过载，起到安全保护作用，这时称为安全阀。在正常工作情况下，安全阀是关闭的。常用的溢流阀有直动式和先导式两种。直动式用于低压，先导式用于中高压。

1. 直动式溢流阀

直动式溢流阀的结构原理图、图形符号和外形图，如图 4-20 所示。阀体上开有进出油口 P 和 T，阀芯在弹簧的作用下压在阀座上。当进油口 P 处的油液压力小于弹簧力时，阀口关闭；当进油口 P 处的油液压力大于弹簧力时，阀芯被顶离阀座，阀口打开，油液便从出油口 T 流回油箱，从而保证进口压力基本恒定。调节弹簧的预压力，便可调整溢流压力。

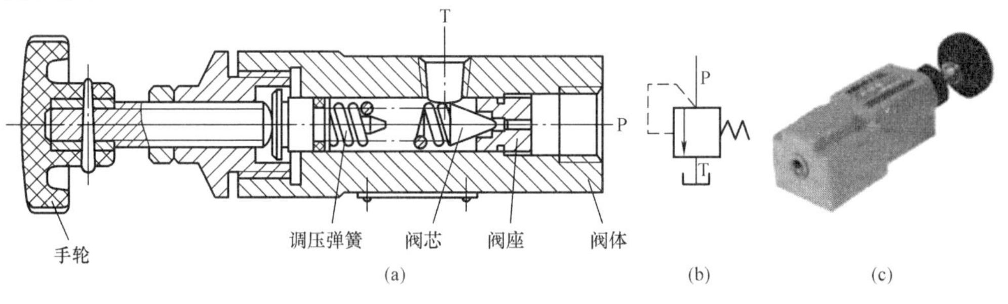

图 4-20 直动式溢流阀

(a) 结构原理图；(b) 图形符号；(c) 外形图

由于这类溢流阀是利用阀芯上的弹簧直接与液压力相平衡来工作的，所以称为直动式溢流阀。直动式溢流阀结构简单、灵敏度高，但压力受溢流量变化的影响较大，调压偏差大，不适于在高压、大流量场合工作，常用于调压精度不高的场合或作安全阀使用。

2. 先导式溢流阀

先导式溢流阀由先导阀和主阀两部分组成，如图 4-21 所示。进油腔 P 的油液压力同时作用在主阀芯及先导阀芯上。先导阀实际上是一个小流量直动式溢流阀，当系统压力不足以克服先导阀的弹簧力时，先导阀关闭，阀腔中油液处于静止状态。主阀芯上下两端液压力相等，主阀芯在弹簧力的作用下处于最下端的位置，阀口关闭；当系统压力升高到能够打开先导阀时，油液通过主阀芯上的阻尼孔 e、先导阀流向回油腔 T，然后流回油箱。由于阻尼孔 e 的阻尼作用，产生压力降，使主阀芯两端液压力不相等，主阀芯在压差的作用下克服弹簧力上移，阀口打开，实现溢流。调节先导阀的调压弹簧，便可调整溢流压力。

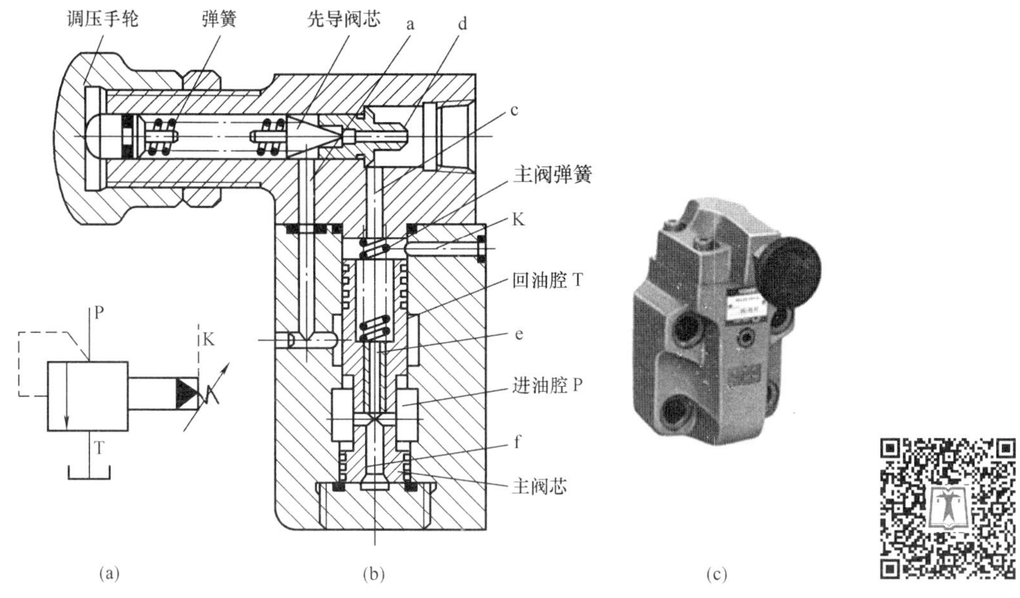

图 4-21　先导式溢流阀

(a) 图形符号；(b) 结构原理图；(c) 外形图

阀体上设有远程控制口 K，当 K 口通过二位二通阀接油箱时，主阀芯上端油压基本为零，因而进油压力在很低的情况下就能使阀口开启，实现溢流，使系统卸荷。若 K 口接一远程调压阀，且远程调压阀的调定压力低于先导式溢流阀本身的调定压力时，就能对主阀压力实现远程控制，其调定压力为远程调压阀的调定压力。

先导式溢流阀导阀部分的结构尺寸一般都较小，调压弹簧的刚度通常较弱，调压比较轻便。同时，因主阀芯两端均受液压油的作用，主阀弹簧只需很小的刚度，所以调压稳定性高，故先导式溢流阀广泛应用于高压、大流量和调压精度要求较高的场合。但先导式溢流阀是二级阀，所以灵敏度低于直动式。

3. 溢流阀的特性

溢流阀工作时，随着溢流量的变化，系统压力会产生一些波动，不同溢流阀的波动程度也不同。理想的溢流阀只有当工作压力达到其调定压力时才开始溢流，且不管溢流量多少，压力始终保持在调定值上。实际溢流阀的特性却不是这样的，当工作压力达到其开启压力（溢流阀的流量达到其额定流量 1%时的压力）时，溢流阀就开始溢流。

溢流阀的调定压力与开启压力的差值称为调压偏差，其值越小越好。先导式溢流阀的调压偏差比直动式溢流阀的调压偏差小。另外，先导式溢流阀中主阀弹簧主要用于克服阀芯的摩擦力，弹簧刚度小，当溢流量变化引起主阀弹簧压缩量变化时，弹簧力变化较小，阀的进出口压力变化也较小，故先导式溢流阀比直动式溢流阀的调压稳定性要好。

4.4.2　减压阀

减压阀主要用于降低并稳定系统中某一支路的油液压力，常用于夹紧、控制、润滑等油路中。减压阀也有直动式和先导式两种，直动式较少单独使用，先导式减压阀性能较好，应用较多。

先导式减压阀也是由主阀和先导阀两大部分组成，作用是调节与稳定出口压力，所以它是利用出口压力与弹簧力相平衡来工作的，不工作时阀口常开。由于其进出油口都有压力，因此它的泄油口须单独从外部接回油箱。

图 4-22 所示为先导式减压阀。压力油从进油口 P_1 流入，经减压阀口 f 减压后，由出油口 P_2 流出。出口压力油经阀体与端盖上的通道 a、b 及主阀芯上的阻尼孔 e 流到主阀芯的上腔和下腔，并经过弹簧腔，通道 c、d 作用在先导阀芯上。当出油口压力低于先导阀的调定压力时，先导阀关闭，主阀芯上、下两腔压力相等，主阀芯被弹簧压在最下端，减压口 f 开度最大，压降最小，减压阀不起减压作用，处于非工作状态。当出油口压力达到先导阀调定压力时，先导阀开启，主阀弹簧腔油液便由外泄口 L 流回油箱，由于油液在主阀芯阻尼孔 e 内流动，使主阀芯两端产生压差，在此压差的作用下克服弹簧力，主阀芯上移，减压阀口 f 减小，压降增大，使出口压力下降到调定值。

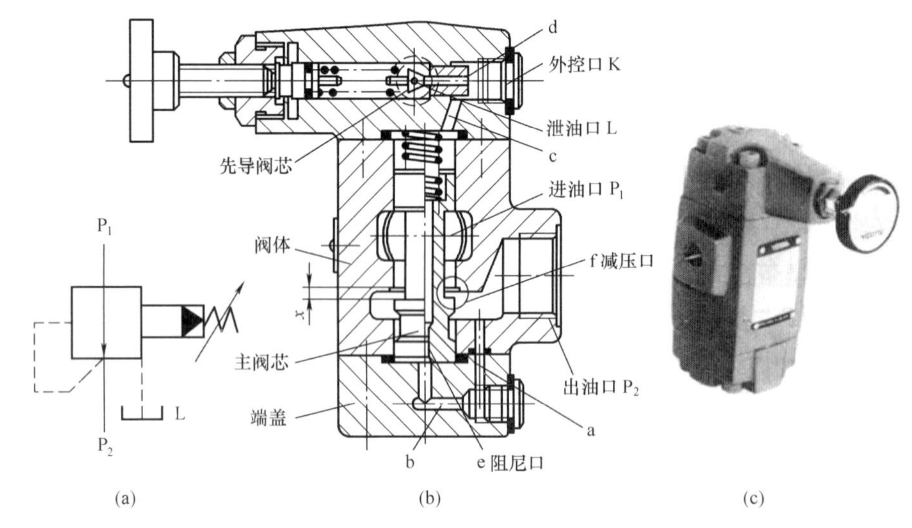

图 4-22　先导式减压阀

(a) 图形符号；(b) 结构原理图；(c) 外形图

如果受到外来的干扰，使进口压力升高，则出口压力也升高，使主阀阀芯向上移动，主阀减压口 f 减小，出口压力又降低，在新的位置上取得平衡，而出口压力基本维持不变；反之，亦然。这种先导式减压阀也设有远程控制口 K，可实现远程控制，其工作原理与溢流阀的远程控制相同。

4.4.3　顺序阀

顺序阀依靠系统中的压力变化来控制阀口的启闭，进而控制液压系统中各执行元件动作的先后顺序。顺序阀按结构可分为直动式和先导式两种；按控制方式可分为内控式和外控式。

图 4-23 (a) 所示为直动式顺序阀结构原理图。压力油从进油口 P_1（两个）流入，经阀体上的孔道 a 和端盖上的阻尼孔 b 流到控制活塞底部，当作用在控制活塞上油液压力能克服阀芯上的弹簧力时，阀芯上移，油液便从出油口 P_2 流出。该阀为内控式顺序阀，图形符号如图 4-23 (b) 所示，调节弹簧的预压缩量即可调节顺序阀的调定压力。

若将图 4-23 (a) 中的端盖旋转 90°安装，切断进油口通向控制活塞下腔的通道，并去掉外控口的螺塞，引入控制压力油，便成为外控式顺序阀，图形符号如图 4-23 (c) 所示。

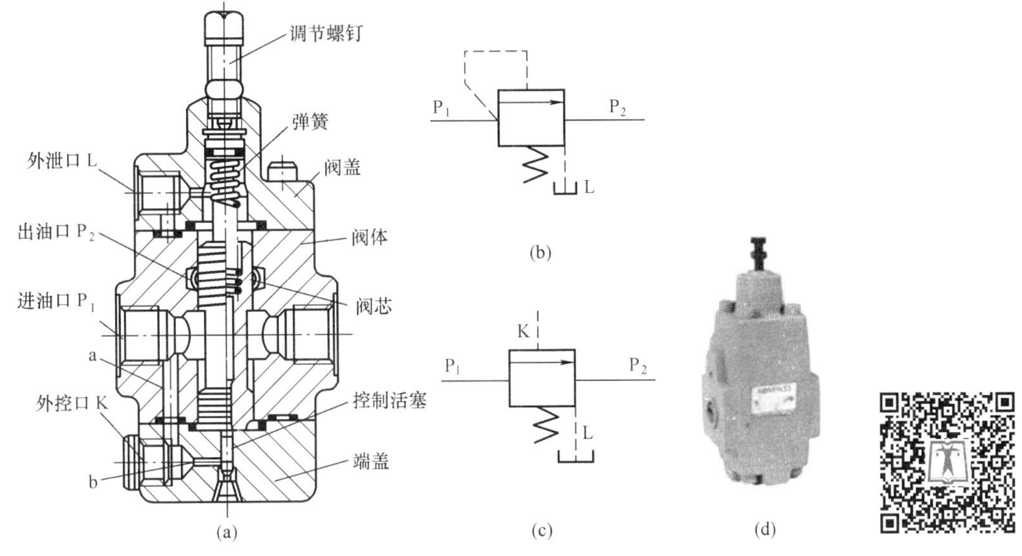

图 4-23　直动式顺序阀

（a）结构原理图；（b）内控顺序阀图形符号；（c）外控顺序阀图形符号；（d）外形图

由于顺序阀的出油口接执行元件，即顺序阀的进、出油口均通压力油，因此它的泄油口要单独接油箱。

4.4.4　压力继电器

压力继电器是将系统或回路中的压力信号转换为电信号的液电信号转换装置。它可利用液压力来启闭电气触点发生电信号，从而控制电气元件的动作，实现电机启停、液压泵卸荷、多个执行元件的顺序动作和系统的安全保护等功能。

图 4-24 所示为压力继电器的结构原理、图形符号和外形图，压力油进入 P 腔作用在柱

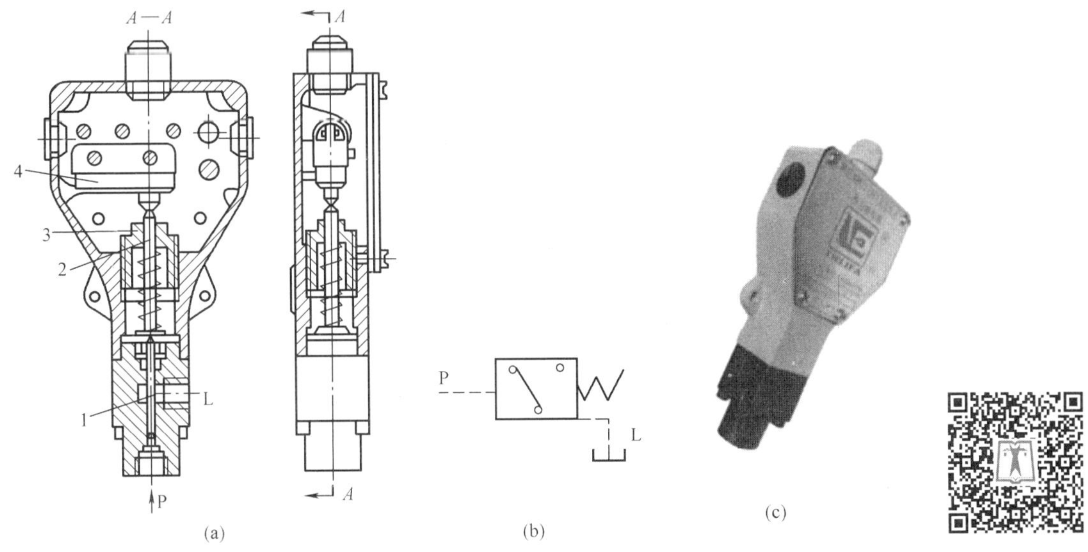

图 4-24　压力继电器

（a）结构原理图；（b）图形符号；（c）外形图

1—柱塞；2—顶杆；3—调节螺钉；4—微动开关

塞 1 的底部，当液压系统的压力达到压力继电器的调定值时，便克服弹簧力推动柱塞 1 上升，使顶杆 2 触动微动开关 4，发出电信号，使电器元件动作。

任务指导

4.5 液压压力控制阀的拆装实训

4.5.1 实训工具及材料

实训用液压控制阀：先导式溢流阀、先导式减压阀、直动式顺序阀。

工具：内六方扳手、固定扳手、螺丝刀、卡簧钳等。

材料：铜棒、棉纱、煤油等。

4.5.2 实训内容及步骤

1. 先导溢流阀的拆装

(1) 拆卸顺序。拆卸前清洗阀的外表面，观察阀的外形，转动调节手柄，体会手感。具体拆卸顺序如下：

1）拧下螺钉，拆开主阀和先导阀的连接，取出主阀弹簧和主阀芯。

2）拧下先导阀上的手柄和远控口螺塞。

3）旋下阀盖，从先导阀体内取出弹簧座、调压弹簧和先导阀芯。

注意事项：

1）主阀座和导阀座是压入阀体的，不用拆卸。

2）用光滑的挑针把密封圈撬出，并检查弹性和尺寸精度，若有磨损和老化应及时更换。

3）在拆卸过程中，详细观察先导阀芯和主阀芯的结构、主阀芯阻尼孔的大小，加深理解先导式溢流阀的工作原理。

(2) 装配要领。装配前清洗各零件，将配合零件表面涂润滑油，然后按拆卸的相反顺序装配，但应注意以下事项：

1）检查各零件的油孔，油路是否畅通，有无尘屑。

2）将调压弹簧放在先导阀芯的圆柱面上，然后一起推入先导阀体。

3）主阀芯装入主阀体后，应运动自如。

4）先导阀体与主阀体的止口、平面应完全贴合，后者能用螺钉连接。螺钉要分两次拧紧，并按对角线进行。

注意事项：由于主阀芯的三个圆柱面与先导阀体、主阀体和主阀座孔相配合，同心度要求高。装配时，要保证装配精度。

2. 先导式减压阀的拆装

先导式减压阀主要由先导阀与主阀芯两部分组成。它的拆装与上述先导式溢流阀基本相同，拆装步骤可参照上述先导式溢流阀的拆装步骤进行。

3. 直动式顺序阀的拆装

(1) 拆卸顺序。拆卸前清洗阀的外表面，观察阀的外形，体会手感。

1）拆开上盖与阀体的连接，取出弹簧和弹簧座。

2）拆开下盖与阀体的连接，取出主阀芯和控制活塞。

注意事项：在拆卸过程中，注意观察直动式顺序阀在结构上和直动式溢流阀的异同点。

(2) 装配要领。装配前，清洗各零件，将阀芯、控制活塞及配合零件的表面涂润滑油，然后按拆卸的相反顺序进行装配。

气动知识

4.6　气压压力控制阀

气压压力控制阀是用来控制和调节系统中气体压力大小的气动元件，包括减压阀、顺序阀和溢流阀等。

4.6.1　减压阀

在气压传动中，一般由气源输出压缩空气的压力均高于每台设备实际所需的压力，且压力波动较大。因此，需要用减压阀将高压降低，并调节到每台设备所需的工作压力值上，且保持稳定不变。与液压减压阀一样，气动减压阀也是以出口压力为控制信号的。

图 4-25 所示为 QTY 型直动式减压阀。当顺时针旋转手柄 1，压缩弹簧 2、3 推动膜片 5 下凹，再通过阀杆 6 带动阀芯 9 下移，使阀芯 9 和阀座 8 间形成阀口 11，则 P_1 口输入的压缩空气经阀口 11 的节流减压作用，从 P_2 口输出，使输出压力低于输入压力，实现减压的作用。同时，一部分气体经阻尼孔 7 进入膜片室 12，给膜片一向上的推力。当作用在膜片

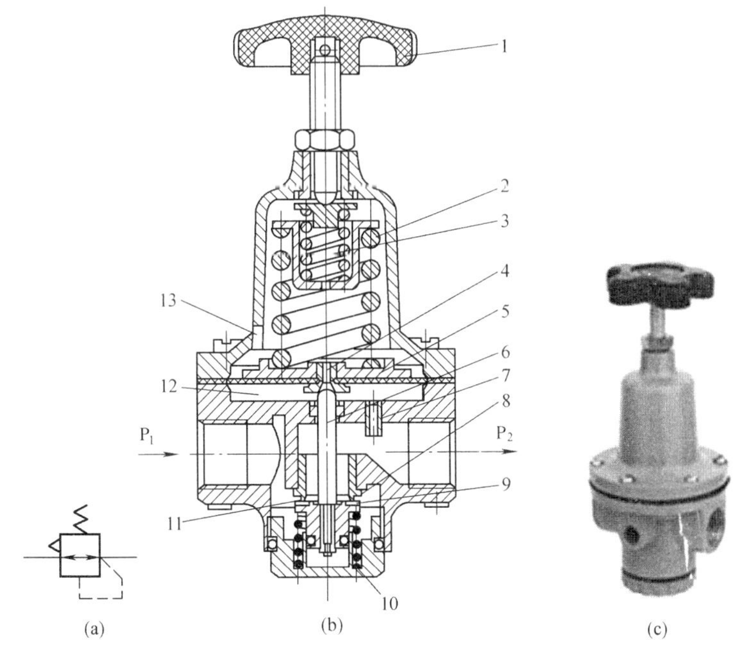

图 4-25　QTY 型直动式减压阀

(a) 图形符号；(b) 结构原理图；(c) 外形图

1—手柄；2、3—调压弹簧；4—溢流孔；5—膜片；6—阀杆；7—阻尼孔；8—阀座；9—阀芯；10—复位弹簧；11—阀口；12—膜片室；13—排气口

上的推力与弹簧力相平衡后，阀口 11 的开度稳定，减压阀的输出压力也就保持稳定。阀口 11 的开度越小，节流作用越强，压力下降也越大。

当输入压力波动时，如压力增高，则经阀口 11 的输出压力也随之升高，将膜片 5 向上推，这时部分气体经溢流孔 4、排气口 13 排出。同时，阀芯 9 在复位弹簧 10 的作用下向上移，减小阀口 11 的开度，使输出压力下降，直到膜片两端作用力重新平衡为止，输出压力基本上又回到调定值上。反之，输入压力下降时，输出压力也瞬时下降，膜片下移，阀口 11 开度增大，流量加大，使输出压力上升，直至达到调定值，从而保持输出压力稳定在调定值上。

当减压阀输出负载发生变化时，输出压力直接通过阻尼孔 7 作用在膜片下端，破坏原来的平衡状态，改变阀口 11 的开度，直至达到新的平衡，保持其输出压力不变。

若逆时针旋转手柄，调压弹簧放松，膜片在输出压力作用下向上变形，阀口 11 开度变小，输出压力降低。这种减压阀在使用过程中，常常从溢流孔 4 排出少量气体，因此称为溢流式减压阀。

4.6.2 顺序阀

顺序阀常用来控制气动系统中执行元件的先后动作顺序。实际应用中，常将单向阀和顺序阀并联结合成一体使用，称为单向顺序阀。

图 4-26（a）所示为单向顺序阀，当压缩空气由 P 口流入时，单向阀关闭，气体的压力超过顺序阀的调定值时，顺序阀打开，P 口与 A 口通；当气流从 A 口流入时，顺序阀关闭，单向阀打开，A 口与 P 口通。

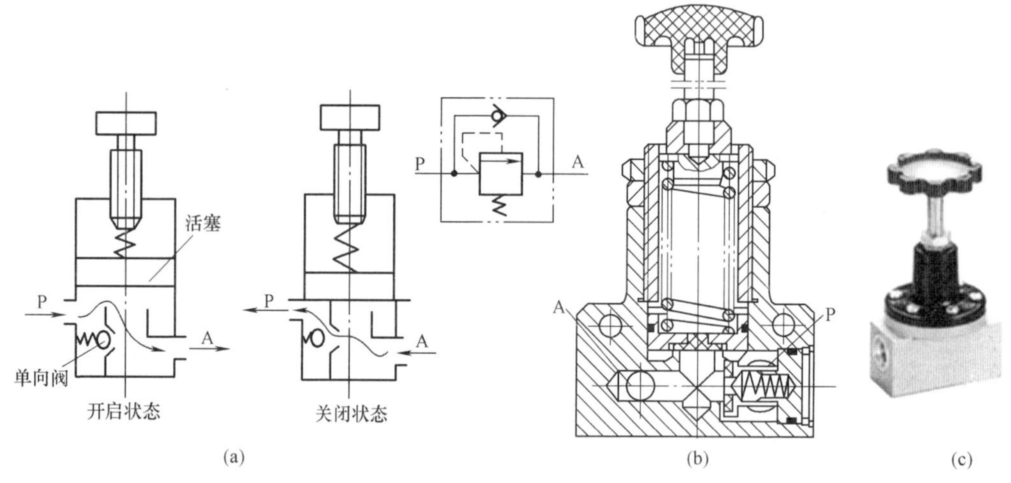

图 4-26 单向顺序阀

（a）单向顺序阀的工作原理；（b）结构图；（c）外形图

4.6.3 溢流阀

溢流阀的作用是当系统压力超过其调定值时便自动排气，以保持进口压力为调定值。

图 4-27 所示为膜片式直动溢流阀。P 口输入的气体压力大于溢流阀的调定压力时，就会推动膜片向上弯，使阀口打开，则 P 口的进气经阀口从 O 口排至大气，使系统的压力稳定在调定值上。

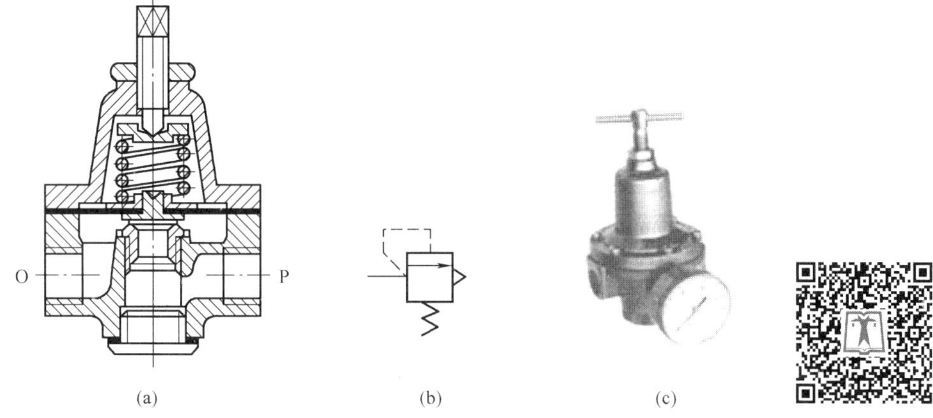

图 4-27　膜片式直动溢流阀
(a) 结构原理图；(b) 图形符号；(c) 外形图

任务三　液压流量控制阀的拆装

任 务 描 述

(1) 拆装 Q 型调速阀。通过拆装，掌握调速阀的工作原理和结构特点。
(2) 拆装 L 型节流阀。通过拆装，掌握节流阀的工作原理和结构特点。

任 务 分 析

要完成本任务，需要认真学习，掌握流量控制阀的工作原理，对其结构组成有一个基本认识。拆装操作时，针对不同的流量控制阀，利用相应工具，严格按照其拆卸、装配步骤进行，严禁违反操作规程私自进行拆卸、装配。拆装过程中，认真观察相关流量阀的结构组成、工作原理，以及主要零部件和特殊结构的作用。

相 关 知 识

4.7　液压流量控制阀

流量控制阀是通过改变阀口通流截面积的大小来调节输出流量，进而控制执行元件的运动速度。常用的流量控制阀有节流阀和调速阀。

4.7.1　节流阀

图 4-28 所示为 L 型节流阀。这种节流阀的节流口是轴向三角槽式，通常在阀芯锥部开有两个或四个三角槽。压力油从进油口 P_1 流入，经孔 a、阀芯 1 左端节流口和孔 b 后，从出油口 P_2 流出。调节手轮 3，通过推杆 2 可使阀芯轴向移动，即可改变节流孔口通流截面积

的大小，从而调节阀的出口流量。弹簧用于顶紧阀芯保持阀口开度不变。节流阀的结构简单、体积小，但负载和温度变化对流量稳定性影响较大。

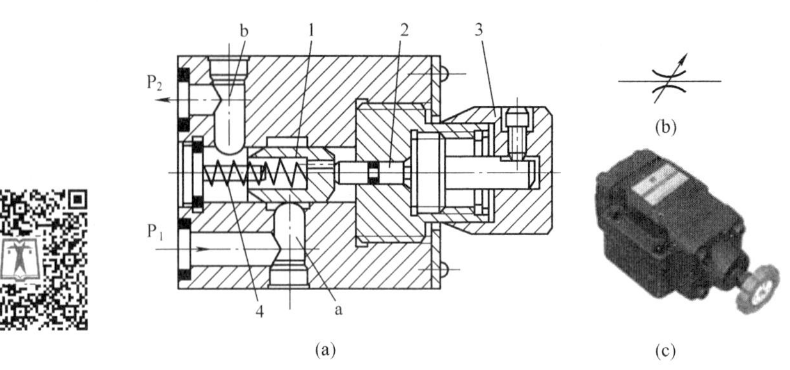

图 4-28　L 型节流阀

（a）结构原理图；（b）图形符号；（c）外形图

1—阀芯；2—推杆；3—手柄；4—弹簧

节流阀的输出流量与节流口的结构形式有关，实际使用的节流口介于薄壁孔和细长孔之间，故其流量特性可用公式 $q = KA_T\Delta p^{\varphi}$ 表示。从这个公式可看出，φ 越大，Δp 对流量 q 的影响越大，因此节流口制成薄壁孔比细长孔好。另外，油温的变化会引起黏度变化，其中，细长孔的流量对油温的变化很敏感，而薄壁孔的流量受油温的影响较小。

当节流口的通流截面积很小时，在保持所有因素都不变的情况下，通过节流口的流量会出现脉动，甚至会发生断流，即节流阀的阻塞现象，造成液压系统执行元件速度的不均。因此，为防止节流口阻塞，一方面要规定节流阀的最小稳定流量，另一方面要加强油液的物理特性和化学稳定性。

4.7.2　调速阀

调速阀是在节流阀前面串接一个定差减压阀组合而成，节流阀用来调节通过的流量，定差减压阀能自动保持节流阀前后的压差不变，消除负载变化对流量的影响。图 4-29（a）所示为调速阀工作原理图。液压泵的出口（即调速阀的进口）压力 p_1 由溢流阀调定，基本不变，而调速阀的出口压力 p_3 则由液压缸负载 F 决定。油液先经减压阀产生一次压力降，将压力降到 p_2，压力为 p_2 的油液经节流口后降为 p_3，并经反馈通道作用到减压阀的弹簧腔。当减压阀阀芯在弹簧力 F_s，液压力 p_2 和 p_3 作用下处于某一平衡位置时，其平衡方程为

$$p_2A_1 + p_2A_2 = p_3A + F_s \tag{4-1}$$

其中

$$A = A_1 + A_2$$

则有

$$p_2 - p_3 = \Delta p = \frac{F_s}{A} \tag{4-2}$$

式（4-2）说明节流口前后压差 Δp 始终与减压阀阀芯的弹簧力相平衡而保持不变，这就保证了通过调速阀的流量不变。

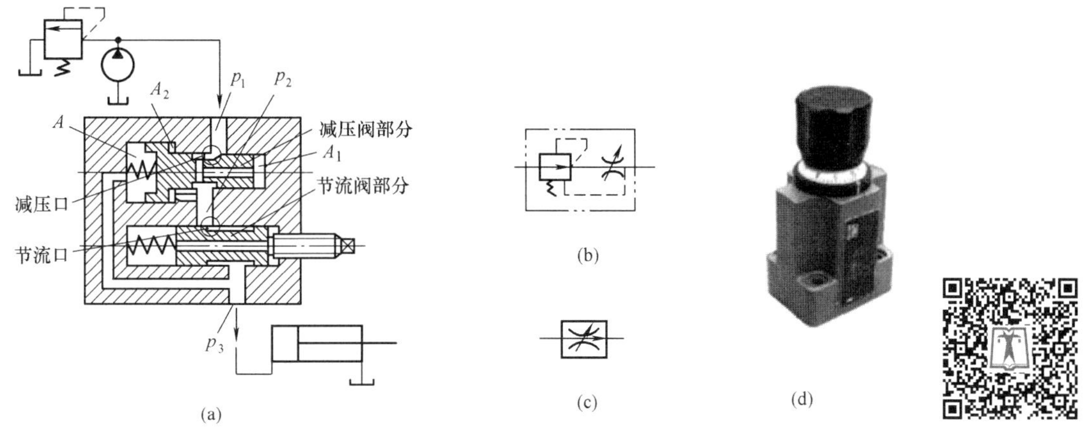

图 4-29　调速阀

(a) 工作原理图；(b) 详细符号；(c) 简化符号；(d) 外形图

若负载增加，则 p_3 增大，作用在减压阀芯左端的液压力增大，使阀芯右移，于是减压口增大，通过减压口的压力损失减小，使 p_2 也增大，也就使得 p_2-p_3 基本上不变，从而通过的流量也不变；反之亦然。同理，若负载不变，当调速阀进口压力 p_1 增大时，由于一开始减压阀阀芯来不及关小，故 p_2 在这一瞬时也增加，阀芯因失去平衡而左移，使减压口减小，则油液经过减压口产生的压降增大而又使 p_2 减小，故仍使得 p_2-p_3 基本不变。

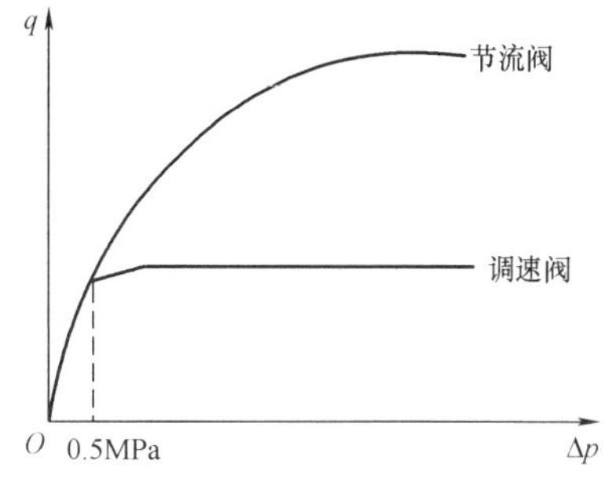

图 4-30　调速阀和节流阀的流量特性

调速阀和节流阀的流量特性曲线如图 4-30 所示。由图 4-30 可见，通过节流阀的流量随其进出口压差变化而变化，而调速阀在压差大于一定值后，流量基本稳定。调速阀在进出口压力差很小时，定差减压阀阀口全开，减压阀不起作用，这时调速阀的特性就和节流阀相同。调速阀要正常工作，应保证最小压差（一般为 0.5MPa 左右）。

任 务 指 导

4.8　液压流量控制阀的拆装实训

4.8.1　实训工具及材料

实训用液压控制阀：Q 型调速阀、L 型节流阀。

工具：内六方扳手、固定扳手、螺丝刀、卡簧钳等。

材料：铜棒、棉纱、煤油等。

4.8.2　实训内容及步骤

1. Q 型调速阀的拆装

(1) 拆卸顺序。在拆卸过程中，注意观察主要零件的结构，各油孔，油道的作用，并结合调速阀原理图和结构图分析调速的工作原理。具体拆卸步骤如下：

1）旋下手柄上的止动螺钉，取下手柄，用孔用卡簧钳卸下卡簧。

2）取下面板，旋出推杆和推杆座。

3）旋下弹簧座，取出弹簧和节流阀芯（将阀芯放在清洁的软布上）。

4）分别旋下左端盖，右端盖。从阀体的右端取出弹簧座、弹簧和减压阀芯。

5）用光滑的挑针把密封圈从槽内撬出，并检查弹性和尺寸精度。

注意事项：减压阀衬套是压入阀体的，不要将其拆下。

（2）装配要领。装配前，清洗各零件，将节流阀芯、减压阀芯、推杆及配合零件的表面涂润滑油，然后按拆卸相反的顺序装配。但应注意下列事项：

1）减压阀芯装入阀体后，阀芯应运动自如。

2）装配节流阀芯，要注意它在阀体内的方向，切忌不可装反。

2. L 型节流阀的拆装

拆卸方法参照调速阀，拆装后自行分析下列问题：

（1）试分析 L 型节流阀的工作原理。

（2）观察该阀的节流口形式、油流通道和调节方式，并分析各主要零件的作用。

4.9 气压流量控制阀

在气动系统中，经常需要控制执行元件的运动速度，可通过流量控制阀来实现。常用的流量控制阀有节流阀、单向节流阀和排气消声节流阀。

4.9.1 节流阀

图 4-31 所示为节流阀的结构图。气体由 P 口输入，经阀座与阀芯间的节流通道，从 A 口流出。通过调节螺杆即可改变节流口的通流截面积，实现流量的调节。

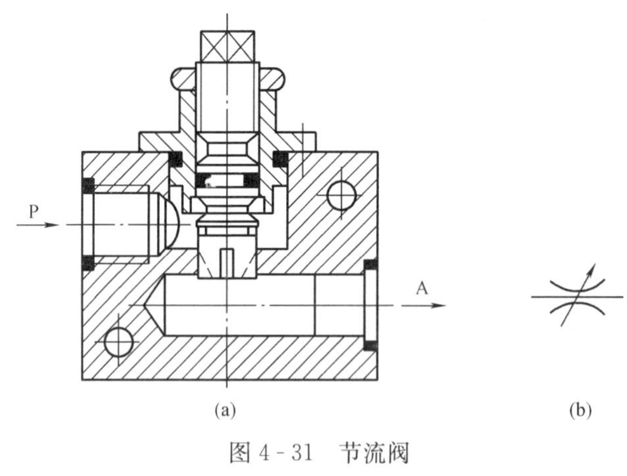

图 4-31 节流阀

（a）结构原理图；（b）图形符号

4.9.2 单向节流阀

单向阀和节流阀联合使用的组合阀，称为单向节流阀，如图 4-32 所示。当气流从 P 至 A 正向流动时，单向阀关闭，气流经节流阀节流后从 A 口流出。当气流从 A 至 P 反向流动时，单向阀打开，不节流。此阀常用于单向节流调速回路中。

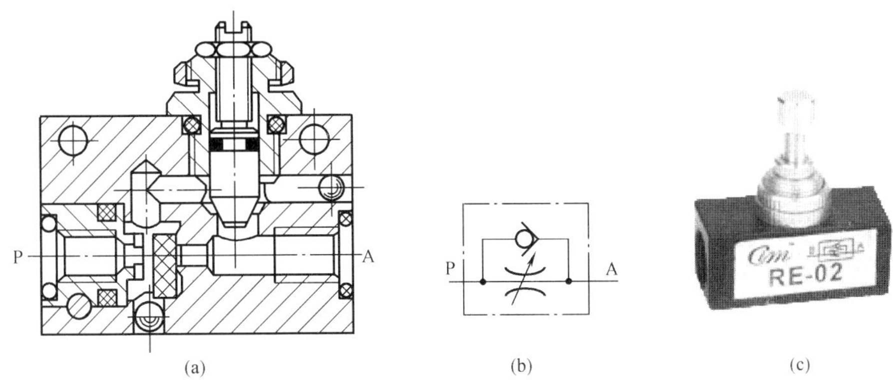

(a)　(b)　(c)

图 4-32　单向节流阀

(a) 结构原理图；(b) 图形符号；(c) 外形图

4.9.3　排气消声节流阀

一般排气节流阀需在排气口串接消声器件，用来控制执行元件排气的流量并消除排气噪声。图 4-33 所示为排气消声节流阀结构原理图，图形符号和外形图。节流阀的通流截面积通过手轮调节，气流通过节流口后经消声套排入大气，减小了排气噪声。

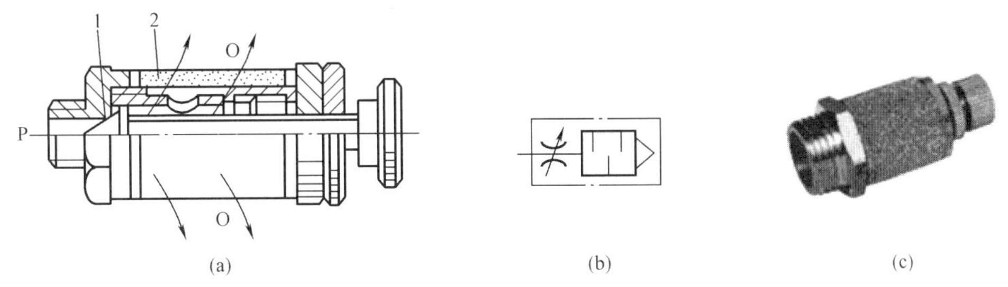

(a)　(b)　(c)

图 4-33　排气消声节流阀

(a) 结构原理图；(b) 图形符号；(c) 外形图

1—节流口；2—消声套

新型液压阀

4.10　液压插装阀和叠加阀

插装阀是一种新型开关式阀。用各种普通阀作先导控制阀来控制插装阀的开启和闭合，即可实现多种控制机能。插装阀的特点是通流能力大、密封性能好、动作灵敏、结构简单，在大流量系统中获得广泛应用。叠加阀是为了减少管路泄漏，提高系统效率而开发出的阀体即管道的一种液压阀。与普通液压阀相比，插装阀和叠加阀具有许多显著的优点。

4.10.1　插装阀

1. 工作原理

图 4-34 所示为二通插装阀。由控制盖板 1、阀套 2、弹簧 3、阀芯 4 和阀体 5 五部分组

成，阀套 2、弹簧 3、阀芯 4 及密封件称为插装单元。由于这种阀的插装单元在回路中主要起通、断作用，故又称二通插装阀。二通插装阀的工作原理相当于液控单向阀。

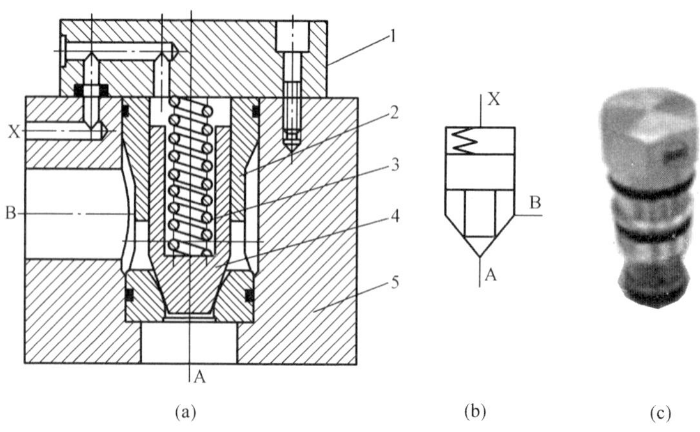

图 4-34　二通插装阀的基本结构及符号

（a）结构原理图；（b）图形符号；（c）外形图

1—控制盖板；2—阀套；3—弹簧；4—阀芯；5—阀体

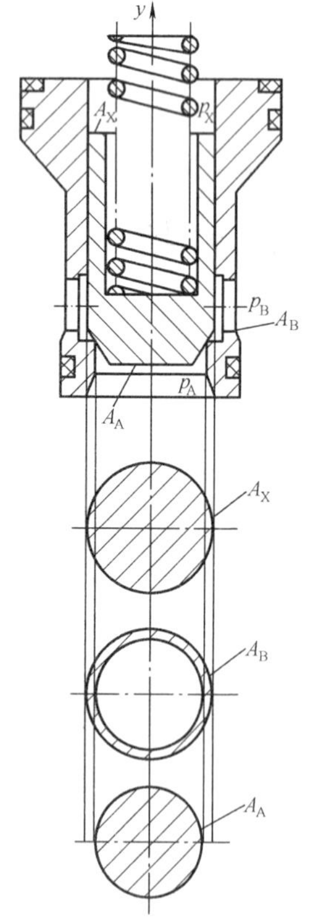

图 4-35　阀芯受力分析

插装阀是通过控制油口 X 使阀芯上部油腔卸荷或加压实现开启和关闭，从而控制油路的通与断，相当于一个液控二位二通阀。插装单元的状态是由阀芯上下端作用力的总和来决定的，如图 4-35 所示，阀芯 y 方向的合力为

$$F = p_A A_A + p_B A_B - (p_X A_X + F_s)$$

式中　p_A——工作油口 A 的压力，Pa；

p_B——工作油口 B 的压力，Pa；

p_X——工作油口 X 的压力，Pa；

F_s——开口量为零时复位弹簧力，N；

A_A、A_B、A_X——三个油口的有效面积，$A_X = A_A + A_B$，m^2。

当 $F>0$ 时，阀芯上移，阀口开启，主油路 A、B 接通；当 $F<0$ 时，阀芯被紧压在阀座上，阀口关闭，主油路 A、B 断开。

插装阀与各种先导阀组合，便可组成方向控制插装阀、压力控制插装阀和流量控制插装阀。

2. *方向控制插装阀*

图 4-36 所示为二通插装方向控制阀的实例。图 4-36（a）所示为单向阀，当 $p_A>p_B$ 时，阀芯关闭，A 与 B 不通；当 $p_A<p_B$ 时，阀芯开启，油液从 B 流向 A。图 4-36（b）所示为二位二通换向阀，当二位三通电磁阀断电时，阀芯开启，A 与 B 通；电磁阀通电时，阀芯关闭，A 与 B 不通。图 4-36（c）所示为二位三通换向阀，当二位四通电磁阀断电时，A 与 T 接通；电磁阀通电时，A 与 P 接通。图 4-36（d）所示为二位四通阀，电磁阀断电时，P 与 B 接通，A 与 T 接通；电磁阀通电时，P 与 A 接通，B 与 T 接通。

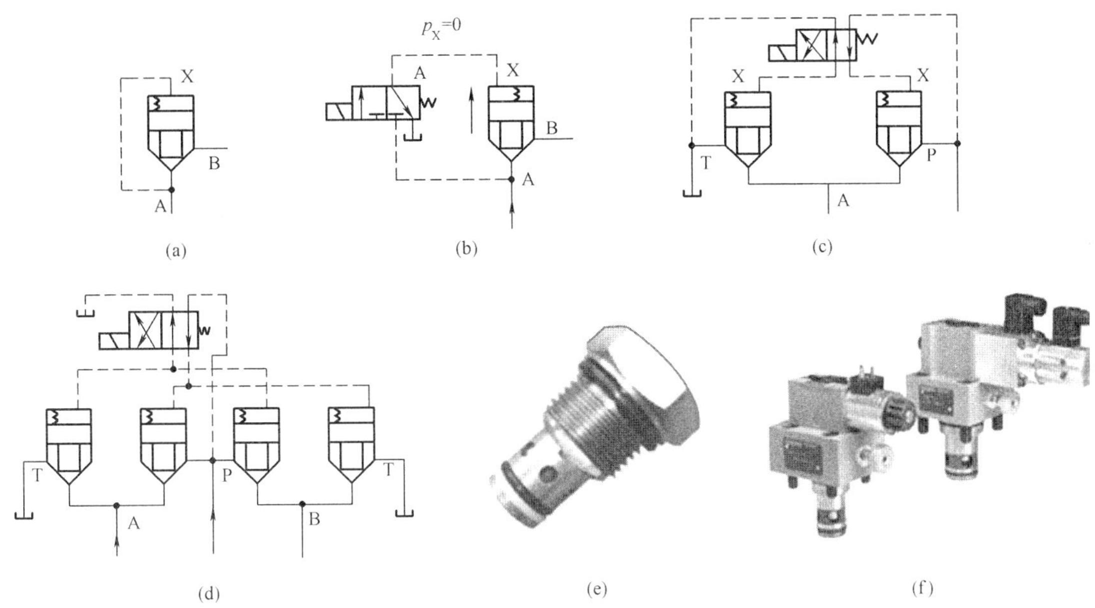

图 4-36　插装阀用作方向控制阀

(a) 单向阀；(b) 二位二通阀；(c) 二位三通阀；(d) 二位四通阀；
(e) 插装单向阀外形图；(f) 插装电磁阀外形图

3. 压力控制插装阀

对 X 腔采用压力控制可构成各种压力控制阀，其结构原理如图 4-37 (a) 所示。如图4-37 (b) 所示，当二位二通电磁阀断电，插装阀可作溢流阀；当二位二通阀通电，可作卸荷阀使用。如图 4-37 (c) 所示，如 B 接油箱，为溢流阀；如 B 接负载，为顺序阀。

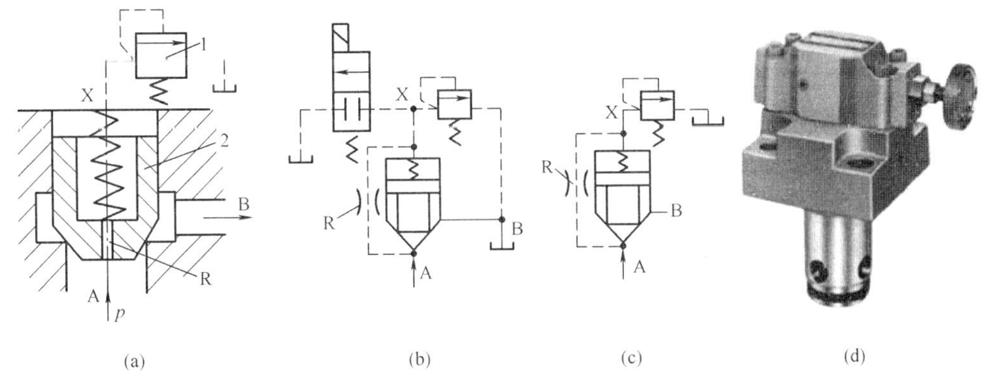

图 4-37　二通插装压力控制阀

(a) 结构原理；(b) 用作溢流阀或卸荷阀；(c) 用作溢流阀或顺序阀；(d) 插装溢流阀外形图
1—先导阀；2—主阀；R—阻尼孔

4. 流量控制插装阀

二通插装节流阀如图 4-38 所示。在插装阀的控制盖板上有阀芯限位器，用来调节阀芯开度，从而起到流量控制阀的作用。若在二通插装阀前串联一个定差减压阀，则可组成二通插装调速阀。

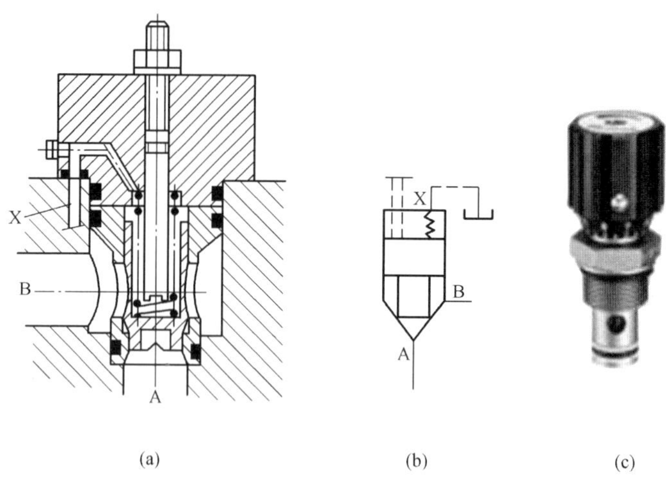

图 4-38　二通插装节流阀

（a）结构原理图；（b）图形符号；（c）外形图

4.10.2　叠加阀

叠加阀的阀体本身既是元件又是具有油路通道的连接体，阀体的上、下两面制成连接面，阀体做成标准尺寸的长方体，使用时将所有的阀在底板上叠积，然后用螺栓紧固。这种连接方式从根本上消除了阀与阀之间的连接管路，组成的系统更简单紧凑，配置方便灵活，工作可靠。叠加阀也可分为换向阀、压力阀和流量阀三种，标准的板式换向阀在最上面，与执行元件连接的底板在最下面，而叠加阀则安装在换向阀与底板之间。

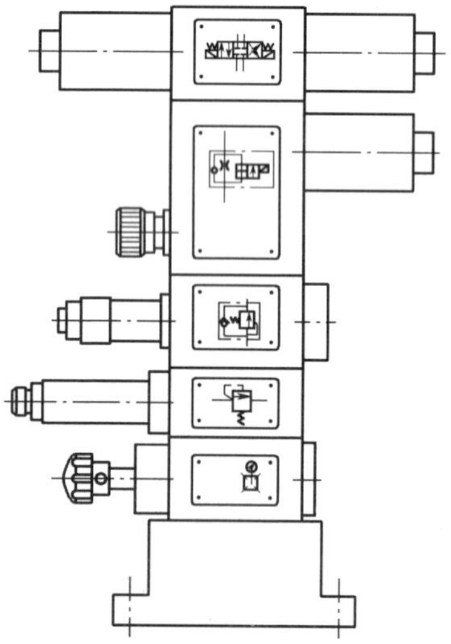

图 4-39　叠加式液压阀装置

图 4-39 所示为叠加式液压阀装置。最下面的是底板，底板上有进油孔、回油孔和通向液压执行元件的油孔，底板上面第一个元件一般是压力表开关，然后依次向上叠加各压力控制阀和流量控制阀，最上层为换向阀，用螺栓将它们紧固成一个叠加阀组。一般一个叠加阀组控制一个执行元件；若液压系统有几个需要集中控制的液压元件，则用多联底板，并排在上面组成相应的几个叠加阀组。元件之间可实现无管连接，不仅节省了大量管件，减少了产生压力损失、泄漏和振动的环节，而且使外观整齐，便于维护保养。

4.11　液压比例阀、伺服阀和数字阀

比例阀、伺服阀和数字阀都是近年来获得迅速发展的液压控制阀，它们的出现扩大了阀类元件的品种和液压系统的使用范围。本节仅对这几种阀的工作原理及用途做简要介绍。

4.11.1　比例阀

比例阀是电液比例控制阀的简称，它可以接受电信号的指令，连续、按比例地对油液的

压力、流量或方向进行远距离控制。比例阀按用途可分为比例压力阀、比例流量阀和比例方向阀三大类。

比例阀由直流比例电磁铁与液压阀两部分组成，其液压阀部分与一般液压阀差别不大，而直流比例电磁铁和一般电磁阀所用的电磁铁不同，采用比例电磁铁可得到与输入电流成比例的位移输出和吸力输出。

1. 比例压力阀

用比例电磁铁代替直动式溢流阀的手调装置，变成直动式比例溢流阀，如图 4-40 所示。比例电磁铁 2 通过推杆 3 对调压弹簧 4 施加推力，随着输入信号强度的变化，便可改变调压弹簧的压缩量，使阀芯的开启压力随输入信号连续、按比例地或按一定程序变化，则可远程控制比例溢流阀所调节的系统压力连续、按比例地或按一定程序变化。把直动式比例溢流阀作为先导阀与普通压力阀的主阀相配，便可组成先导式比例溢流阀、比例顺序阀和比例减压阀。

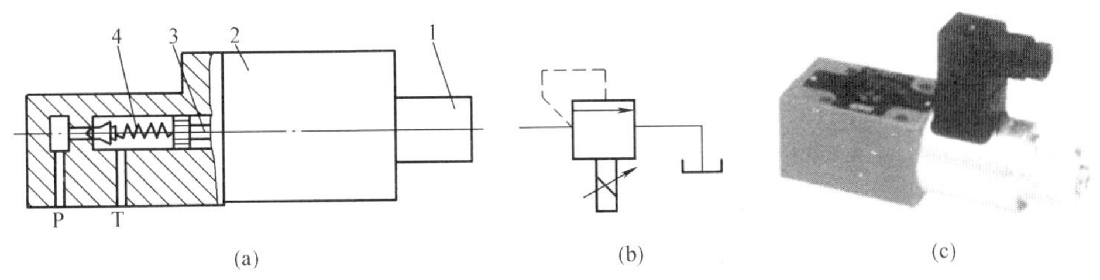

图 4-40　直动式比例溢流阀

(a) 结构原理图；(b) 图形符号；(c) 外形图

1—位移传感器；2—比例电磁铁；3—推杆；4—调压弹簧

2. 比例流量阀

用比例电磁铁代替节流阀或调速阀的手调装置，以输入信号控制节流口开度，便可连续、按比例地或按一定程序远程控制其输出流量。图 4-41 所示为比例调速阀。节流阀阀芯由比例电磁铁 3 通过推杆 2 操纵，故节流口开度便由输入信号控制。

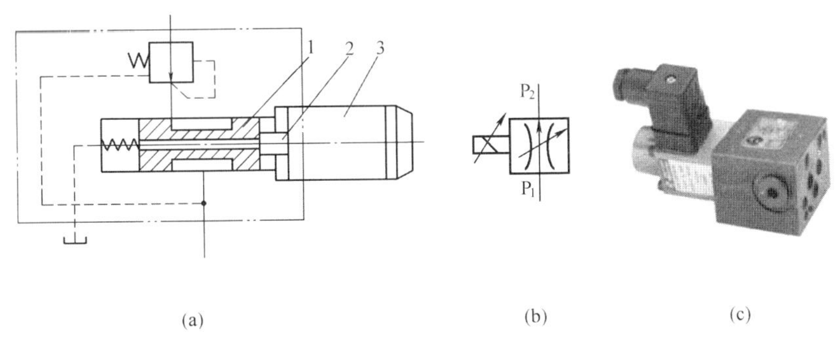

图 4-41　比例调速阀

(a) 结构原理图；(b) 图形符号；(c) 外形图

1—节流阀阀芯；2—推杆；3—比例电磁铁

3. 比例方向阀

用比例电磁铁代替电磁换向阀中的普通电磁铁，就构成直动式比例方向阀。图 4-42 所示为直动式比例方向阀。由于使用了比例电磁铁，阀芯不仅可以换位，而且换位的行程可以连续、按比例地或按一定程序变化，所以比例换向阀不仅能控制执行元件的运动方向，而且能控制其速度。

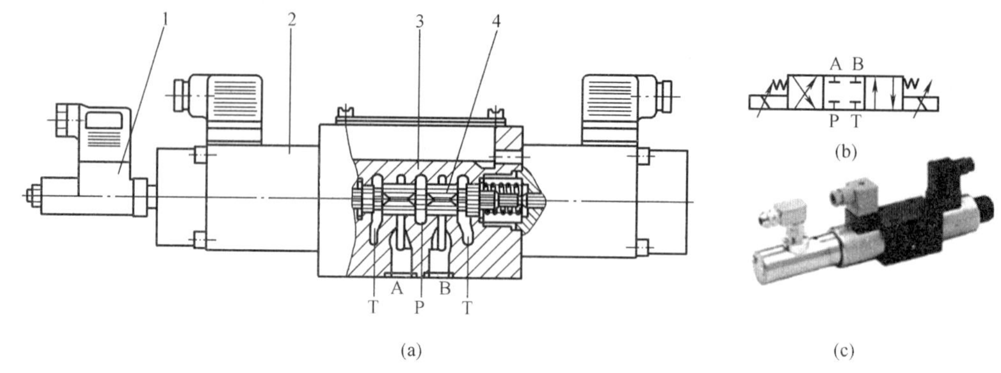

图 4-42 直动型比例方向阀

（a）结构原理图；（b）图形符号；（c）外形图

1—位移传感器；2—比例电磁铁；3—阀体；4—阀芯

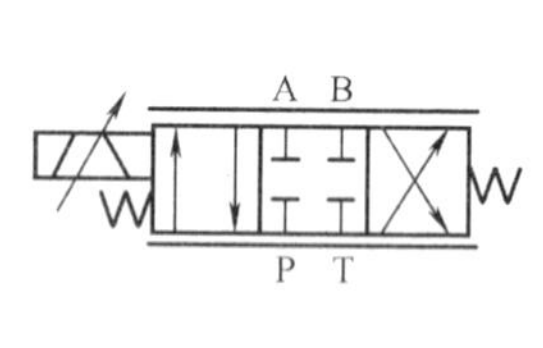

(a)

(b)

图 4-43 电液伺服阀

（a）图形符号；（b）外形图

4.11.2 伺服阀

电液伺服阀是液压传动技术与自动控制技术的结合，具有控制精度高、响应速度快、输出功率大的优点，因此，在液压控制系统中得到了广泛的应用。它能够将小功率的电信号输入转换为大功率的液压能输出。图 4-43 所示为其图形符号和外形图。

4.11.3 数字阀

用数字信号直接控制的液压阀，称为电液数字控制阀，简称数字阀。数字阀可直接与计算机接口，不需要 D/A 转换器。与伺服阀、比例阀相比，数字阀具有结构简单、工艺性好、价格低廉、抗污染能力强、重复性好、工作稳定可靠、功耗小等优点。

图 4-44 所示为增量式数字流量控制阀。计算机发出电信号后，步进电动机 1 转动，通

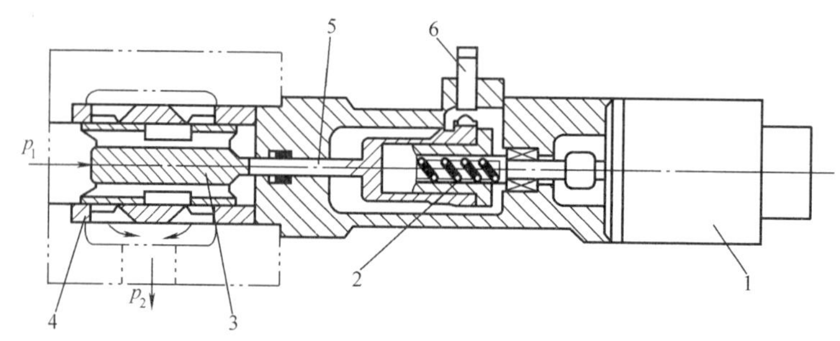

图 4-44 数字流量控制阀

1—步进电动机；2—丝杠；3—节流阀阀芯；

4—阀套；5—连杆；6—零位移传感器

过滚珠丝杠 2 转化为轴向位移，带动节流阀阀芯 3 移动。此阀有两个节流孔口，阀芯移动首先打开右边的非全周节流孔口，流量较小；继续移动则可打开左边的全周节流孔口，流量较大。该阀的流量由阀芯 3、阀套 4 及连杆 5 的相对热膨胀取得温度补偿，维持流量恒定。

数字流量控制阀无反馈功能，但装有零位移传感器 6，在每个控制周期终了时，阀芯都可在它的控制下回到零位。这样就保证每个工作周期都在相同的位置开始，使阀有较高的重复精度。

练习与提高

4-1　液控单向阀和单向阀相比，在功能上有何区别？

4-2　如图 4-45 所示液压缸，$A_1=30\text{cm}^2$，$A_2=12\text{cm}^2$，$F=3000\text{N}$，液控单向阀用做闭锁以防止液压缸下滑，阀的控制活塞面积 A_K 是阀芯承压面积 A 的 3 倍。若摩擦力、弹簧力均忽略不计，试计算需要多大的控制压力才能开启液控单向阀？开启前液压缸中最高压力为多少？

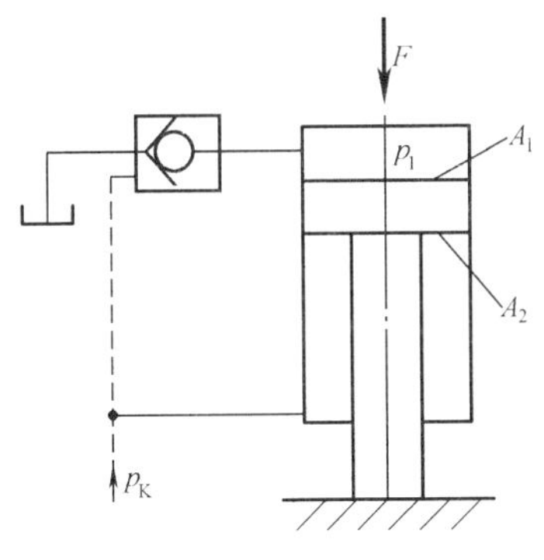

图 4-45　题 4-2 图

4-3　如图 4-46 所示油路中，溢流阀 A、B、C 的调定压力分别为 5.0、3.0、1.0MPa。在系统负载趋于无限大时，图 4-46（a）、（b）所示油路的液压泵供油压力各为多大？［提示：图 4-46（a）油路从远程调压角度考虑；图 4-46（b）油路从溢流阀的调定压力是溢流阀进、出口压力差值角度考虑］

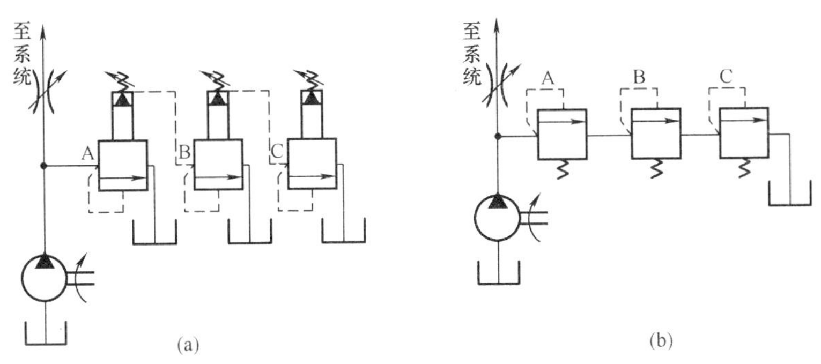

图 4-46　题 4-3 图

4－4　如图 4－47 所示两组阀，两减压阀的调定压力一大一小，并且所在支路有足够的负载，两阀组的出油口压力取决于哪个减压阀？为什么？（提示：从减压阀阀口状态考虑）

4－5　二位四通电磁换向阀用作二位三通或二位二通阀时应如何连接？

4－6　阀的铭牌不清楚时，若不用拆开，如何判断哪个是溢流阀，哪个是减压阀？

4－7　如图 4－48 所示油路中，已知活塞运动时的负载 $F=1.2\text{kN}$，活塞面积 $A=15\times10^{-4}\text{m}^2$，溢流阀调定值为 $p_p=4.5\text{MPa}$，两个减压阀的调定压力分别为 $p_{J1}=3.5\text{MPa}$ 和 $p_{J2}=2\text{MPa}$，若油液流过减压阀及管路时的损失可忽略不计，试确定活塞在运动时和停在终点端位时，A、B、C 三点的压力值。

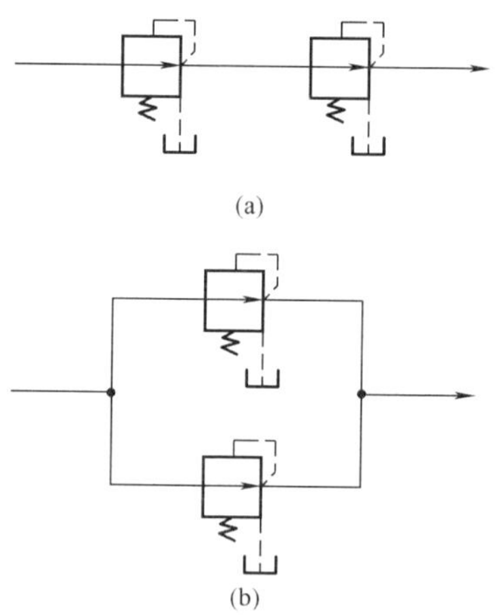

图 4－47　题 4－4 图

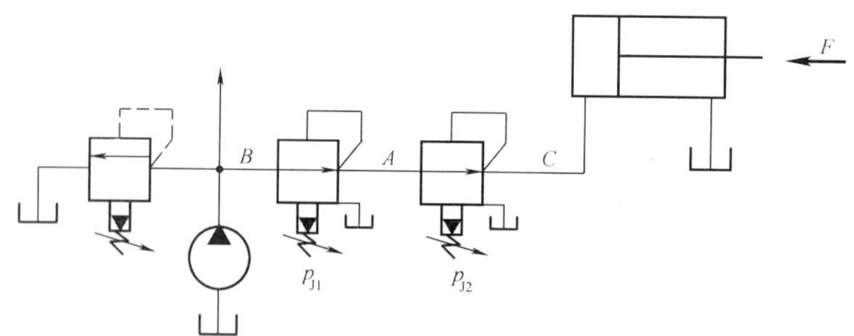

图 4－48　题 4－7 图

学习情境五 液压与气动系统的辅助元件

任务 液压辅助元件的认知

任务描述

在液压实验台上，完成以下任务：

（1）认识辅助元件的外形，并抄画图形符号。

（2）认清各液压辅件的进油口、出油口的标志。

任务分析

要完成本任务，需认真预习蓄能器、过滤器、加热器、冷却器、油箱等辅件的功能、类型、特点及使用、安装等常识。

相关知识

液压与气压传动系统辅助元件有蓄能器、过滤器、油箱、热交换器、压力表、油雾器、消声器、管件等。油箱通常需要自行设计，其余皆为标准件。液压与气压传动系统辅助元件和其他所介绍过的元件一样，都是系统中不可缺少的组成部分。它们对系统的性能、效率、温升、噪声、寿命等的影响很大，应给予以充分重视。

5.1 蓄能器

蓄能器是能量存储装置，它能够在适当的时候把系统多余的压力油储存起来，在需要时又释放出来供给系统，此外还能起到缓和液压冲击、吸收压力脉动等作用。

5.1.1 蓄能器的分类

蓄能器主要有重锤式、弹簧式和充气式三种，前两类应用较少，所以本节主要介绍充气式蓄能器。充气式蓄能器是利用密封气体的压缩膨胀来储存、释放能量的，主要有气瓶式、活塞式和皮囊式三种。

1. 气瓶式蓄能器

气瓶式蓄能器结构简单，气体和油液直接接触，其结构简图、图形符号和外形图如图5-1所示。这种蓄能器的特点是容量大，体积小，惯性小，反应灵敏，但由于气体易混入油液中，影响系统工作的平稳性，且耗气量大，需经常补气，因此只适用于中低压大流量的液压系统。

2. 活塞式蓄能器

活塞式蓄能器是一种隔离式蓄能器，气体和油液在蓄能器中由活塞隔开，因此气体不易混入油液中，其结构原理图、图形符号和外形图如图 5-2 所示。这种蓄能器结构简单、工作可靠、寿命长。但由于活塞惯性和摩擦力的影响，反应不灵敏，对缸壁和活塞之间的密封性能要求较高，容量较小，常用来储存能量，或供中、高压系统吸收压力脉动之用。

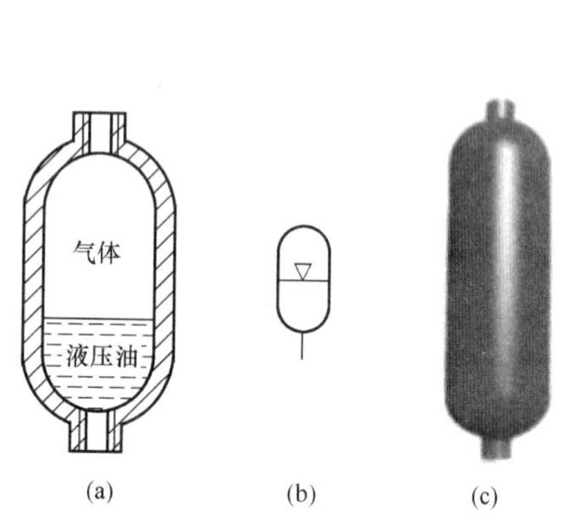

图 5-1 气瓶式蓄能器

(a) 结构原理图；(b) 图形符号；(c) 外形图

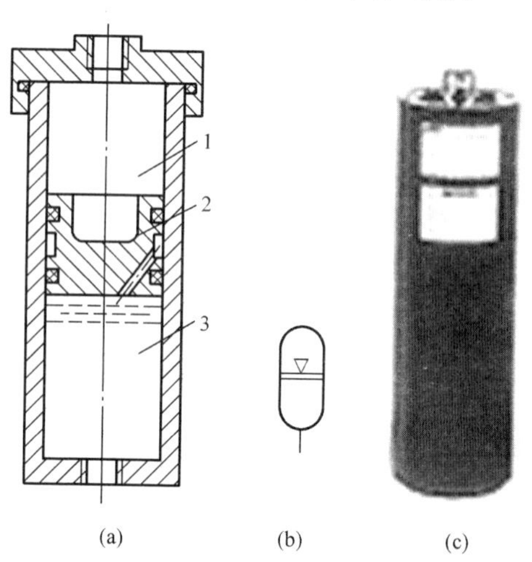

图 5-2 活塞式蓄能器

(a) 结构原理图；(b) 图形符号；(c) 外形图

1—气体；2—活塞；3—液压油

3. 皮囊式蓄能器

皮囊式蓄能器也是一种隔离式蓄能器，其结构原理、图形符号和外形图如图 5-3 所示。

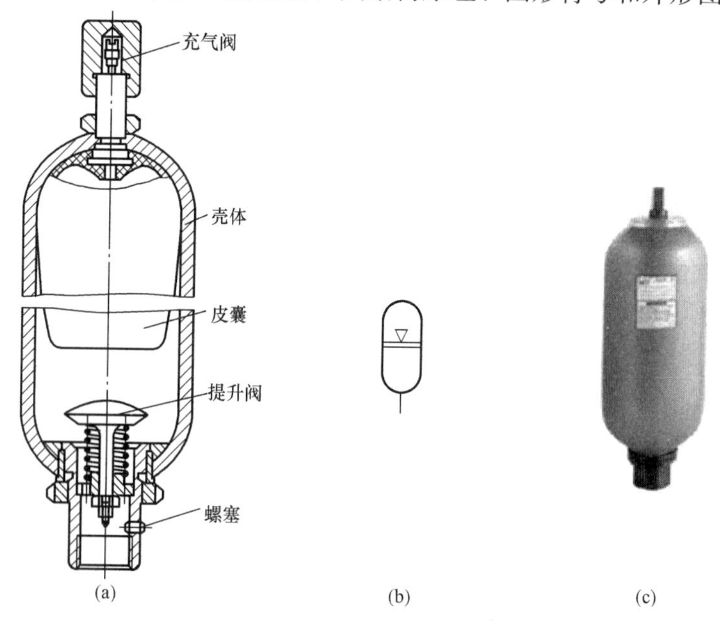

图 5-3 皮囊式蓄能器

(a) 结构原理图；(b) 图形符号；(c) 外形图

气体和油液由皮囊隔开，提升阀由带弹簧的菌状进油阀构成，使油液既能进入蓄能器又可防止皮囊自油口被挤出。充气阀只在蓄能器工作前皮囊充气时打开，蓄能器工作时则关闭。这种蓄能器是目前应用最为广泛的蓄能器，其结构尺寸小、重量轻、皮囊惯性小、反应灵敏、安装容易，但其容量不大，皮囊和壳体制造要求较高。

5.1.2　蓄能器的作用

蓄能器在液压系统中常用于以下几种情况：

（1）短期大量供油。在间歇工作或实现周期性动作循环的液压系统中，蓄能器可以把液压泵输出的多余压力油储存起来。当系统在短时间内需要大流量时，可以由蓄能器释放出来，这样可以减少液压泵的额定流量，从而减小电机的功率消耗，降低液压系统温升。

（2）系统保压。若液压缸需要较长时间保持压力而无动作（如机床夹具夹紧工件），这时可使液压泵卸荷，用蓄能器提供压力油来补偿系统中的泄漏并保持一定的压力，以节约能源和降低温升。

（3）应急动力源。当液压泵发生故障或停电时，可用蓄能器作应急动力源释放压力油，避免可能引起的事故。

（4）吸收压力脉动和液压冲击。蓄能器可用于吸收由于液流速度和方向急剧变化所产生的液压冲击，使其压力幅值大幅减小，以避免造成元件损坏。在液压泵出口处安装蓄能器，可吸收液压泵的脉动压力。

5.1.3　蓄能器的安装和使用注意事项

蓄能器在液压回路中的安放位置随其功用的不同而有所不同：吸收液压冲击或压力脉动时，宜放在冲击源或脉动源附近；补油保压时，应放在尽可能接近有关的执行元件处。

使用蓄能器应注意以下几点：

（1）充气式蓄能器中应使用惰性气体（一般为氮气），允许工作压力视蓄能器的结构形式而定。

（2）不同的蓄能器各有其适用的工作范围。例如，皮囊式蓄能器的皮囊强度不高，不能承受很大的压力波动，且只能在−20～70℃的温度范围内工作。

（3）蓄能器应将油口向下垂直安装，只有在空间位置受限制时才允许倾斜或水平安装。

（4）装在管路上的蓄能器须用支板或支架固定。

（5）蓄能器与管路系统之间应安装截止阀，供充气、检修时使用。蓄能器与液压泵之间应安装单向阀，防止液压泵停车时蓄能器内储存的压力油液倒流。

5.2　过滤器

油液中含有杂质会引起液压元件相对运动表面的磨损、划伤，使阀芯卡死，节流口及各阻尼小孔堵塞，造成执行元件动作失灵。统计资料表明，液压系统中的故障约有75%是由于油液污染造成的。因此，在适当的部位安装过滤器滤除油液中的固体杂质，可以延长液压元件使用寿命，保证液压系统工作的可靠性。

5.2.1　过滤器的类型及特性

按过滤精度的不同，过滤器可分为粗过滤器（滤除杂质直径 $d \geqslant 100\mu m$）、普通过滤器（滤除杂质直径 $d=10 \sim 100\mu m$）、精过滤器（滤除杂质直径 $d=5 \sim 10\mu m$）和特精过滤器

（滤除杂质直径 $d=1\sim5\mu m$）四种。

按滤芯材料的不同，过滤器可分为网式、线隙式、纸芯式、烧结式、磁性过滤器等。

（1）网式过滤器。网式过滤器是在金属骨架上包一层铜丝网构成，其结构如图 5-4 所示。它的过滤精度与金属丝网层数及网孔大小有关。网式过滤器一般装在液压系统的吸油管处，作用是保护液压泵，以避免吸入较大颗粒的杂质。这种过滤器结构简单、通流能力大、清洗方便，但过滤精度低。在使用网式过滤器时，网的底面不宜与油管的吸油口靠得太近，以免影响吸油的畅通。

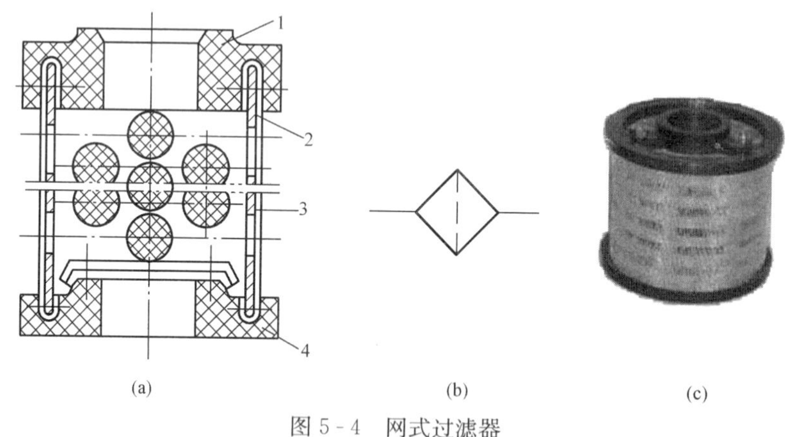

图 5-4　网式过滤器

（a）结构原理图；（b）图形符号；（c）外形图

1—上盖；2—骨架；3—铜丝网；4—下盖

（2）线隙式过滤器。线隙式过滤器是用铜丝或铝线绕于圆筒形骨架上组成，靠金属丝间的缝隙过滤杂质，其结构如图 5-5 所示。线隙式过滤器一般用于低压管路或辅助油路中，当用在液压泵吸油管路上时，它的流量应选得比泵大些。这种过滤器结构简单、通流能力大、过滤精度适中，但滤芯材料强度低，不易清洗。

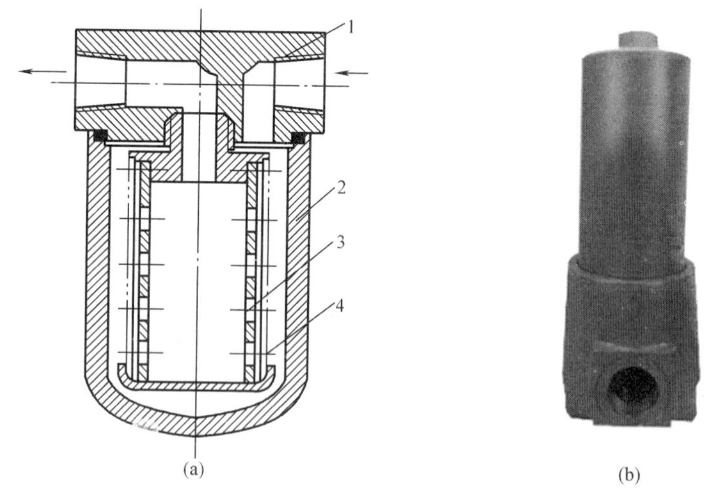

图 5-5　线隙式过滤器

（a）结构原理图；（b）外形图

1—端盖；2—壳体；3—芯架；4—金属丝

（3）纸芯式过滤器。纸芯式过滤器是目前应用最为广泛的一种过滤器，结构与线隙式过滤器基本相同，只是滤芯采用了纸芯，为了增大过滤面积，纸芯常制成折叠形，如图 5-6 所示。纸芯式过滤器性能可靠、过滤精度高，但堵塞后无法清洗，需常换纸芯，一般用于油液的精过滤。

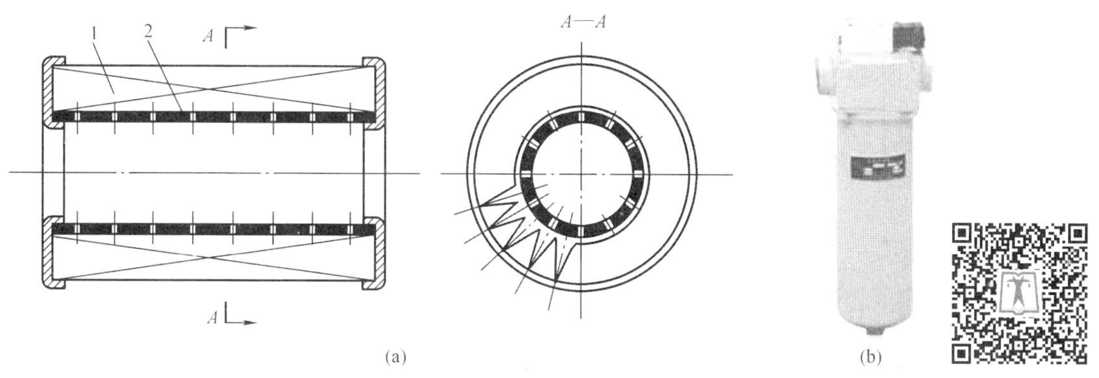

图 5-6　纸芯过滤器

（a）纸芯结构原理图；（b）外形图

1—纸芯；2—芯架

（4）烧结式过滤器。烧结式过滤器的滤芯是由颗粒状青铜粉压制烧结而成的，利用铜颗粒之间的微孔过滤杂质，其结构如图 5-7 所示。不同颗粒的粉末能得到不同的过滤精度。烧结式过滤器强度高，能在高温下工作，有良好的抗腐蚀性，性能较稳定，制造简单，但使用中颗粒易脱落，堵塞后极难清洗，适用于油液的精过滤。

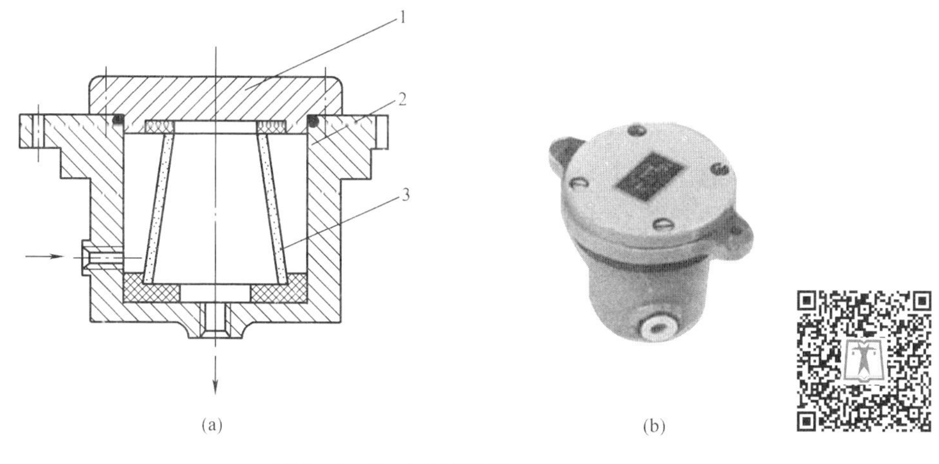

图 5-7　烧结式过滤器

（a）结构原理图；（b）外形图

1—端盖；2—壳体；3—滤芯

（5）磁性过滤器。滤芯由永久磁铁制成，能吸附油液中的铁屑、铁粉和带磁性的磨料，特别适用于加工钢铁件的机床液压系统。常与其他形式滤芯合起来制成复合式过滤器，如图 5-8 所示。

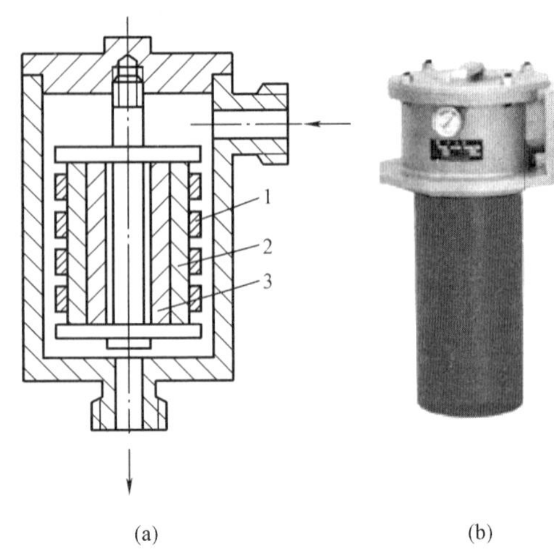

图 5-8 磁性过滤器

(a) 结构原理图；(b) 外形图

1—铁环；2—罩子；3—永久磁铁

5.2.2 过滤器的选择和安装

1. 过滤器的选择

选用过滤器时，要考虑下列几点：

(1) 要有足够的通流能力，压力损失要小。

(2) 过滤精度应满足液压系统的使用要求。

(3) 滤芯具有足够的强度，应能承受液压系统的工作压力。液压系统的工作压力各有不同，应根据工作压力选取相应的过滤器。

(4) 滤芯抗腐蚀性能好，在一定的温度下，有足够的耐久性。

(5) 滤芯应易于清洗和更换。

因此，过滤器应根据液压系统的技术要求，按过滤精度、通流能力、工作压力、油液黏度、工作温度等条件选定其型号。

2. 过滤器的安装

液压系统中，过滤器的作用与其在管路中的安装位置有关。

(1) 安装在液压泵的吸油口（如图 5-9所示过滤器 1）。一般安装网式或线隙式粗过滤器在液压泵的吸油管路上，并浸没在油箱液面以下，以使泵不致吸入较大颗粒的杂质。为了防止发生空穴现象，要求过滤器的通流能力大，压力损失小。

(2) 安装在液压泵的压油口（如图 5-9所示过滤器 2）。这种安装方式的过滤器主要用来滤除可能侵入阀类元件的杂质，一般采用精过滤器。过滤器应能承受油路上的工作压力和液压冲击，且必须使溢流阀安装在过滤器之前，以防止过滤器堵塞时液压泵过载。

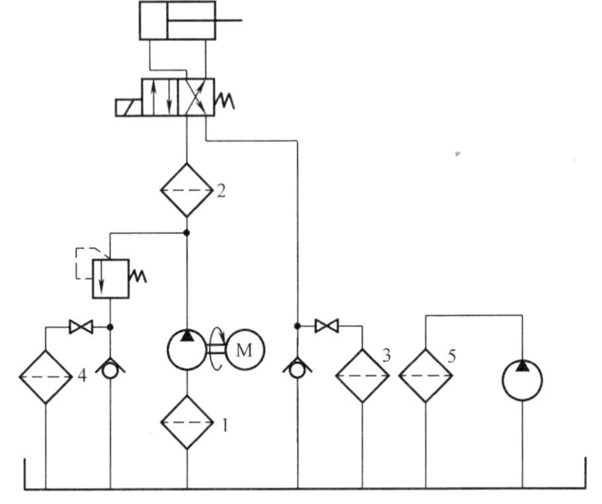

图 5-9 过滤器的安装位置

(3) 安装在系统的回油路上（如图 5-9 所示过滤器 3）。这种安装方式能使油液在流回油箱之前得到过滤，可采用精过滤器。为了防止因过滤器堵塞而造成背压过大，回油过滤器 3 常并联安装一单向阀，当过滤器堵塞达到一定压力值时，单向阀打开。

(4) 安装在系统的旁油路上（如图 5-9 所示过滤器 4）。将过滤器安装在溢流阀的回油管上，并与一单向阀并联，其作用也是使系统中的油液不断净化，使油液的污染程度得到控制。因其只通过泵的部分流量，故过滤器的通流能力较小。如果过滤器的通流能力与过滤器 2、3 相同，则其流速降低，过滤效果更好。

（5）安装在独立的过滤系统中（如图 5-9 所示过滤器 5）。这种安装方式是由一个专用液压泵和过滤器单独组成一个独立于液压系统之外的过滤回路。过滤系统连续运转，可以滤除油箱中油液的杂质，适用于大型机械设备的液压系统。

液压系统中除了整个系统所需的过滤器外，还常常在一些重要元件（如伺服阀、精密节流阀等）的前面单独安装一个专用的精过滤器来确保它们的正常工作。

安装过滤器时，应注意过滤器只能单方向使用，以利滤芯清洗。

5.3　油箱及热交换器

5.3.1　油箱

1. 油箱的作用及分类

油箱用于储油、散热、杂质沉淀和分离出油中空气的作用，同时可以补偿泄漏而起到保压作用。油箱中安装有很多辅件，如冷却器、加热器、空气过滤器及液位计等。

油箱可分为开式和闭式两种，开式油箱中液面与大气相通，在油箱盖上装有空气过滤器；闭式油箱的液面与大气隔绝。液压系统多采用开式油箱，开式油箱又分为整体式和分离式两种。在液压系统中利用主机底座作油箱，即为整体式；采用单独油箱，即为分离式。整体式油箱结构紧凑，容易回收机床漏油，但较难维护，散热性差，油温升高时容易致使临近构件产生热变形。精密机床多采用分离式油箱，这样可以减小油温变化和液压泵振动对机床工作性能的影响。

2. 油箱的设计要点

油箱有效容积（液面高度为油箱高度 80%时的容积）的计算通常采用经验估算法确定：

$$V = Kq_n \tag{5-1}$$

式中　V——油箱的有效容积，L；

K——经验系数；

q_n——液压泵的额定流量，L/min。

低压系统 $K=2\sim4$，中压系统 $K=5\sim7$，高压系统 $K=10\sim12$。

必要时需进行热平衡计算，以确定油箱容积。图 5-10 所示为油箱结构图，设计中应主要考虑以下几个方面：

（1）应考虑清洗、换油方便。油箱顶部或侧面要有注油口 1，底面应有倾斜度，放油口 8 开在最低处，平时用螺塞或放油阀堵住。大容量的油箱一般在左侧壁设置清洗窗，其位置应便于吸油过滤器 9 的装拆。清洗窗口平时用端盖 11 密封，清洗时再取下。

（2）回油管 2 和吸油管 4 应尽量相距远些，之间应设置隔板 7，以减小液流的速度，使油液有充分的时间使气泡逸出，令污物沉淀并帮助油液冷却。隔板高度为液面高度的 2/3～3/4。

（3）吸油管入口处应装粗过滤器 9。在最低液面时，过滤器和回油管端均应没入油中，以免液压泵吸入空气或回油混入气泡。回油管端应切成 45°切口，并面向箱壁。管端与箱底、箱壁间距离不宜小于管径的 3 倍。当泄油管 3 单独接入油箱时，阀的泄油管口应在液面之上，以免产生背压；泵和马达的泄油管应引入液面之下，以免吸入空气。

（4）油箱一般用 2.5～4mm 的钢板焊成，尺寸高大的油箱上要加焊角板、筋条，以增加刚性。当油箱上固定电动机、液压泵和其他液压元件时，可直接固定在顶盖上，这时顶盖

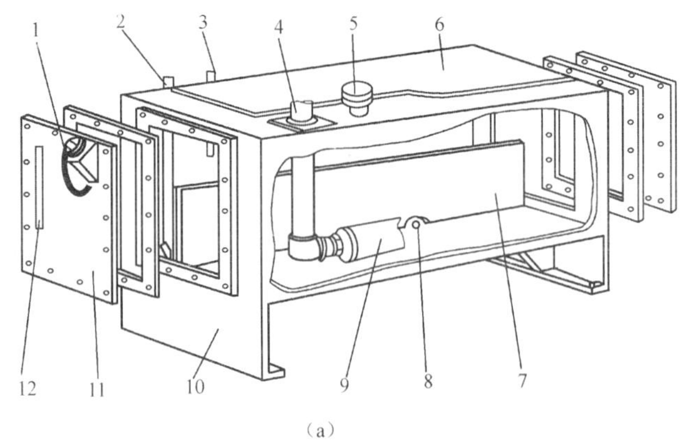

（a）

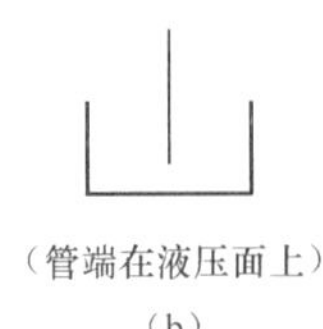

（管端在液压面上）

（b）

图 5-10　油箱

（a）结构原理图；（b）图形符号

1—注油口；2—回油管；3—泄油管；4—吸油管；5—空气过滤器；6—安装板；7—隔板；8—放油口；9—过滤器；10—箱体；11—端盖；12—液位计

应适当加厚，也可固定在安装板 6 上。安装板与顶盖之间应设置减振装置。油箱底脚高度应在 150mm 以上，以便散热、搬移和放油。此外，应在油箱的适当位置设置吊耳，以便吊运。

（5）油箱上的盖板及油管进出口处要加密封装置，注油口应安装滤网，通气孔上需安装空气过滤器 5，防止油箱内出现负压情况。

（6）油箱中应设置液位计 12。有的油箱还要求最低油位报警。

（7）油箱中如要安装热交换器，必须在结构上考虑其安装位置。为了便于测量油温，可在油箱上安装温度计。

（8）油箱内壁应涂上耐油防锈的涂料。

5.3.2　热交换器

液压系统的工作温度一般希望保持在 30～50℃范围内，最高不超过 65℃，最低不低于 15℃，油温过高或过低都会影响系统正常工作。为控制油液温度，油箱上常安装冷却器和加热器。

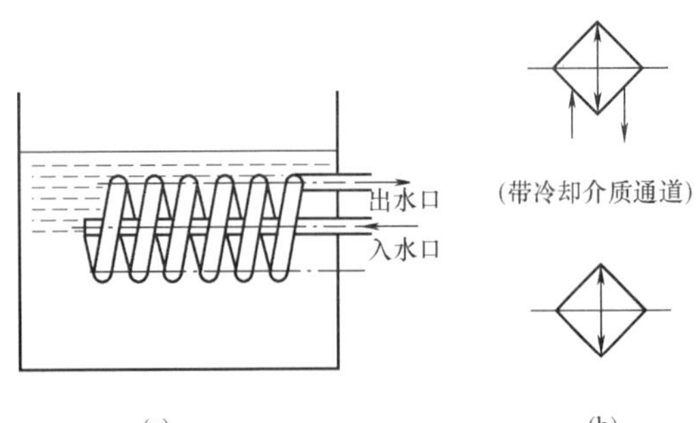

(a)　(b)

图 5-11　蛇形管冷却器

（a）结构原理图；（b）图形符号

1. 冷却器

最简单的液压系统冷却器是蛇形管冷却器（见图 5-11），它直接装在油箱内，冷却水从蛇形管内部通过，带走油液中热量。这种冷却器结构简单，但冷却效率低，耗水量大。

大功率液压系统中，一般采用强制对流式多管冷却器。如图 5-12 所示油液从进油口 5 流入，从出油口 3 流出；冷却水从进水口 7 流入，通过多根水管后由出水口 1 流出。油液在水管外部流动时，其行进路线因冷却器内设置了隔板而加长，因而增加了热交换效果。

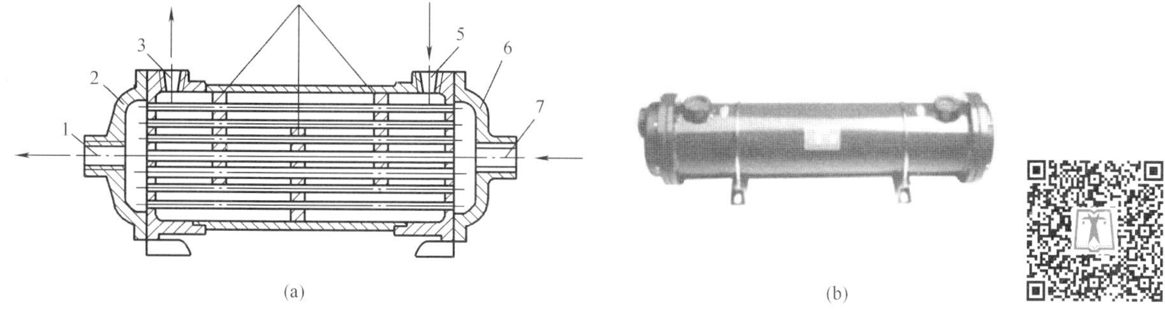

图 5-12　强制对流式多管冷却器

(a) 结构原理图；(b) 外形图

1—出水口；2、6—端盖；3—出油口；4—隔板；5—进油口；7—进水口

液压系统也可以用汽车上的风冷式散热器进行冷却。这种用风扇鼓风带走流入散热器内油液热量的装置不需另设通水管路，结构简单、价格低廉，但冷却效果较水冷式差。

冷却器一般应安放在回油管或低压管路上。例如，溢流阀的出口，系统的主回油路上或单独的冷却系统。

2. 加热器

液压系统中油温过低时可使用加热器，一般常采用结构简单并能按需要自动调节最高最低温度的电加热器。电加热器的安装方式如图 5-13 (a) 所示。电加热器水平安装，发热部分应全部浸入油中，安装位置应使油箱内的油液有良好的自然对流，单个加热器的功率不能太大，以防止周围油液过度受热而变质。

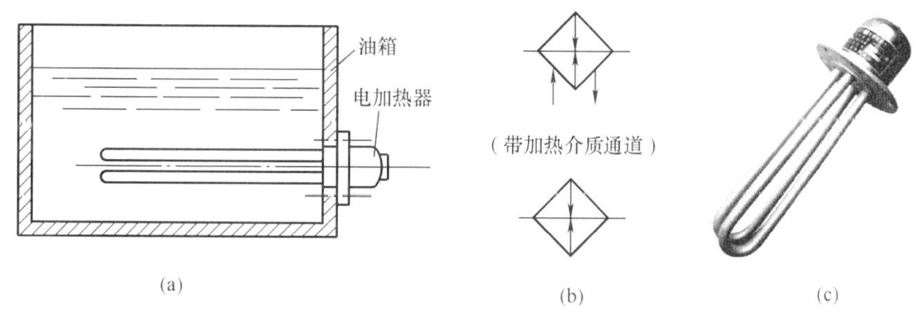

图 5-13　加热器

(a) 安装示意图；(b) 图形符号；(c) 外形图

5.4　油管与管接头

油管的作用是输送液压系统的工作介质，保证系统工作油液的循环和能量传递。管接头的作用是将油管与油管、油管与阀件连接起来。部分油管与管接头外形如图 5-14 所示。

5.4.1　油管

液压系统中常用的油管有钢管、紫铜管、橡胶软管、尼龙管、塑料管等，需根据安装位置、工作压力和工作环境来选用。

钢管能承受高压，油液不易氧化，加工低廉，刚性好，在压力较高的管道中优先采用；但安装时不易弯曲，多用在便于拆卸之处。常采用无缝钢管，当工作压力小于 1.6MPa 时，也可用焊接钢管。

紫铜管在安装时可根据需要弯曲成任意形状，可承受的压力为 6.5～10MPa，在中低压机床系统中应用较多，且常配以扩口管接头；但铜材较贵，抗振能力差，又易使油液氧化。

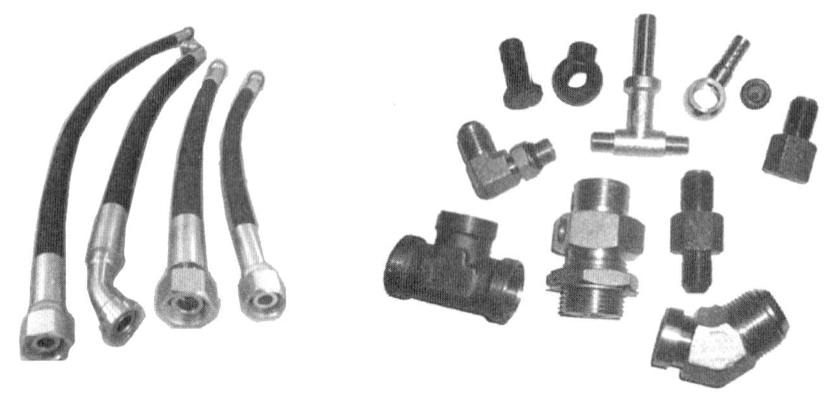

图 5-14 油管与管接头

橡胶软管多用于两个相对运动部件之间的连接，分高压和低压两种。高压软管由耐油橡胶夹钢丝编织网制成，最高承受压力可达 40MPa；低压软管由耐油橡胶夹麻线或棉线制成，承受压力在 10MPa 以下，常用于回油管路。橡胶软管安装方便，还能吸收部分液压冲击，但价格高、寿命短。

尼龙管在中、低压系统或回油管路中使用，承受压力可达 2.5～8MPa，其可塑性大，加热后可任意弯曲成形和扩口，冷却后即定形，使用较方便，价格也便宜，但寿命较低。

塑料管价格低廉，装配方便，但长期使用会老化，一般只用于压力低于 0.5MPa 的回油管或泄油管。

5.4.2 管接头

管接头是可方便拆装的连接件，它必须具有装拆方便、连接牢固、密封可靠、外形尺寸小、通流能力大、压力损失小、工艺性好等特点。常用的管接头有以下几种：

（1）焊接管接头。焊接管接头如图 5-15（a）所示，其制造工艺简单，利用球面密封，工作可靠，但焊接工艺必须保证质量，采用厚壁钢管，拆装不便。这种连接方式适用于中低压系统，是应用较为广泛的一种形式。

（2）卡套式管接头。卡套式管接头如图 5-15（b）所示，拧紧接头螺母，卡套发生弹性变形而将油管夹紧。这种管接头拆装方便，但制造工艺要求较高，油管要用冷拔无缝钢管，适用于高压系统。

（3）扩口式管接头。扩口式管接头如图 5-15（c）所示，用油管管端的扩口在管套的压紧下进行密封，适用于铜管、薄壁钢管、尼龙管、塑料管等低压管路的连接，在工作压力不高的机床液压系统中应用较为普遍。

（4）扣压式管接头。扣压式管接头如图 5-15（d）所示，这种连接方式适用于软管与金属管、软管与软管的连接，应用于中低压系统中。

(5) 固定铰接管接头。固定铰接管接头如图 5-15 (e) 所示，它是直角接头，优点是可随意调整布管方向，安装方便，占用空间小。接头与管子的连接方法，可以为焊接式，也可以为卡套式，如图 5-15 (e) 所示。

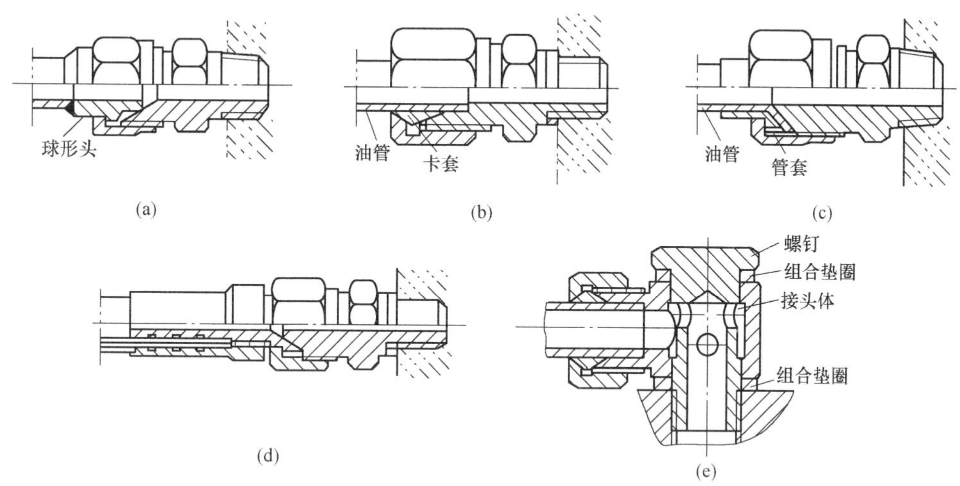

图 5-15　管接头

(a) 焊接管接头；(b) 卡套式管接头；(c) 扩口式管接头；(d) 扣压式管接头；(e) 固定铰接管接头

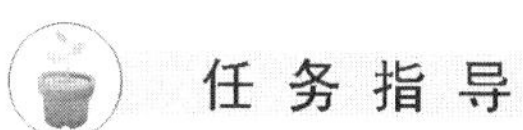

任 务 指 导

5.5　液压辅助元件的认知实训

5.5.1　实训器材

QCS003B、QCS002 液压实验台。

5.5.2　实训步骤

在液压实验台上学习、认识各种液压辅件的外形、安装方式、进出油口、使用及维护的注意事项等。

气 动 知 识

5.6　气压辅件

5.6.1　油雾器

气动系统中的各种阀、气缸、气马达等，其可动部分都需要润滑，但以压缩空气为动力的气动元件都是密封气室，不能用一般方法注油，只能以某种方法将油混入气流中，带到需要润滑的地方。油雾器就是这样一种特殊的注油装置。它将润滑油雾化后注入空气流中，随空气进入需要润滑的部件。用这种方法注油，具有润滑均匀、稳定、耗油量少，且不需要大的储油设备等特点。

油雾器一般安装在减压阀之后，尽量靠近换向阀，与阀的距离一般不应超过 5m，应注意管径的大小和管道的弯曲程度。尽量避免将油雾器安装在换向阀与气缸之间，以免浪费润滑油。安装油雾器时注意进、出口不能接错；垂直设置，不可倒置或倾斜；保持正常油面，不应过高或过低。油雾器可以单独使用，也可以与空气过滤器、减压阀一起构成气动三联件联合使用（见图 5-16）。油雾器的给油量应根据需要调节，一般 10m^3 的自由空气供给 1mL 的油量。在实际应用中，应根据油的种类或供油条件不同，按实际情况进行修正。

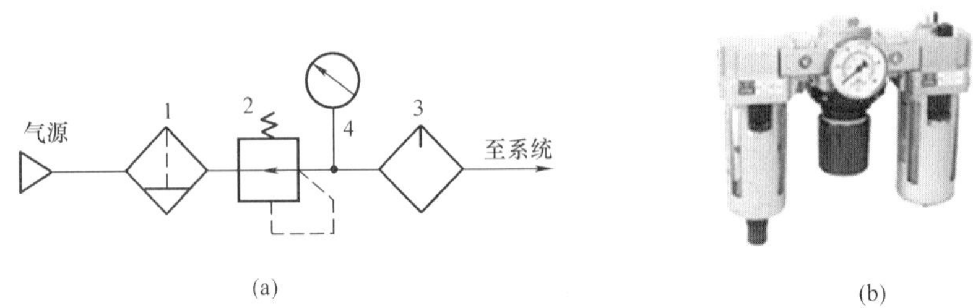

图 5-16　气动三联件

（a）图形符号；（b）外形图

1—空气过滤器；2—减压阀；3—油雾器；4—压力表

5.6.2　消声器

气压传动系统一般不设排气管道，使用后的压缩空气直接排入大气。因气体的急速膨胀、形成涡流等现象，将产生强烈的噪声。排气速度和排气功率越大，噪声也越高。消声器就是通过阻尼或增加排气面积来降低排气速度和功率，从而降低噪声的。

气动元件使用的消声器一般有三种类型：吸收型消声器、膨胀干涉型消声器和膨胀干涉吸收型消声器，常用的是吸收型消声器。图 5-17 所示为吸收型消声器的结构原理和外形图，这种消声器主要依靠吸声材料消声。消声罩 2 为多孔的吸声材料，一般用聚苯乙烯或铜珠烧结而成。当消声器的通径小于 20mm 时，多用聚苯乙烯作消声材料制成消声罩；当消声器的通径大于 20mm 时，消声罩多用铜珠烧结，以增加强度。其消声原理如下：当有压气体通过消声罩时，气流受到阻力，声能量被部分吸收而转化为热能，从而降低了噪声强度。

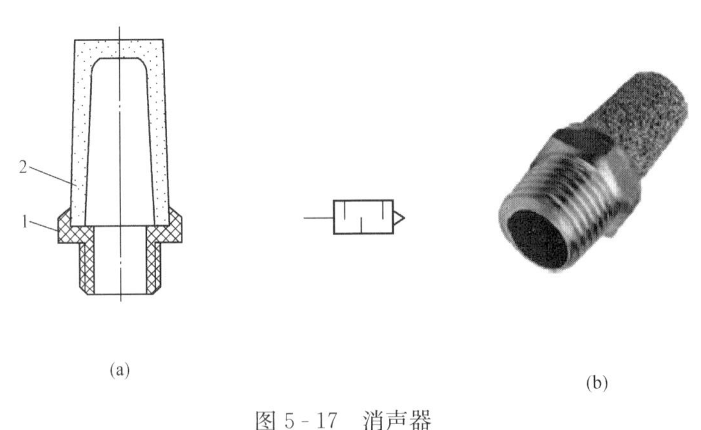

图 5-17　消声器

（a）结构原理图；（b）外形图

1—连接螺栓；2—消声罩

吸收型消声器结构简单，具有良好的消除高中频噪声的性能。在主要是中低频噪声的场合，应使用膨胀干涉型消声器。

在气动元件上使用的消声器，可按气动元件排气口的通径选择相应的型号，但需注意消声器的排气阻力不宜过大，应以不影响控制阀的切换速度为宜。

5.6.3　转换器

转换器是将电、液、气信号相互转换的辅助元件，用于控制气动系统的工作。常用的有气电转换器、电气转换器和气液转换器，如图 5-18 所示。

气电转换器是将气信号转换成电信号的装置，即利用输入气压信号的变化引起可动部件（如膜片、顶杆等）的位移来接通或断开电路，以输出电信号。在选择气电转换器时要注意，信号工作压力大小、电源种类、额定电压和额定电流大小，安装时不应倾斜或倒置，以免发生误动作，控制失灵。

电气转换器是将电信号转换成气压信号的装置，与气电转换器的作用正好相反。

气液转换器是将气压信号转换成液压信号的装置。常用的有两种：一种是气液直接接触或通过活塞、隔膜作用在液面上，推压液体以相同的压力输出；另一种是换向阀式，气液不接触，以较低压力的气压信号可获得较高压力的液压信号，但需外配液压油源，应用不方便。气液转换器选择时应考虑液压执行元件的用油量，一般应是液压执行元件用油量的 5 倍。转换器内装油不能太满，液面与缓冲装置间应保持 20～50mm 以上的距离。

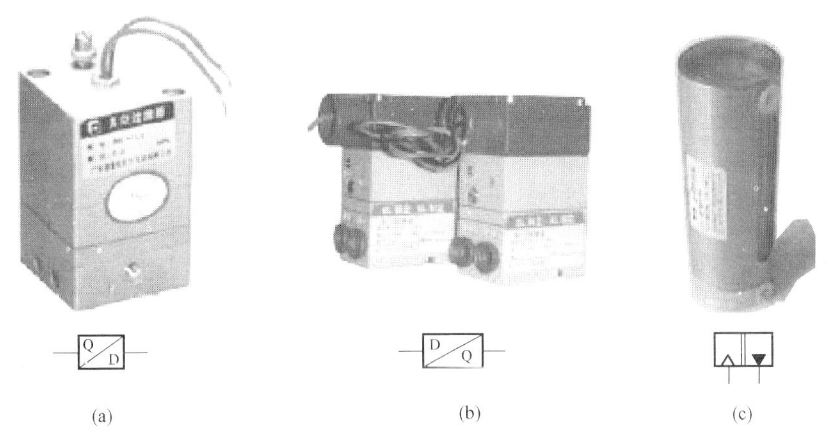

(a)　(b)　(c)

图 5-18　转换器

（a）气电转换器；（b）电气转换器；（c）气液转换器

练习与提高

5-1　蓄能器有哪些功用？安装和使用蓄能器应注意哪些事项？

5-2　油箱的功用是什么？

5-3　常用的过滤器有几种类型？各有什么特点？一般应安装在什么位置？

5-4　比较各种管接头的结构特点，它们各适用于什么场合？

5-5　什么是气动三联件？每个元件起什么作用？安装顺序如何？如果不按顺序安装，会出现什么问题？

学习情境六　液压与气动系统的基本回路

随着现代工业技术的迅速发展，各类液压或气动设备的控制功能变得越来越复杂。但是，不管多么复杂，任何一个液压或气动系统都是由一个或几个基本回路组成的。所谓基本回路是指那些为了实现某种特定功能而把一些液压或气动元件、管道按一定方式组合起来的管路结构。因此，熟悉并掌握基本回路的组成结构、工作原理及性能特点，是分析、设计、维护、安装调试和使用液压系统的基础。

任务一　液压方向控制回路的认知

任务描述

要求学生自己选择液压元件，在 QCS014 可拆式液压实验台上用中位机能为 O 型的电磁换向阀组建换向回路，用电磁阀组建启停回路，用 H 型或 Y 型中位机能的电磁阀和两个液控单向阀组建液压锁紧回路。

任务分析

启停回路、换向回路和液压锁紧回路均属于方向控制回路。完成本任务，需要认真学习方向控制回路的基本知识，然后在实验指导老师的指导下，搭建回路，在老师检查合格后方可启动电源，进行实训。

相关知识

6.1　液压方向控制回路

方向控制回路是控制执行元件的启动、停止及换向的回路。这类控制回路在工程机械中常用的有启停回路、换向回路、锁紧回路等。

6.1.1　启停回路

在执行元件需要频繁地启动或停止的液压系统中，一般不采用启动或停止液压泵电动机的方法来实现执行元件的启、停，因为这对泵、电机和电网都是不利的。在液压系统中经常采用启停回路来实现这一要求。

图 6-1（a）所示液压系统是采用二位二通电磁阀的启停回路，该回路在切断油路时，泵输出的高压油从溢流阀流回油箱，功率损失较大。图 6-1（b）所示液压系统是采用二位三通电磁阀的启停回路，该回路在切断油路时，液压泵输出的油液经两位三通电磁阀卸荷，

功率损失较小。当然也可采用 O 型、Y 型、M 型的三位四通换向阀来实现执行元件的停止运动。在上述回路中，由于换向阀要通过全部流量，故一般只适用于小流量液压系统。

6.1.2　换向回路

各种操纵方式的换向阀都可组成换向回路，只是使用性能和应用场合不同。手动换向阀的换向精度和平稳性不高，常用于换向不频繁且无需自动化的场合，如一般机床夹具、工程机械等。对速度和惯性较大的液压系统，采用机动换向阀较为合理，只需使运动部件上的挡块有合适的迎角或轮廓曲线，即可减小液压冲击，并有较高的换向位置精度。电磁换向阀使用方便，易于实现自动化，但换向时间短，故换向冲击大，适用于小流量、平稳性要求不高的场合。流量比较大（超过 63L/min）、换向精度与平稳性要求较高的液压系统，常采用液动或电液动换向阀。换向有特殊要求处，如磨床液压系统，需采用特别设计的组合阀——液压操纵箱。

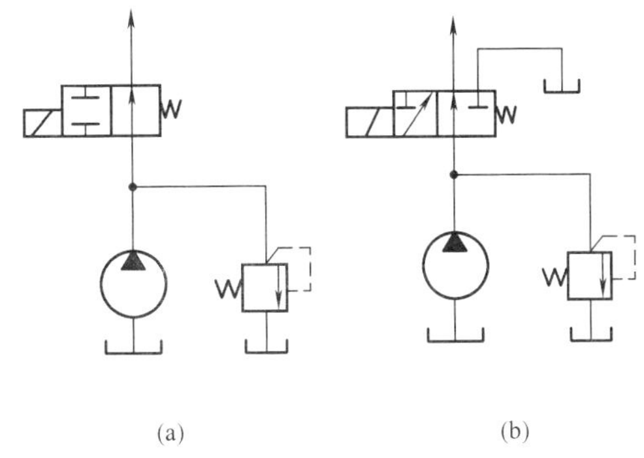

图 6-1　启停回路

（a）二位二通电磁阀启停回路；

（b）二位三通电磁阀启停回路

另外，在采用双向变量泵的容积调速回路中，可直接改变泵的液流方向，使执行元件换向。

6.1.3　锁紧回路

锁紧回路的作用是防止液压缸在停止运动时因外界影响而发生漂移或窜动。

采用 O 型或 M 型中位机能的三位换向阀构成锁紧回路，当阀芯处于中位时，液压缸的进、出油口都被封闭，可以将活塞锁紧，这种锁紧回路由于受到换向阀泄漏的影响，锁紧效果较差，只适用于短时间的锁紧或锁紧精度要求不高的场合。

图 6-2 所示为两个液控单向阀（液压锁）组成的锁紧回路。活塞可以在行程的任何位置停止并锁紧，其锁紧效果只受液压缸泄漏的影响，因此锁紧效果较好。采用液压锁的锁紧回路，换向阀的中位机能应采用 H 型或 Y 型，以便在中位时，液控单向阀的控制压力立即释放，使得单向阀立即关闭，活塞停止。

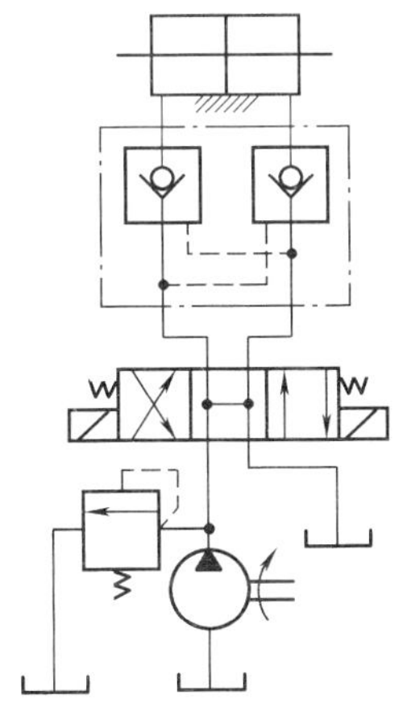

图 6-2　液压锁紧回路

任务指导

6.2 液压方向控制回路实训

6.2.1 QCS014 液压实验台简介

QCS014 液压教学实验平台，采用可拆装式液压元件，工作台框可布置 20 个元件，用快换接头和胶管连接油路。电气采用矩阵板顺序控制，每个顺序可同时输出十个电信号。该实验台能进行时间、压力、流量的测定，油液加热可以自动控制。在该实验台上，可以快速、灵活、方便地组建所需要的实验回路，并对系统的参数进行测试，还可根据需要不断补充新元件，扩大使用范围。

6.2.2 外形图及主要参数

1. 外形图

QCS014 液压实验台的外形如图 6-3 所示。

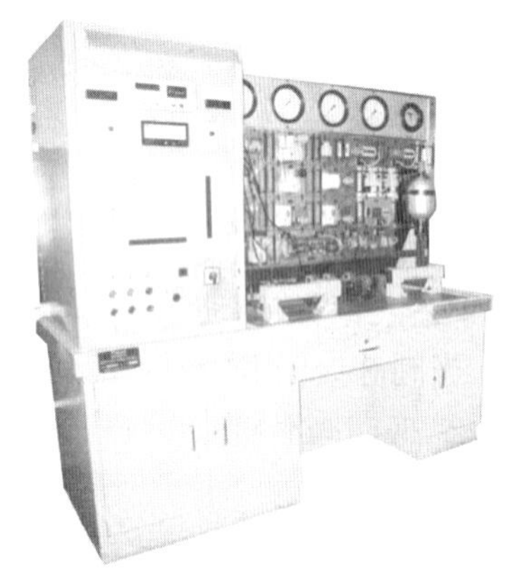

图 6-3 QCS014 拆装式液压实验台

2. 主要参数

外形尺寸 2100mm×700mm× 1850mm

变量泵 YBX-16 6.3MPa，16mL/r

定量泵 YB1-4 6.3MPa，4mL/r

电机 1.5kW

6.2.3 使用说明

(1) 使用前，操作人员必须详细阅读说明书，指导老师需向学生介绍实验台的结构，使用方法及注意事项。

(2) 学生实验的回路可以由指导老师指定或自行设计，实验回路必须事先画出原理图，然后按照原理图连接。

(3) 按照回路原理图逐一选择所需的元件，并安装到实验台面板的适当位置上，然后用快换接头和软管进行连接。

(4) 待指导老师检查确认连接可靠无误后，旋松回路中溢流阀手柄，启动电机，再旋紧回路中溢流阀的手柄，观察压力表指示的压力。

(5) 实验结束后，首先要旋松回路中溢流阀的手柄，然后关掉电机。

(6) 在确认回路中的压力降为零后，方可拆卸回路。

(7) 本实验平台可根据提供的元件任意组成实验系统。

6.2.4 方向控制回路实验

1. 三位四通电磁阀的换向与启停回路

(1) 实验目的。

1) 通过实验加深对换向回路和启停回路性能的理解。

2) 培养安装、连接和调试液压系统回路的实践能力。

(2) 实验原理图。

换向阀启停回路实验原理图如图 6-4 所示。

(3) 实验步骤。

1) 按实验回路图，取出液压元件，检查型号。

2) 将液压元件安装在实验台面板的合适位置，通过快换接头和液压软管按回路要求连接。

3) 在电气矩阵板和侧板上进行电气线路连接。

4) 安装完毕，旋松溢流阀，启动 YB1-4 泵，调节溢流阀压力为 2MPa。

5) 使 1YA 通电，液压缸活塞杆向右伸出；使 2YA 通电，液压缸活塞杆向左缩回。

6) 在液压缸运动过程中，给电磁铁断电，则液压缸活塞会在任意位置停止运动，实现启停动作。

7) 实验完毕后，首先要旋松回路中的溢流阀手柄，然后将电机关闭。当确认回路中的压力降为零后，方可将软管和元件取下放入规定的抽屉内，以备后用。

2. 液压锁紧回路

(1) 实验目的。

1) 加深认识液控单向阀的工作原理、基本结构、使用方法和在回路中的作用。

2) 学会利用液控单向阀的结构特点，设计液压双向锁紧回路。

3) 通过实验加深对锁紧回路性能的理解。

4) 培养安装、连接和调试液压系统回路的实践能力。

(2) 实验原理图。

液压锁紧回路实验原理图如图 6-5 所示。

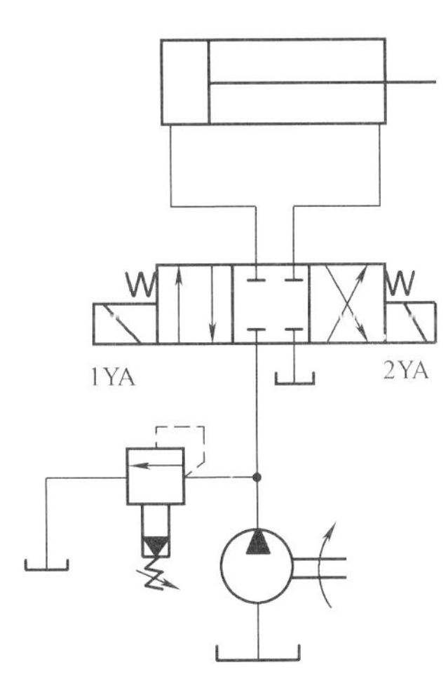

图 6-4　换向阀启停回路

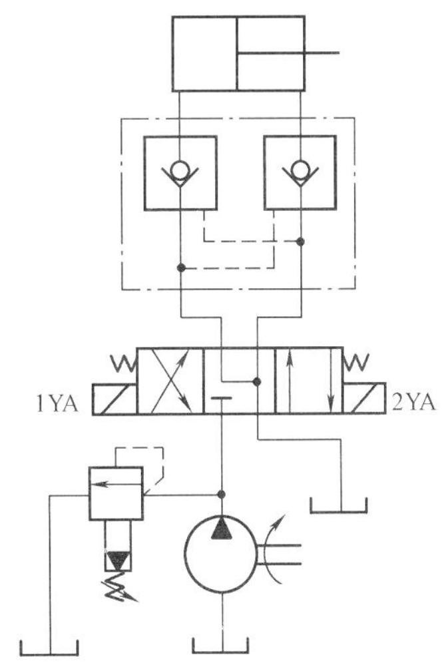

图 6-5　液压锁紧回路

(3) 实验步骤。

1) 按实验回路图，取出液压元件，检查型号。

2) 将液压元件安装在实验台面板的合适位置，通过快换接头和液压软管按回路要求连接。

3) 在电气矩阵板和侧板上进行电气线路连接。

4) 安装完毕后，旋松溢流阀，启动 YB1-4 泵，调节溢流阀压力为 2MPa。利用三位四通电磁换向阀的换向功能使活塞进行往复运动。

5) 在液压缸运动过程中，给电磁铁断电，液压缸停止运动，观察双向液压锁的锁紧性能。

6）观察并分析系统压力与液控单向阀控制口压力之间的关系。

7）实验完毕后，首先要旋松回路中的溢流阀手柄，然后将电机关闭。当确认回路中压力降为零后，方可将软管和元件取下放入规定的抽屉内，以备后用。

气 动 知 识

6.3 气压方向控制回路

气压方向控制回路是控制气缸活塞换向，从而实现活塞往复运动的回路。

6.3.1 控制活塞运动的换向回路

图 6-6 所示为单向控制信号控制活塞运动的换向回路。其中，图 6-6（a）所示为单向气压控制换向回路，图 6-6（b）所示为单向电磁铁控制换向回路，图 6-6（c）所示为单向手动控制换向回路。若给出控制信号，活塞杆会立刻伸出；控制信号一旦消失，不论活塞运动到何处，活塞杆立即缩回。实际应用中必须保证控制信号有足够的延时时间，所以这种回路的换向阀常常采用双向气压控制或双向电磁铁控制，如图 6-7 所示，只有加上相反的控制信号，换向阀才会切换。

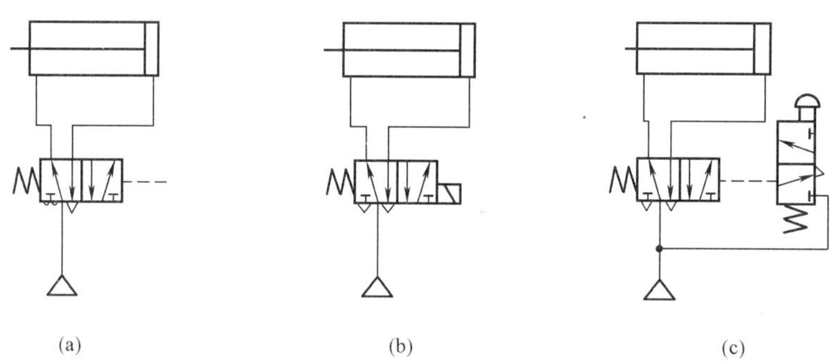

(a) (b) (c)

图 6-6 单向控制信号的换向回路

（a）单向气压控制换向回路；（b）单向电磁铁控制换向回路；

（c）单向手动控制换向回路

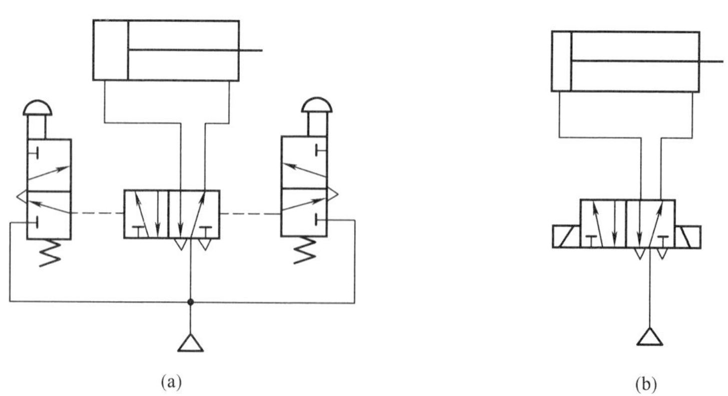

(a) (b)

图 6-7 双向控制信号的换向回路

6.3.2 控制活塞往复运动的回路

1. 单往复运动回路

图6-8所示为不同控制方式的单往复运动回路。图6-8（a）所示为行程阀控制的单往复回路，按下阀1的手动按钮，气控阀3在左位工作，活塞杆向右伸出。当活塞运动到位时，活塞杆上的挡块压下行程阀2，阀3切换到右位，活塞杆向左缩回。图6-8（b）所示为压力控制的单往复运动回路，按下阀1的手动按钮，气控阀3在左位工作，活塞杆向右伸出，同时气压还作用在顺序阀2上。当活塞运动到位时，无杆腔压力升高并打开顺序阀2，使阀3切换到右位，活塞杆向左缩回。图6-8（c）所示为利用延时回路形成的时间控制单往复运动回路，按下阀1的手动按钮，阀3在左位工作，活塞杆向右伸出，当行程阀2被压下后，延时一段时间后，阀3才能换向，使活塞杆向左缩回。在单往复运动回路中，每按一次按钮，活塞就往复运动一次。

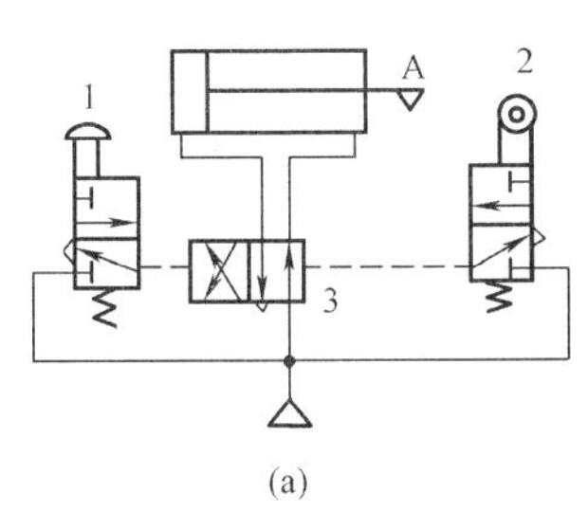

(a)

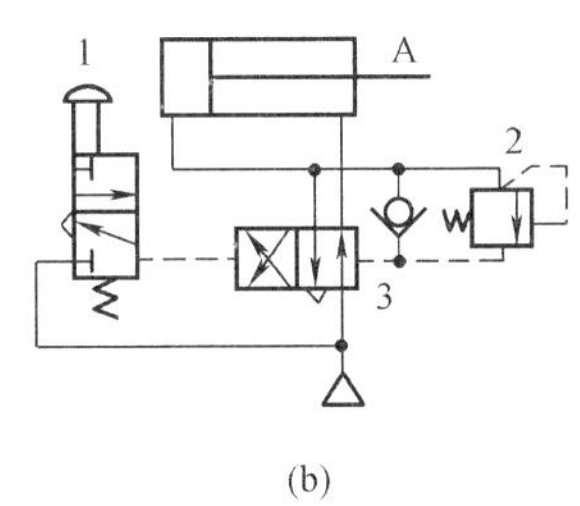

(b)

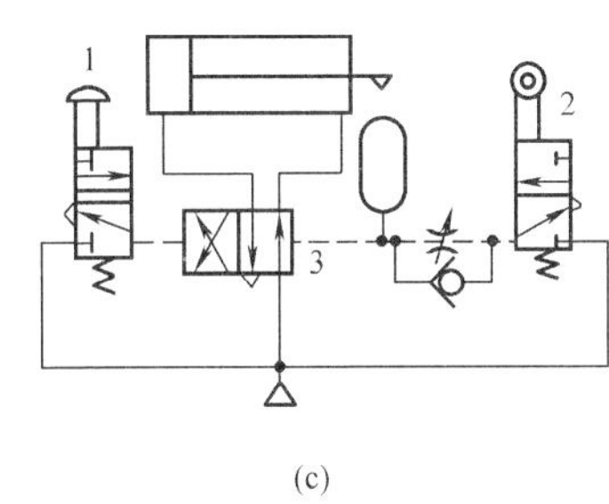

(c)

图6-8　单往复动作回路

（a）行程阀控制；（b）压力控制；（c）时间控制

2. 连续往复运动回路

图6-9所示为连续往复动作回路。两行程阀安装在活塞杆运动的左、右极限位置。按下阀1的手动按钮，阀4切换到左位，活塞杆向右伸出，这时行程阀3复位将控制气路封闭，使阀4不能复位，活塞杆继续伸出。当活塞杆运动至行程终点时，压下行程阀2，使阀4的控制气路排气，阀4复位至右位，活塞杆向左缩回到行程终点时，压下行程阀3，活塞杆再次伸出。该回路采用了具有定位装置的手动阀，只要按下按钮，活塞杆就会连续往复运动，只有提起阀1的按钮后，阀4复位，活塞杆返回并停止在图6-9所示的位置。

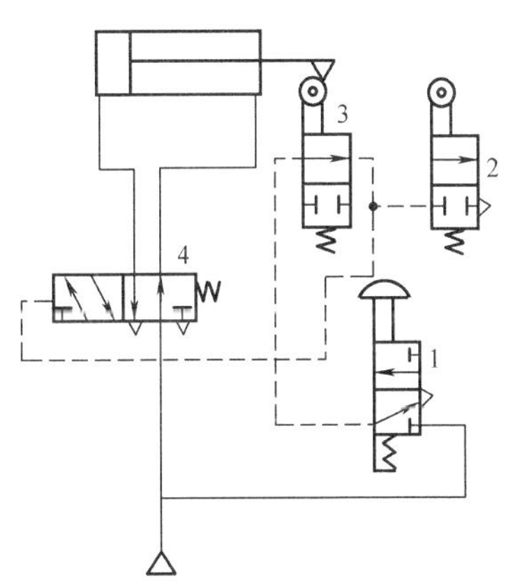

图6-9　连续往复动作回路

任务二　液压压力控制回路的认知

任务描述

要求学生自己选择液压元件，在QCS014可拆式液压实验台上组建三级调压回路、双向调压回路、二级减压回路、蓄能器的保压回路及单向顺序阀的平衡回路。

任务分析

调压回路、减压回路、保压回路及平衡回路都属于压力控制回路。完成本任务，需要认真学习压力控制回路的基本知识，然后在实验指导老师的指导下，搭建回路，在老师检查合格后方可启动电源，进行实训。

相关知识

6.4 液压压力控制回路

压力控制回路是用压力阀来控制和调节液压系统主油路或某一支路的压力，以满足执行元件对力或力矩的要求。因此，压力控制回路可以相应地分成调压回路、减压回路、增压回路、卸荷回路、平衡回路等。

6.4.1 调压回路

在定量泵系统中，液压泵的供油压力可通过溢流阀调节。在变量泵系统中，用安全阀来限制系统的最高压力，防止系统过载。

1. 单级调压回路

如图 6-10（a）所示定量泵系统，通过液压泵 1 和溢流阀 3 并联连接，即可组成单级调压回路。系统工作时，溢流阀将系统工作压力稳定在其调定压力附近，对液压系统进行调压和稳压控制，此时溢流阀常开，阀芯处于浮动状态。如果将液压泵改换为变量泵，如图6-10（b）所示，这种回路称为变量泵容积调速回路，因回路的调速是通过改变变量泵的排量来实现的，系统没有溢流，系统压力随负载变化而变化，溢流阀在此只起安全保护作用，称为安全阀。液压泵的工作压力低于安全阀的调定压力，这时安全阀不工作；当系统出现故障，液压泵的工作压力上升时，一旦压力达到安全阀的调定压力，安全阀将开启，并将液压泵的工作压力限制在安全阀的调定压力下，使液压系统不致因压力过载而受到破坏，从而保护了液压系统。

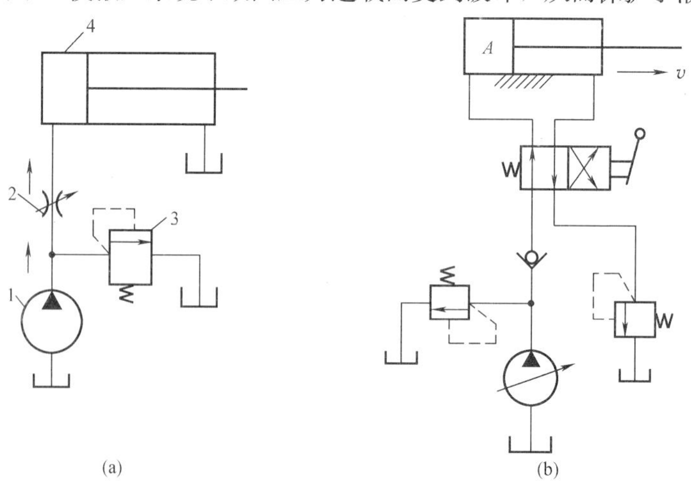

图 6-10 单级调压回路

（a）溢流阀调压回路；（b）安全阀限压回路

2. 双向调压回路

当执行元件正反向运动需要不同的供油压力时，可采用双向调压回路，如图 6－11 所示。如图 6－11（a）所示，当换向阀在左位工作时，活塞为工作行程，泵出口压力较高，由溢流阀 1 调定。当换向阀在右位工作时，活塞做空行程返回，泵出口压力较低，由溢流阀 2 调定。图 6－11（b）所示回路在图示位置时，阀 2 的出口被高压油封闭，即阀 1 的远程控制口被堵塞，故泵压由阀 1 调定为较高压力。当换向阀在右位工作时，液压缸左腔通油箱，压力为零，阀 2 相当于阀 1 的远程调压阀，泵的压力由阀 2 调定。

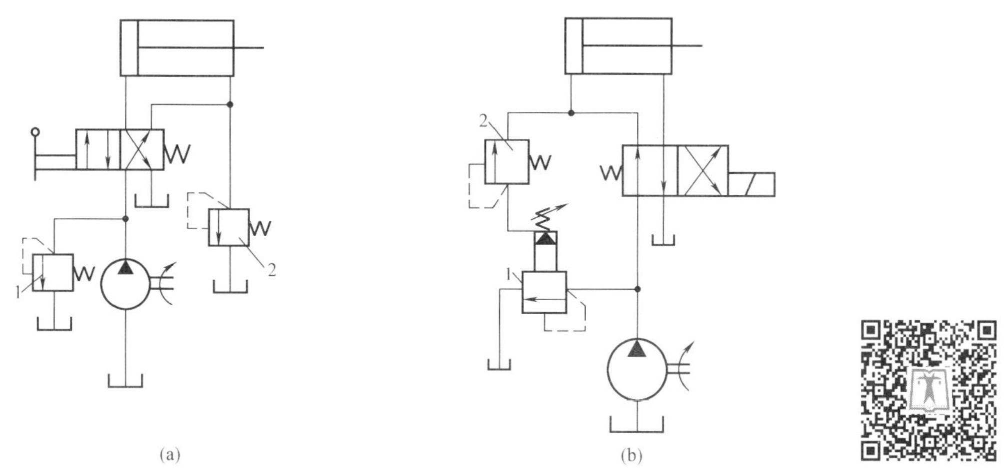

图 6－11　双向调压回路

3. 多级调压回路

注塑机、液压机在不同的工作阶段，液压系统需要不同的压力，多级调压回路就可实现这种要求。

图 6－12（a）所示为二级调压回路，图示状态，泵出口压力由溢流阀 3 调定为较高压力，电磁阀 2 通电后，则由远程调压阀 1 调定为较低压力。图 6－12（b）所示为三级调压回路，图示状态，泵出口由阀 1 调定为最高压力，当电磁换向阀的左、右电磁铁分别通电时，

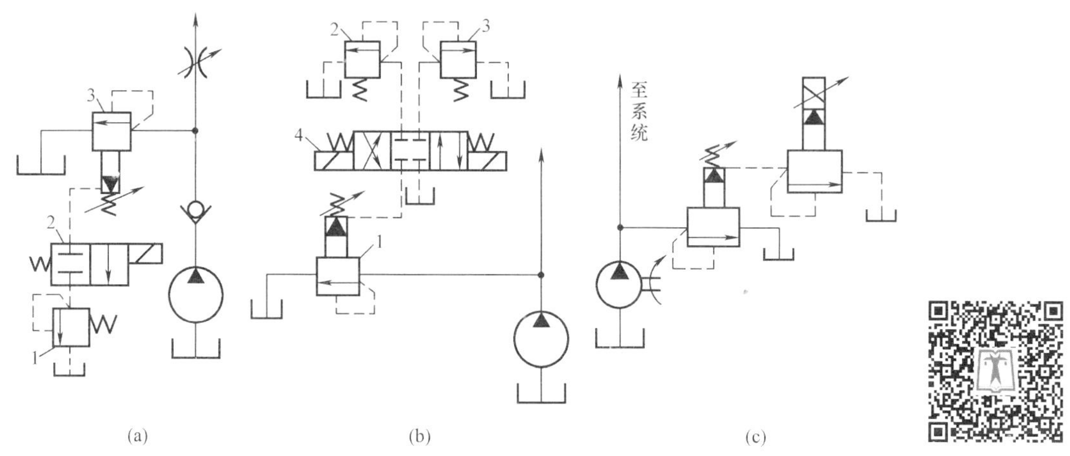

图 6－12　多级调压回路

（a）二级调压回路；（b）三级调压回路；（c）比例调压回路

泵压由远程调压阀 3 或 2 调定。在此回路中，远程调压阀的调整压力必须低于主溢流阀的调整压力，只有这样远程调压阀才能起作用。图 6-12（c）所示为采用比例溢流阀的调压回路。调节比例溢流阀的输入电流，就可以完成多级调压或无级调压。这种调压回路压力转换平稳，易于实现自动控制。

6.4.2 减压回路

在单泵液压系统中的定位、夹紧、控制等支路，工作中通常需要稳定的低压，因此，在该支路上需串联一个减压阀。

图 6-13（a）所示为用于工件夹紧的减压回路，夹紧工件时为了防止系统压力降低（如进给缸空载快进）油液倒流，并短时保压，通常在减压阀后串接一个单向阀。图示状态，低压由减压阀 1 调定；当二位二通阀通电后，阀 1 出口压力则由远程调压阀 2 调定，故此回路为二级减压回路。

减压回路也可以采用比例减压阀减压，如图 6-13（b）所示，根据输入信号的变化，来实现无级减压。

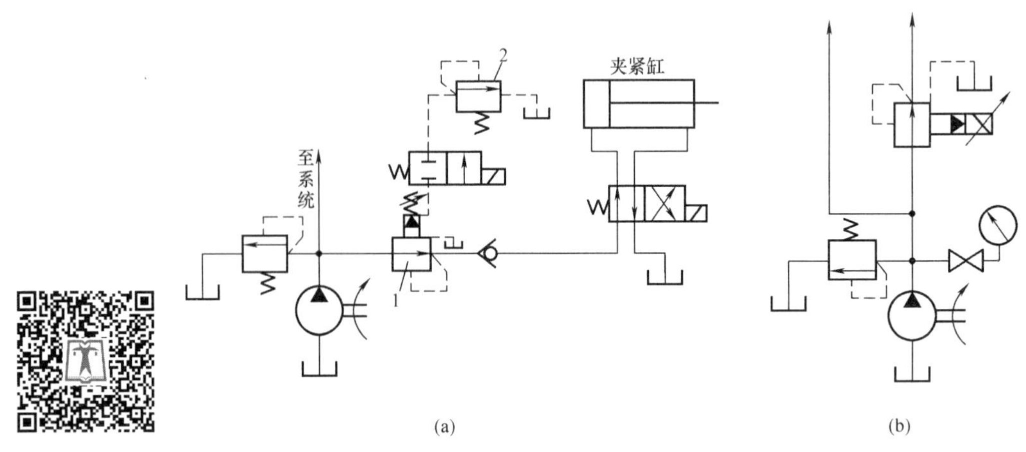

图 6-13 减压回路

（a）二级减压回路；（b）比例减压回路

6.4.3 卸荷回路

液压系统的执行元件短时间停止工作时，不宜频繁启停液压泵，而应使泵卸荷。采用卸荷回路可减少功率损耗，降低系统发热。常见的卸荷回路有以下几种：

1. 换向阀卸荷回路

M、H、K 型中位机能的三位换向阀处于中位时，泵即卸荷，如图 6-14（a）所示。图 6-14（b）所示为利用二位二通阀卸荷，选用的换向阀规格应与泵的额定流量相适应。以上两种卸荷回路方法简单，但换向阀切换时会产生液压冲击，仅适用于低压，且流量小于 40L/min 的回路。

图 6-14（c）所示为装有换向时间调节器的电液换向阀卸荷回路。这种回路适用于流量较大的系统，卸荷效果好。此时回油路上需安装背压阀，这样系统重启时，可以保持 0.3～0.5MPa 的启动压力。

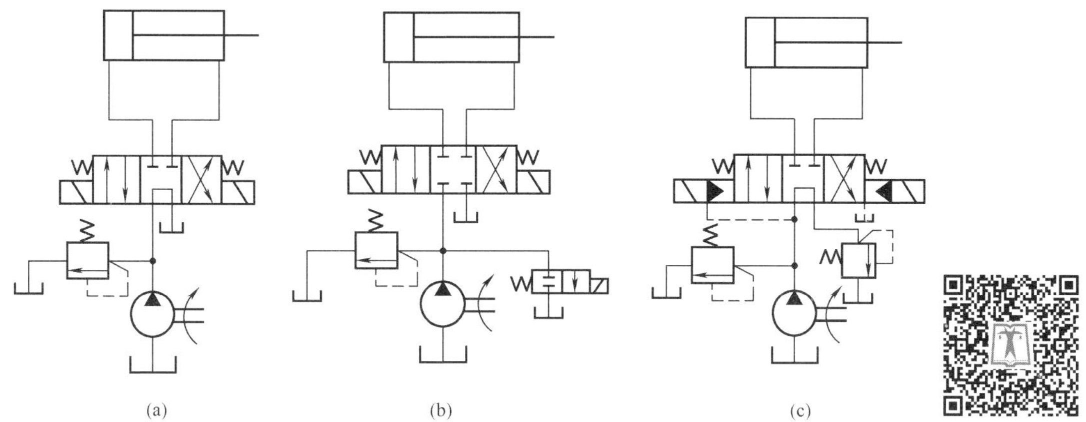

图 6-14　换向阀卸荷回路

（a）三位换向阀中位卸荷回路；（b）二位二通阀卸荷回路；（c）电液换向阀卸荷回路

2. 电磁溢流阀卸荷回路

电磁溢流阀是由先导式溢流阀和二位二通电磁换向阀组合而成。如图 6-15 所示，用电磁阀控制先导式溢流阀的远程控制口与油箱之间的通断，从而使液压泵卸荷或工作。当二位二通电磁阀通电时，液压泵卸荷。

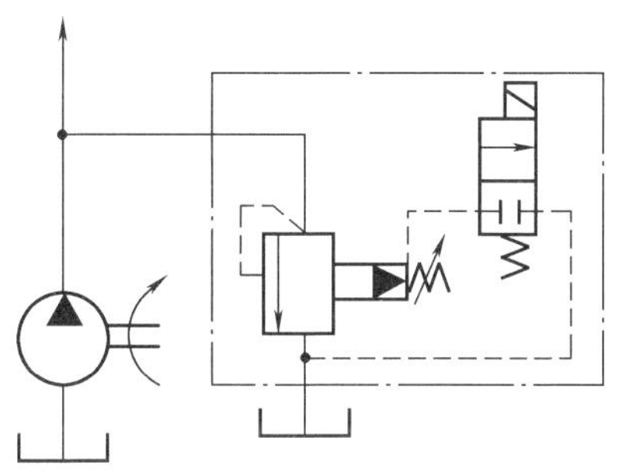

图 6-15　电磁溢流阀卸荷回路

6.4.4　保压回路

保压回路的功用是使系统在液压缸不动或在微小位移的工况下能保持稳定不变的压力。图 6-16 所示为蓄能器保压回路。当 1YA 通电时，液压泵向液压缸的左腔和蓄能器同时供油，活塞向右运动并压紧工件，进油路压力升高至调定值，压力继电器发出电信号，使 3YA 通电，液压泵通过先导式溢流阀卸荷，单向阀自动关闭，此时液压缸中油液压力由蓄能器保持。当液压缸压力不足时，压力继电器复位使泵重新工作。保压时间的长短取决于蓄能器容量，调节压力继电器的通断调节区间即可调节压力的最大值和最小值。

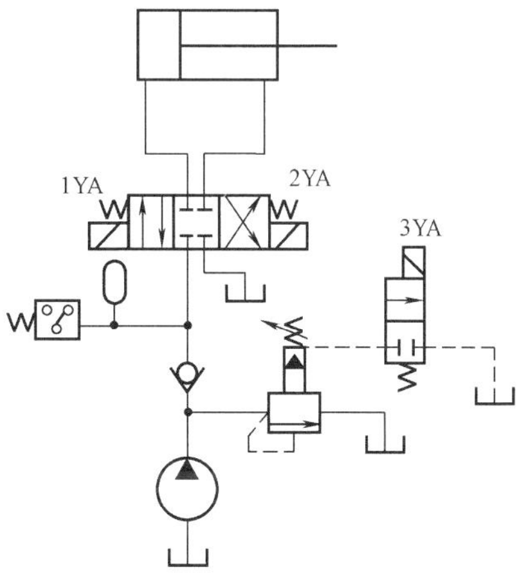

图 6-16　蓄能器保压回路

6.4.5 平衡回路

对某些液压缸垂直放置的立式设备，如立式液压机、立式机床，其运动部件在悬空停止期间因自重会快速下滑，或在下行运动中由于自重而造成失控超速的不稳定运动，易发生事故。为了防止上述现象的发生，可在液压系统中设置平衡回路。

图 6-17 所示为用单向顺序阀（也称平衡阀）组成的平衡回路。单向顺序阀的调定压力应稍大于因运动部件自重在液压缸下腔形成的压力。工作部件静止时，顺序阀关闭，运动部件不会自行下滑；运动部件下行时，顺序阀开启，使液压缸下腔产生的背压能平衡自重，不会产生超速下降的现象。这种回路中，活塞下行运动比较平稳，但液压缸停止时会因顺序阀和换向阀的泄漏而使运动部件缓慢下降，功率损失较大，所以适用于运动部件重量不是很大的系统。

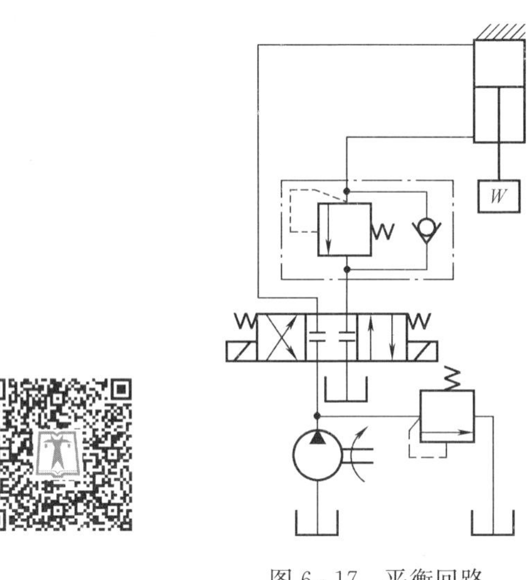

图 6-17 平衡回路

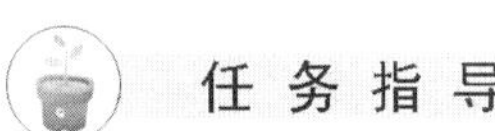

6.5 液压压力控制回路实训

6.5.1 三级调压回路

1. 实验目的

液压系统必须提供与负载相适应的油压，因此必须采用调压回路。

调压回路是由定量泵、压力控制阀、方向控制阀、测压元件等组成的，通过压力控制阀调节、限制系统或其局部的压力，并使之恒定或限制压力的最高值。通过本实验达到如下目的：了解调压回路的组成和性能；通过三个不同调定压力的溢流阀，加深对溢流阀遥控口作用的理解。

2. 实验原理图

三级调压回路实验原理图如图 6-18 所示。

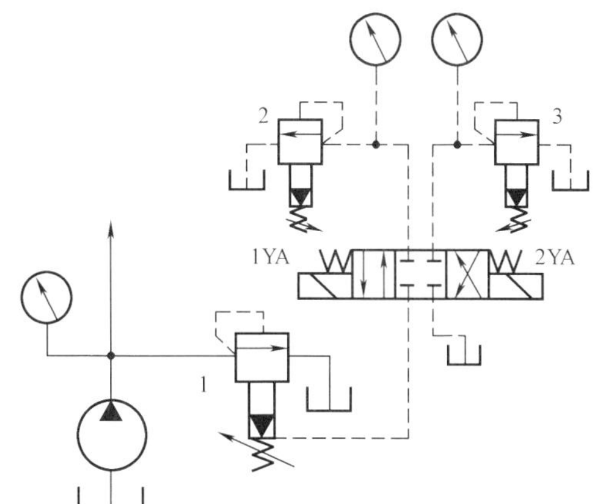

调压阀＼动作	1YA	2YA
溢流阀1	－	－
溢流阀2	＋	－
溢流阀3	－	＋

图 6－18　三级调压回路

3. 实验步骤

(1) 根据液压回路，取出所需的液压元件并检查型号是否正确。

(2) 将检查完毕性能完好的液压元件安装到实验台面板的适当位置上，并通过快换接头和软管按回路要求连接。

(3) 在电气矩阵板和侧板上进行电气线路连接。

(4) 放松溢流阀 1、2、3，启动液压泵，调节溢流阀 1 的压力为 4MPa。

(5) 使电磁铁 1YA 得电，调节溢流阀 2 的压力为 3MPa，调整完毕，将电磁铁 1YA 的开关拨至断电状态。

(6) 使电磁铁 2YA 得电，调节溢流阀 3 的压力为 2MPa，调整完毕，将电磁铁 2YA 的开关拨至断电状态。

(7) 调整完毕，回路就能达到三种不同压力。重复上述循环，观察各压力表数值。

(8) 实验完毕后，首先旋松回路中的溢流阀手柄，然后将电机关闭。当确认回路中压力降为零后，方可将软管和元件取下并放入规定的抽屉内，以备后用。

6.5.2　双向调压回路

1. 实验目的

通过实验，了解双向调压回路的性能和特点。

2. 实验原理图

双向调压回路实验原理图如图 6－19 所示。

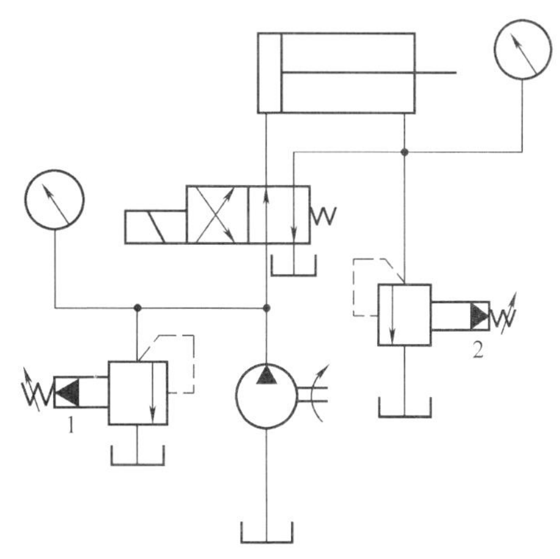

图 6－19　双向调压回路

3. 实验步骤

(1) 根据液压回路，取出所需的液压元件并检查型号是否正确。

(2) 将检查完毕性能完好的液压元件安装到实验台面板的适当位置上，并通过快换接头和软管按回路要求连接。

(3) 在电气矩阵板和侧板上进行电气线路连接。

(4) 放松溢流阀 1、2，启动液压泵，调节溢流阀 1 的压力为 5MPa。

（5）使电磁铁得电，调节溢流阀 2 的压力为 3MPa。

（6）实验中注意观察记录电磁阀状态、活塞运动方向及两个压力表的压力值并进行分析。

（7）实验完毕后，首先旋松回路中的溢流阀手柄，然后将电机关闭。当确认回路中压力降为零后，方可将软管和元件取下并放入规定的抽屉内，以备后用。

6.5.3　二级减压回路

1. 实验目的

液压系统中，某些支路的压力不宜太高，即要小于系统的工作压力。例如，夹紧油路压力较高时，会使工件变形，诸如此类情况，必须使用减压回路（在单泵系统中）。

减压回路的功能是降低系统中某些支路的压力，使该油路获得一种低于液压泵供油压力的稳定压力。通过实验达到如下目的：了解减压回路的组成和调压方法；加深理解减压阀的工作原理及在系统中的应用。

2. 实验原理图

二级减压回路实验原理图如图 6 - 20 所示。

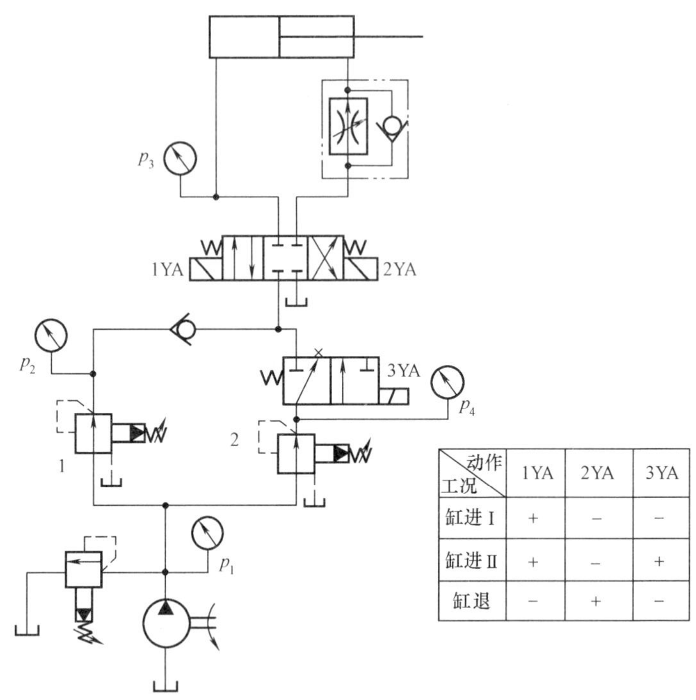

工况＼动作	1YA	2YA	3YA
缸进Ⅰ	+	−	−
缸进Ⅱ	+	−	+
缸退	−	+	−

图 6 - 20　二级减压回路

3. 实验步骤

（1）按实验回路图，取出液压元件并检查型号是否正确。

（2）将液压元件安装在实验台面板的合适位置，通过快换接头和液压软管按回路要求进行连接。

（3）进行电气线路连接，并把选择开关拨至要求位置。

(4) 放松溢流阀，启动液压泵，调节溢流阀压力为 4MPa。

(5) 拨动开关，使电磁铁 1YA 处于通电状态，调节减压阀 1 的压力为 2MPa，吸放 1YA 或 2YA，使液压缸动作正常，用单向调速阀调速，观察液压缸工作腔压力 p_3。

(6) 1YA 仍通电，拨动开关使 3YA 通电，调节减压阀 2 的压力为 3MPa，吸放 1YA 或 2YA，使液压缸动作正常，用单向调速阀调速，观察液压缸工作腔压力 p_3。

(7) 切断 1YA、3YA，拨动顺序手动开关，使 2YA 通电，液压缸活塞杆缩回。

(8) 实验完毕后，首先旋松回路中的溢流阀手柄，然后将电机关闭。当确认回路中压力降为零后，方可将软管和元件取下并放入规定的抽屉内，以备后用。

6.5.4 保压回路

1. 实验目的

(1) 了解蓄能器保压回路组成。

(2) 加深理解蓄能器保压回路的工作原理及在系统中的应用。

2. 实验原理图

蓄能器保压回路实验原理图如图 6-21 所示。

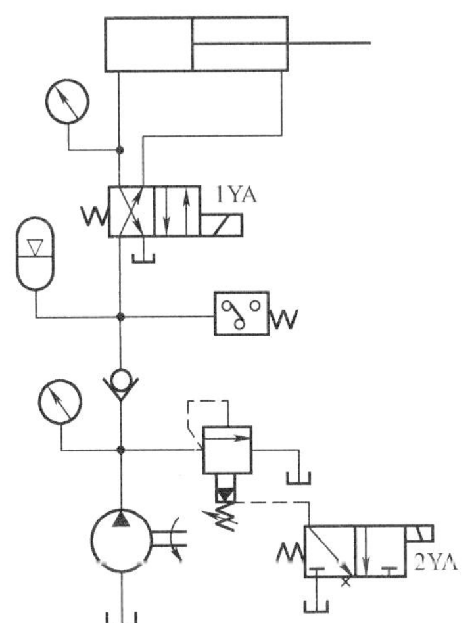

动作 工况	1YA	2YA	输入信号
缸进	+	−	启动
延时	+	−	
卸荷	+	+	压力继电器
保压	+	+	计时
缸退			

图 6-21　蓄能器保压回路

3. 实验步骤

(1) 按实验回路图，取出液压元件并检查型号是否正确。

(2) 将液压元件安装在实验台面板合适位置，通过快换接头和液压软管按回路要求进行连接。

(3) 对电磁铁进行编号，将电磁铁插头插到相应的插孔内，然后把压力继电器接好。

(4) 旋松溢流阀，启动泵，1YA 通电，调节溢流阀压力为 3MPa。

(5) 调节压力继电器压力为 2MPa。

(6) 当活塞前进到终点时，压力上升至压力继电器调定压力时发出信号，使电磁铁 2YA 处于通电状态，卸荷泵，此时靠蓄能器保压。

(7) 每一次循环开始必须按“复位”按钮启动。

(8) 实验完毕后，首先旋松回路中的溢流阀手柄，然后将电机关闭。当确认回路中压力

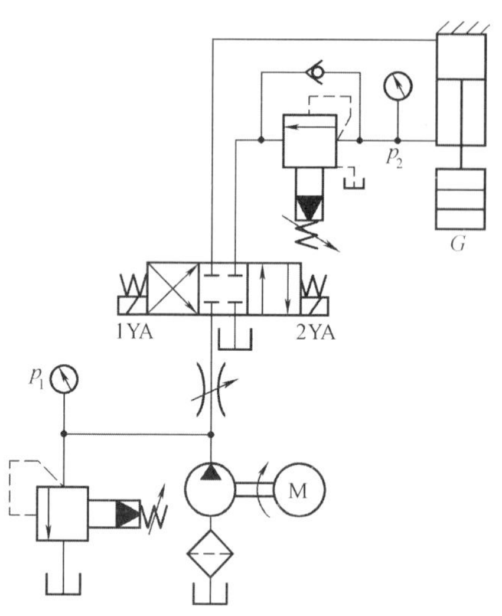

图 6 - 22　单向顺序阀的平衡回路

降为零后，方可将软管和元件取下并放入规定的抽屉内，以备后用。

6.5.5　平衡回路

1. 实验目的

（1）通过拆装，了解单向顺序阀平衡回路的组成。

（2）加深理解平衡回路的工作原理及在系统中的应用。

2. 实验原理图

单向顺序阀的平衡回路实验原理图如图 6 - 22 所示。

3. 实验步骤

（1）按实验回路图，取出液压元件并检查型号是否正确。

（2）将液压元件安装在实验台面板的合适位置，通过快换接头和液压软管按回路要求进行连接。

（3）旋松溢流阀，启动泵，调节溢流阀压力为 4MPa，并调小节流阀开口。

（4）拨动开关，使电磁铁 2YA 处于通电状态，在活塞杆下行时，调节顺序阀的压力为 2MPa。

（5）拨动开关，使电磁铁 1YA 处于通电状态，活塞杆上升。

（6）每次上升结束后加砝码（负载增加），重复升降动作循环，观察活塞杆下行速度是否变化。

（7）实验完毕后，首先旋松回路中的溢流阀手柄，然后将电机关闭。当确认回路中压力降为零后，方可将软管和元件取下并放入规定的抽屉内，以备后用。

气动知识

6.6　气压压力控制回路

压力控制回路的功用是使系统压力保持在某一规定的范围内。

6.6.1　压力控制回路

图 6 - 23 所示为一次压力控制回路，此回路用于控制储气罐的压力，使之不超过规定的压力值。常用外控溢流阀 1 或电触点压力表 2 来控制空气压缩机的转停，使储气罐内压力保持在规定范围内。当采用溢流阀控制时，若储气罐内的压力超过规定值时，溢流阀被打开，空气压缩机输出的压缩空气经溢流阀排入大气。当采用电触点压力表控制时，若储气罐压力升至调定的最高压力时，

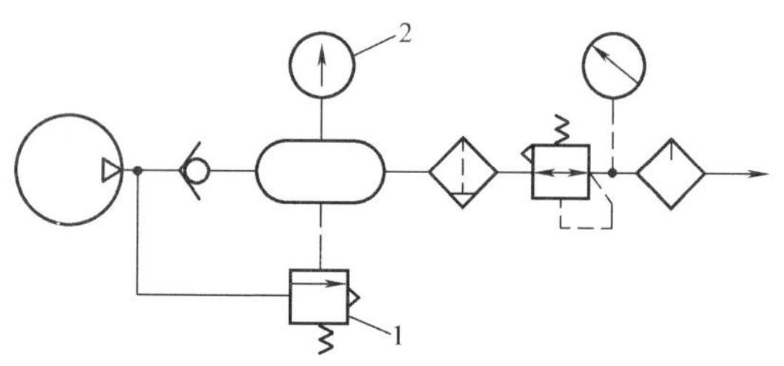

图 6 - 23　一次压力控制回路

1—溢流阀；2—电触点压力表

电触点压力表通过中间继电器控制空压机停转；反之，若压力下降至调定的最低压力时，电触点压力表通过中间继电器控制空压机启动，向气罐充气，使压力上升。

采用溢流阀，结构简单、工作可靠，但气量浪费大；采用电触点压力表控制，对电动机及控制要求较高，常用于对小型空压机的控制。

二次压力控制回路主要用于对气动系统气源压力的控制，以保证系统使用的气体压力为一稳定值。这种回路通常由空气过滤器、减压阀和油雾器（气动三联件）组成，主要由溢流减压阀来实现压力控制。如果回路需要多种不同的工作压力，可采用如图 6-24（a）所示的回路。图 6-24（b）所示为高低压转换回路，该回路由减压阀和换向阀构成，可以对同一系统分别输出 p_1、p_2 两个不同的压力值。

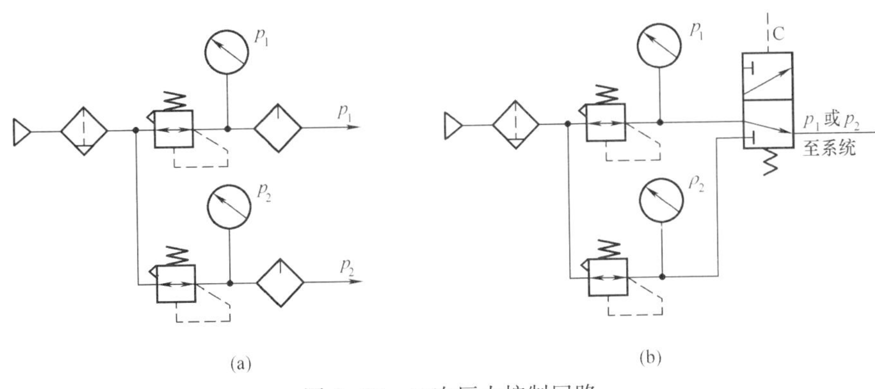

图 6-24　二次压力控制回路

6.6.2　增压回路

一般气动系统的工作压力在 0.7MPa 以下，若某些场合局部需要使用高压时，可采用增压回路。

图 6-25 所示为采用气-液增压器的增压回路。当电磁铁通电时，压缩空气经换向阀 1 进入增压器的大活塞端，推动活塞杆把串联在一起的小活塞端的液压油压入气-液联动缸，使其活塞在高压下运动。增压器的增压比 $n=D^2/d^2$。通过调节气源调节装置中气动减压阀的设定压力便可改变气-液联动缸的工作压力。

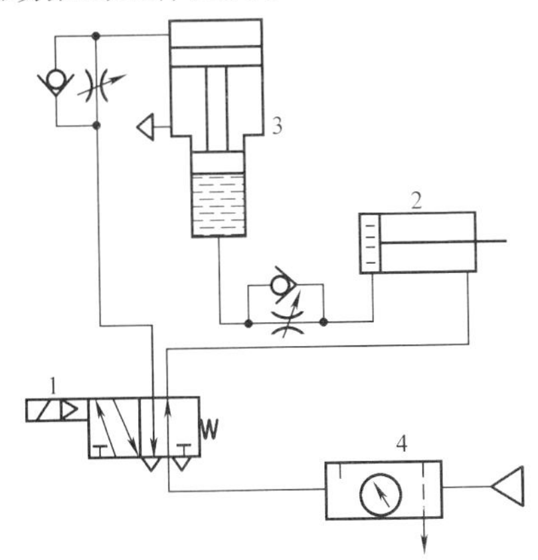

图 6-25　使用气-液增压器的增压回路

1—换向阀；2—气-液联动缸；3—气液增压缸；4—气源调节装置

任务三　液压节流调速回路性能测试

任务描述

要求学生在 QCS003B 液压实验台上测试节流阀进油节流调速回路、节流阀回油节流调速回路、节流阀旁路节流调速回路，以及调速阀进油节流调速回路的调速性能。

任务分析

上述实验是节流调速回路的性能测试，为完成本任务，首先需要认真学习速度控制回路中调速回路的知识，然后在实验指导老师的指导下，在 QCS003B 液压实验台上进行测试，然后对测试结果进行分析，并完成实验报告。

相关知识

许多液压设备中，要求执行元件的运动速度是可调节的，如组合机床中的动力滑台有快进与工进动作，甚至有几个不同的工进速度。调速回路就是用来改变执行元件的运动速度，来满足不同工况下执行元件对速度要求的回路。常见的调速方法有节流调速、容积调速、容积节流调速。

6.7　液压调速回路

6.7.1　节流调速回路

节流调速回路由流量控制阀、溢流阀和定量泵组成。根据流量控制阀在回路中的位置不同，分为进油节流调速、回油节流调速和旁路节流调速三种回路。节流调速回路的优点是回路简单，工作可靠，成本低，使用维护方便，调速范围大；缺点是能量损失大，效率低，发热量大。因此，节流调速回路多用于功率不大的场合，如各类机床进给传动中。

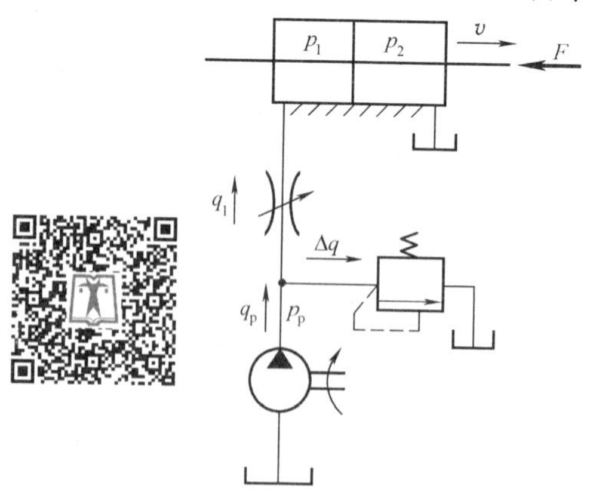

图 6-26　节流阀进油节流调速回路

1. 进油节流调速回路

进油节流调速回路如图 6-26 所示。节流阀串接在液压缸的进油路上，泵的供油压力由溢流阀调定。溢流阀从开启压力到调定压力，变化较小，有定压的作用。在调速时，溢流阀一般处于溢流状态，调节节流阀开口大小，改变进入液压缸的流量达到调节液压缸活塞运动速度的目的（$v=q/A$），多余的油液经溢流阀流回油箱。由于采用溢流阀作为分流元件，故为定压式调速回路，在调速过程中，泵的输出压力基本保持常量。

进油节流调速回路的优点是液压缸回油腔和回油管中压力较低。另外，当采用单活塞杆液压缸并在工作行程时使油液进入无杆腔，可以获得较大的推力和较低的工作速度；其缺点是液压缸没有背压，运动不平稳，容易产生振动和爬行。在回油路上加一背压阀可以改善这种情况，但会消耗一部分能量。此外，油液经过节流阀时要发热，使进入液压缸的油温升高，增加液压缸泄漏。

在回路中，由于节流阀的节流作用和溢流阀的溢流作用，使进油节流调速回路的功率损失包括两部分，即溢流损失和节流损失，所以效率较低，适宜小功率，负载较稳定，对速度稳定性要求不高的液压系统。

2. 回油节流调速回路

回油节流调速回路如图 6－27 所示。系统用定量泵供油，调节节流阀的开口面积便可控制液压缸的回油量，也就控制了进入液压缸的流量，从而达到调节执行元件运动速度的目的。

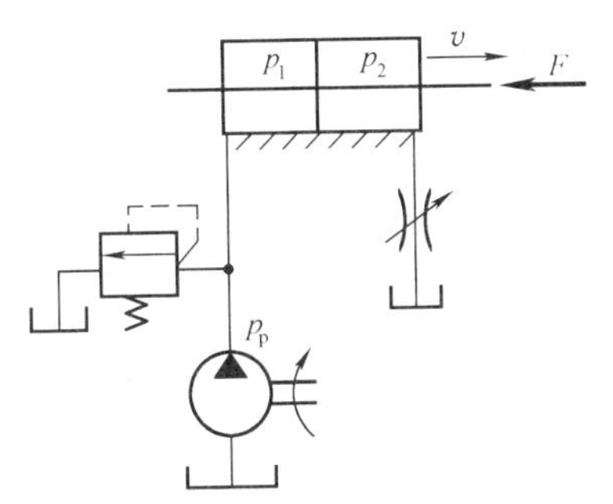

图 6－27　节流阀回油节流调速回路

节流阀安装在液压缸与油箱之间，液压缸回油腔具有背压，相对进油调速而言，运动比较平稳。此外，油液通过节流阀发热后直接排回油箱冷却，温升较小，液压缸泄漏较少。它的缺点是液压缸工作腔和回油腔的压力都比进油节流调速时高（在相同负载的情况下），特别是回油腔，它的背压力有时非常高。

这种回路由于存在背压适用于具有超越负载（负值负载）的工况，由于也存在溢流损失和节流损失，所以一般应用于功率不大、有负值负载的情况，或者要求有相对运动平稳性的液压系统中，如铣床、钻床、平面磨床、轴承磨床和进行精密镗削的组合机床。

实践应用中常采用进油节流调速回路，并在回路加背压阀（用溢流阀、顺序阀或装有硬弹簧的单向阀串接于回油路），这样可以兼具上述两种回路的优点，从而提高回路的综合性能。

3. 旁路节流调速回路

旁路节流调速回路如图 6－28 所示。这种回路由定量泵、安全阀、液压缸和节流阀组成。节流阀安装在与液压缸并联的旁油路上，通过调节节流阀的通流截面积，可以调节进入液压缸的流量，从而调节执行元件的运动速度。

旁路节流调速回路中，溢流阀作安全阀用。回路正常工作时，安全阀关闭，只有当系统过载时才打开，起安全保护作用，其调定压力一般为回路最大工作压力的 1.1～1.3 倍。在这种回路中，缸的进油压力等于泵的供油压力，即泵的工作压力随负载变化而变化。

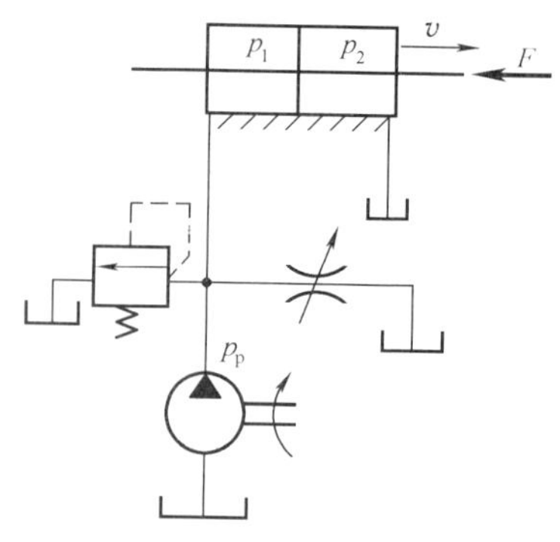

图 6-28　节流阀旁路节流调速回路

在旁路节流调速回路中，仅有节流损失，且由于液压泵的供油压力随负载变化而变化，所以在能量的利用上较前两种回路合理，效率较高。但负载变化时，会引起通过节流阀的流量发生变化，也会改变液压泵的内泄漏，使泵的实际输出流量发生改变，所以负载变化时的运动平稳性差。因此，旁路节流调速回路适用于高速、重载、对速度平稳性要求不高的较大功率系统中，如牛头刨床主运动系统、输送机械液压系统等。

采用节流阀的节流调速回路，在负载变化时液压缸的运动速度随节流阀进、出口压差而变化，故速度平稳性较差。要保证执行元件工作速度平稳，就必须保证节流阀前、后压差不变，所以可用调速阀来代替节流阀，速度平稳性将大为改善，但却增加了定差减压阀的功率损失，所以回路的效率会更低。

6.7.2　容积调速回路

容积调速回路是通过改变液压泵或液压马达的排量来实现调速的。与节流调速相比，容积调速既没有节流损失，又没有溢流损失，系统效率取决于泵和马达的效率，所以效率较高，广泛应用于工程机械、矿山机械、农业机械、大型机床等大功率液压系统中。

容积调速回路通常可分为三种形式：变量泵-定量马达容积调速回路、定量泵-变量马达容积调速回路和变量泵-变量马达容积调速回路。

1. 变量泵-定量马达容积调速回路

变量泵和定量马达组成的容积调速回路如图 6-29 所示。设变量泵的转速为常数，调节

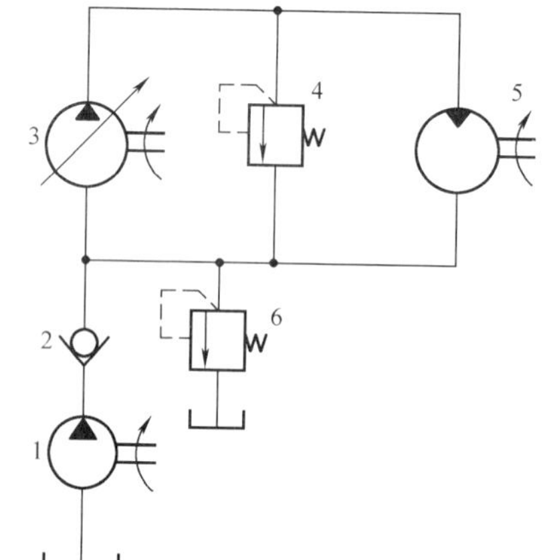

图 6-29　变量泵-定量马达容积调速回路

变量泵的排量即调节了马达的转速，高压管路上的溢流阀 4 作安全阀用，低压管路上的液压泵 1 为一小流量的补油泵经单向阀 2 向系统补油，补油压力由溢流阀 6 调定。由于变量泵 3 和定量马达 5 组成了闭式回路，油液不经过油箱直接在系统内循环，可以减少因空气渗入而引起的一系列故障。下面分析该调速回路的主要静态特性。

(1) 转速特性。若不计损失，泵输出的流量全部流入马达，则马达的转速为

$$n_M = \frac{q_p}{V_M} = \frac{V_p n_p}{V_M} \tag{6-1}$$

式中　n_M——液压马达的转速；

q_p——液压泵的输出流量；

V_M——液压马达的排量；

V_p——液压泵的排量；

n_p——液压泵的转速。

由式 (6-1) 可见，在变量泵-定量马达容积调速回路中，定量马达的排量是恒定的，若把变量泵的转速看作常数，则马达的转速与变量泵的排量成正比，调节变量泵的排量即可调节马达的转速。由于变量泵能将排量调得很小，故马达可以获得较低的工作速度，因此调速范围较大，速比可达 40。

(2) 转矩特性。若不计损失，在调速范围内，液压马达能输出的最大转矩为

$$T_M = \frac{p_p V_M}{2\pi} \tag{6-2}$$

式中　T_M——液压马达输出的最大转矩。

由式 (6-2) 可见，当安全阀的调定压力确定后，马达的排量是恒定的，所以马达的输出转矩不因调速而发生变化，这种回路通常称为恒转矩调速回路。

(3) 功率特性。液压马达的输出功率为

$$P_M = 2\pi T_M n_M = p_p V_p n_p \tag{6-3}$$

由式 (6-3) 可看出，安全阀的调定压力确定后，液压马达的输出功率和变量泵的排量成正比。

2. 定量泵　变量马达容积调速回路

定量泵和变量马达组成的容积调速回路如图 6-30所示。溢流阀 4 为安全阀，泵 1 和溢流阀 6 组成补油油路。定量泵的输出流量可视为常数，改变变量马达的排量可以调节马达的转速。下面分析该调速回路的主要静态特性。

(1) 转速特性。若不计损失，马达的转速为

$$n_M = \frac{q_p}{V_M} = \frac{V_p n_p}{V_M} \tag{6-4}$$

由式 (6-4) 可见，液压马达的转速与其排量成反比，但当马达排量小到一定值时，所产生的转矩不能克服负载，见式 (6-5)，造成液压马达停止转动，出现自锁现象。因此，该回路的调速范围较窄，速比不足 4，故很少单独使用。

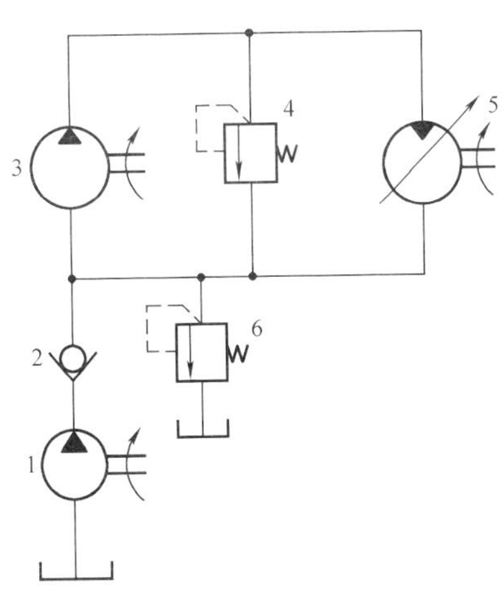

图 6-30　定量泵-变量马达容积调速回路

(2) 转矩特性。若不计损失，在调速范围内，液压马达能输出的最大转矩为

$$T_M = \frac{p_p V_M}{2\pi} \tag{6-5}$$

式（6-5）中，当安全阀的调定压力确定后，液压马达的输出转矩与马达的排量成正比，即马达的排量越大，其输出的转矩也越大。

(3) 功率特性。当不计损失时，液压马达的输出功率等于定量泵的输出功率，即

$$P_M = 2\pi T_M n_M = p_p V_p n_p \tag{6-6}$$

由式（6-6）可看出，当安全阀的调定压力确定后，液压马达的输出功率和马达的排量无关。由于液压马达的输出功率在调速过程中保持恒定，因此该回路也称为恒功率调速回路。

3. 变量泵-变量马达容积调速回路

由双向变量泵和双向变量马达组成的容积调速回路如图 6-31 所示。变量泵可以双向供油，变量马达也可以双向旋转，调节泵或马达的排量都能达到调节马达转速的目的。单向阀 4 和 5 使泵 3 能够双向补油，补油压力由溢流阀 9 调定；单向阀 6 和 7 使安全阀 8 实现双向过载保护。

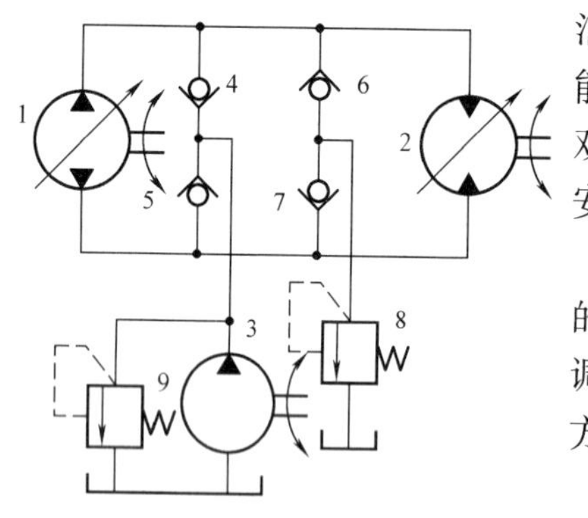

图 6-31　变量泵-变量马达容积调速回路

这种调速回路的工作特性是上述两种回路工作特性的综合，所以调速范围很大，是泵的调节范围和马达的调节范围的乘积。实际应用中，通常采用分段调速的方法：

第一阶段，先将马达的排量调至最大值，然后再自小到大调节变量泵的排量，马达的转速也随之逐渐增加，直到泵的排量达到最大值为止。在这个调速过程中，其特点与变量泵-定量马达调速回路一致，为恒转矩调速。

第二阶段，将泵的排量固定在最大值，然后再自大到小调节变量马达的排量，马达的转速逐渐升至最高。在这个调速过程中，其特点与定量泵-变量马达调速回路一致，为恒功率调速。

在工程中，多数设备的负载特性都要求低速时有较大转矩以顺利启动，高速时要求有恒功率输出，因此变量泵和变量马达容积调速回路广泛应用在各种行走机械、机床的主运动等大功率液压系统中。

4. 容积节流调速回路

容积节流调速回路是由变量泵和流量阀组合而成的一种调速回路。图 6-32 所示为由限压式变量泵和调速阀组成的容积节流调速回路。

限压式变量泵输出的压力油经调速阀 2 进入液压缸的左腔，推动活塞右移，液压缸右腔的油液经背压阀流回油箱。图 6-32 中的溢流阀 4 作安全阀，起过载保护作用。液压缸的工作速度是通过改变调速阀的通流截面积 A_T 来调节的。由于调速阀中定差减压阀的自动调节作用，节流阀前、后的压差保持不变，因而在调定的 A_T 值下，通过调速阀进入液压缸的流量 q_1 也保持不变，而变量泵的输出流量在压力反馈的作用下始终与进入液压缸的流量相匹配，即 $q_p = q_1$。

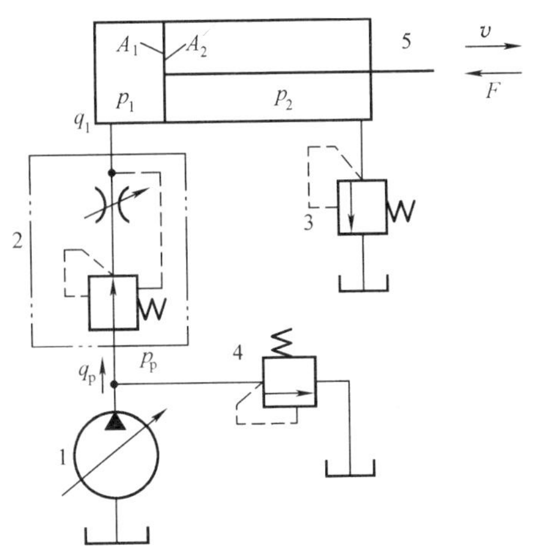

图 6-32　限压式变量泵-调速阀的容积节流调速回路

当调速阀关小，在这一瞬间，$q_p > q_1$，则多余的油液使泵的出口压力升高，使限压式变量泵的供油量自动减小，直到 $q_p = q_1$ 为止；反之，开大调速阀，使通过它的流量 q_1 增大，在这一瞬间，$q_p < q_1$，油液通过调速阀的阻力减小，相应泵的供油压力下降，使泵的供油量又自动增大到$q_p = q_1$。

限压式变量泵与调速阀组成的容积节流调速回路，兼具调速阀调速回路和容积调速回路的优点，没有溢流损失，且速度稳定性较好，但是所带负载越小，其节流损失就越大。所以，目前已广泛应用于速度稳定性要求较高，负载变化不大的中小功率组合机床的液压系统中。

任 务 指 导

6.8　液压节流调速回路性能测试实验

6.8.1　实验目的要求

（1）了解节流调速回路的构成，掌握其回路的特点。

（2）通过对节流阀三种调速回路性能的实验，分析它们的速度-负载特性，比较三种节流调速回路的性能。

（3）通过对节流阀和调速阀进油节流调速回路的对比实验，分析比较它们的调速性能。

6.8.2　实验仪器设备

QCS003B 液压实验台、秒表等。

6.8.3　实验内容及原理

1. 实验内容

（1）采用节流阀的进油节流调速回路的调速性能。

（2）采用节流阀的回油节流调速回路的调速性能。

（3）采用节流阀的旁路节流调速回路的调速性能。

（4）采用调速阀的进油节流调速回路的调速性能。

2. 实验原理

实验回路如图 6-33 所示。

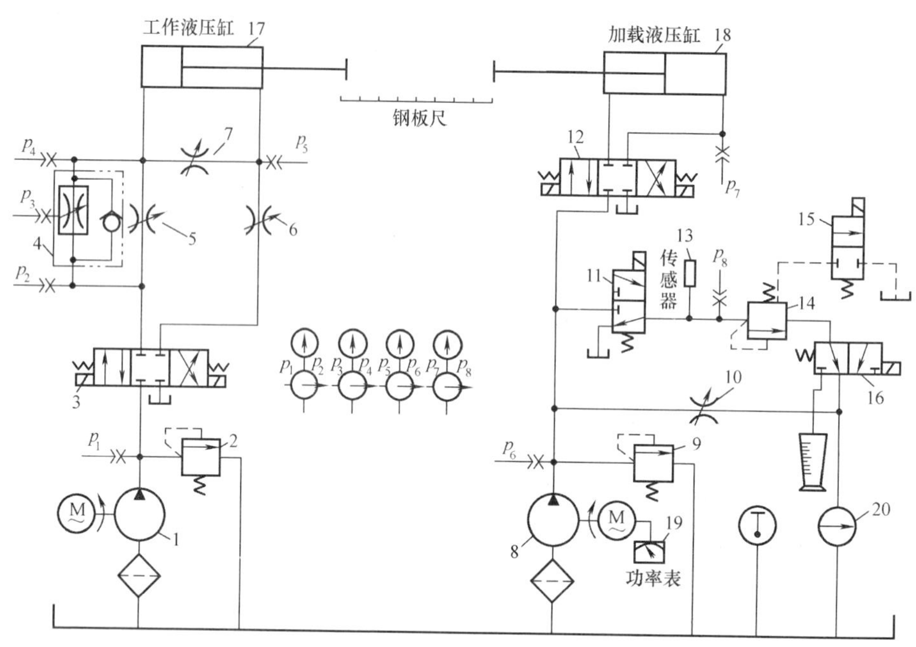

图 6-33 节流调速性能、液压泵性能与溢流阀动静态实验液压原理图

实验原理图说明整个实验系统分为两大部分：实验回路部分和加载回路部分。左边部分为实验回路，液压缸 17 为工作缸，通过调节节流阀 5、6、7 及单向调速阀 4 开口的大小，可分别构成四种节流调速回路。电磁换向阀 3 用于液压缸 17 换向，溢流阀 2 起限压和溢流作用；右边部分为加载回路，液压缸 18 为负载缸（注意：加载时一定要是液压缸 18 无杆腔进油），负载的大小由溢流阀 9 调节。

在调速回路中，工作液压缸 17 的活塞杆的工作速度 v 与节流阀的通流面积 A_T、溢流阀调定压力 p_1（泵 1 的供油压力）及负载 F_L 有关。而在一次工作过程中，A_T 和 p_1 都预先调定不再变化，此时活塞杆运动速度 v 只与负载 F_L 有关。v 与 F_L 之间的关系，称为节流调速回路的速度负载特性。A_T 和 p_1 确定之后，改变负载 F_L 的大小，同时测出相应的工作液压缸活塞杆速度 v，就可绘出一条速度负载特性曲线。

6.8.4 实验步骤

1. 采用节流阀的进油节流调速回路

（1）调速回路的调整。

进油节流调速回路：将调速阀 4、节流阀 5、节流阀 7 关闭，回油路节流阀 6 全开，松开溢流阀 2，启动液压泵 1，调整溢流阀 2，使系统压力 p_1 为 4～5MPa，将电磁换向阀 3 左边的电磁铁通电，使阀 3 处于左位，慢慢调节节流阀 5 的开度，使工作缸活塞杆运动速度适中。反复切换电磁换向阀 3，使工作缸活塞往复运动，检查系统工作是否正常，然后将阀 3 右边的电磁铁通电，使活塞杆缩回。

（2）加载系统的调整。

节流阀 10 全闭，启动液压泵 8，调节溢流阀 9 使系统压力为 0.5MPa，通过三位四通电磁换向阀 12 的切换，使加载液压缸活塞杆往复运动 3～5 次，排除系统中的空气，然后使活塞杆缩回。

（3）节流调速实验数据的采集。

1）伸出加载缸活塞杆，顶到工作缸活塞杆头上，通过电磁换向阀 3 使工作缸活塞杆克服加载缸活塞杆的推力伸出，测出工作缸活塞杆的运动速度，然后使工作缸活塞杆缩回。

2）通过溢流阀 9 调节加载缸的工作压力 p_6（每次增加 0.5MPa），重复步骤 1），逐次记载工作缸活塞杆运动的速度，直到工作缸活塞杆推不动所加负载为止。

（4）调节节流阀 5 的开度，重复步骤（3）。

工作液压缸活塞运动速度 v 的测量：用钢板尺测量工作缸行程 L，用秒表测量所需时间 t，则 $v=\frac{L}{t}$(单位为 mm/s)。

负载的测量

$$F_L = p_6 A_1 \tag{6-7}$$

式中　p_6——加载液压缸 18 工作腔的压力；

A_1——加载液压缸无杆腔的有效面积。

将上述所测数据记入表 6-1。

2. 采用节流阀的回油节流调速回路

（1）调速回路的调整。

将电磁阀 3 的控制旋钮置于“0”位，电磁阀 3 处于中位，全部打开节流阀 5 和关闭节流阀 6、7 和调速阀 4。再使电磁阀 3 处于左位，缓慢调节回油节流阀 6 的通流截面积，使工作液压缸的活塞运动速度适中，然后将阀 3 右边的电磁铁通电，使活塞杆缩回。

（2）加载回路的调整。

调节溢流阀 9，使 p_6 为 0.5MPa，通过电磁阀 12 的切换，使加载缸活塞杆缩回。

（3）节流调速实验数据的采集。

1）伸出加载缸活塞杆，顶到工作缸活塞杆头上，通过电磁换向阀 3 使工作缸活塞杆克服加载缸活塞杆的推力伸出，测出工作缸活塞杆的运动速度，然后使工作缸活塞杆缩回。

2）通过溢流阀 9 调节加载缸的工作压力 p_6（每次增加 0.5MPa），重复步骤 1），逐次记载工作缸活塞杆运动的速度，直到工作缸活塞杆推不动所加负载为止。

（4）调节节流阀 6 的开度，重复步骤（3）。

将上述所测数据记入表 6-2。

3. 采用节流阀的旁路节流调速回路

（1）调速回路的调整。

使电磁阀 3 处于中位，将调速阀 4 关闭，进油节流阀 5 和回油节流阀 6 开启到最大；再使电磁阀 3 处于左位，缓慢调节节流阀 7 的通流面积，使工作液压缸的活塞运动速度适中；然后将阀 3 右边的电磁铁通电，使活塞杆缩回。

（2）加载回路的调整。

调节溢流阀 9，使 p_6 为 0.5MPa，通过电磁阀 12 的切换，使加载缸活塞杆缩回。

（3）节流调速实验数据的采集。

1）伸出加载缸活塞杆，顶到工作缸活塞杆头上，通过电磁换向阀 3 使工作缸活塞杆克服加载缸活塞杆的推力伸出，测出工作缸活塞杆的运动速度，然后使工作缸活塞杆缩回。

2）通过溢流阀 9 调节加载缸的工作压力 p_6（每次增加 0.5MPa），重复步骤 1），逐次记载工作缸活塞杆运动的速度，直到工作缸活塞杆推不动所加负载为止。

（4）调节节流阀 7 的开度，重复步骤（3）。

将上述所测数据记入表 6-3。

4. 采用调速阀进油节流调速回路

（1）调速回路的调整。

使电磁阀 3 处于中位，将进油节流阀 5 和旁路节流阀 7 关闭，回油节流阀 6 开启到最大；再使电磁阀 3 处于左位，缓慢调节调速阀 4 的通流截面积，使工作液压缸活塞的运动速度适中，然后将阀 3 右边的电磁铁通电，使活塞杆缩回。

（2）加载回路的调整。

调节溢流阀 9，使 p_6 为 0.5MPa，通过电磁阀 12 的切换，使工作缸活塞杆缩回。

（3）节流调速实验数据的采集。

1）伸出加载缸活塞杆，顶到工作缸活塞杆头上，通过电磁换向阀 3 使工作缸活塞杆克服加载缸活塞杆的推力伸出，测出工作缸活塞杆的运动速度，然后使工作缸活塞杆缩回。

2）通过溢流阀 9 调节加载缸的工作压力 p_6（每次增加 0.5MPa），重复步骤 1），逐次记载工作缸活塞杆的运动速度，直到工作缸活塞杆推不动所加负载为止。

（4）调节调速阀 4 的开度，重复步骤（3）。

将上述所测数据记入表 6-4。

5. 结束实验

放松各压力阀，全开各流量阀，关闭液压泵的电机，实验结束。

注意：某一开度，当加载缸压力 $p=0$ 时，推荐工作缸的速度为 $v=41\sim50$mm/s，即 $L=250$mm 时，$t=5\sim6$s。

6.8.5 注意事项及实验报告

1. 注意事项

（1）本实验台所用油液是纯净的 20 号或 30 号液压油。液压泵开动之前需要检查油箱内油液液面的高度是否在指示位置之上，并松开所有的压力阀、节流阀调节手柄。

（2）为便于对比上述四种调速回路的实验结果，在调节实验 2、3、4 项中的各参数时，应与实验 1（节流阀进油节流调速回路）中的相应参数一致。

2. 实验报告要求

（1）根据实验数据，画出采用节流阀的三种调速回路的速度-负载特性曲线。

（2）分析比较节流阀进油节流调速回路和调速阀进油节流调速回路的性能。

3. 实验记录

（1）实验内容：采用节流阀的进油节流调速回路性能。

实验条件：油温：________℃，液压缸无杆腔有效面积 $A_1=12.56\text{cm}^2$，有杆腔有效面积 $A_2=5.495\text{cm}^2$。

表 6 - 1　　进油节流调速回路实验数据记录表

<table>
<tr><th colspan="2">调定的参数</th><th rowspan="2">序号</th><th colspan="9">测　算　内　容</th><th>备　注</th></tr>
<tr><th>p_1
(MPa)</th><th>节流阀
开度</th><th>p_2
(MPa)</th><th>p_4
(MPa)</th><th>p_5
(MPa)</th><th>p_6
(MPa)</th><th>p_7
(MPa)</th><th>F
(N)</th><th>L
(mm)</th><th>t
(s)</th><th>v
(mm/s)</th><th></th></tr>
<tr><td rowspan="8"></td><td rowspan="4">小</td><td>1</td><td></td><td></td><td></td><td></td><td></td><td></td><td></td><td></td><td></td><td rowspan="8">p_4—工作缸压力，MPa；
L—工作缸行程，mm；
t—行程所需时间，s</td></tr>
<tr><td>2</td><td></td><td></td><td></td><td></td><td></td><td></td><td></td><td></td><td></td></tr>
<tr><td>3</td><td></td><td></td><td></td><td></td><td></td><td></td><td></td><td></td><td></td></tr>
<tr><td>4</td><td></td><td></td><td></td><td></td><td></td><td></td><td></td><td></td><td></td></tr>
<tr><td rowspan="4">大</td><td>5</td><td></td><td></td><td></td><td></td><td></td><td></td><td></td><td></td><td></td></tr>
<tr><td>6</td><td></td><td></td><td></td><td></td><td></td><td></td><td></td><td></td><td></td></tr>
<tr><td>7</td><td></td><td></td><td></td><td></td><td></td><td></td><td></td><td></td><td></td></tr>
<tr><td>8</td><td></td><td></td><td></td><td></td><td></td><td></td><td></td><td></td><td></td></tr>
</table>

(2) 实验内容：采用节流阀的回油节流调速回路性能。

实验条件：油温：________℃，液压缸无杆腔有效面积 $A_1=12.56\text{cm}^2$，有杆腔有效面积 $A_2=5.495\text{cm}^2$。

表 6 - 2　　采用节流阀的回油节流调速回路实验数据记录表

<table>
<tr><th colspan="2">调定的参数</th><th rowspan="2">序号</th><th colspan="9">测　算　内　容</th><th>备　注</th></tr>
<tr><th>p_1
(MPa)</th><th>节流阀
开度</th><th>p_2
(MPa)</th><th>p_4
(MPa)</th><th>p_5
(MPa)</th><th>p_6
(MPa)</th><th>p_7
(MPa)</th><th>F
(N)</th><th>L
(mm)</th><th>t
(s)</th><th>v
(mm/s)</th><th></th></tr>
<tr><td rowspan="8"></td><td rowspan="4">小</td><td>1</td><td></td><td></td><td></td><td></td><td></td><td></td><td></td><td></td><td></td><td rowspan="8">p_4—工作缸压力，MPa；
L—工作缸行程，mm；
t—行程所需时间，s</td></tr>
<tr><td>2</td><td></td><td></td><td></td><td></td><td></td><td></td><td></td><td></td><td></td></tr>
<tr><td>3</td><td></td><td></td><td></td><td></td><td></td><td></td><td></td><td></td><td></td></tr>
<tr><td>4</td><td></td><td></td><td></td><td></td><td></td><td></td><td></td><td></td><td></td></tr>
<tr><td rowspan="4">大</td><td>5</td><td></td><td></td><td></td><td></td><td></td><td></td><td></td><td></td><td></td></tr>
<tr><td>6</td><td></td><td></td><td></td><td></td><td></td><td></td><td></td><td></td><td></td></tr>
<tr><td>7</td><td></td><td></td><td></td><td></td><td></td><td></td><td></td><td></td><td></td></tr>
<tr><td>8</td><td></td><td></td><td></td><td></td><td></td><td></td><td></td><td></td><td></td></tr>
</table>

（3）实验内容：采用节流阀的旁路节流调速回路性能。

实验条件：油温：________℃，液压缸无杆腔有效面积 $A_1=12.56\text{cm}^2$，有杆腔有效面积 $A_2=5.495\text{cm}^2$。

表 6-3　　采用节流阀的旁路节流调速回路实验数据记录表

调定的参数		序号	测算内容									备　注
p_1 (MPa)	节流阀开度		p_2 (MPa)	p_4 (MPa)	p_5 (MPa)	p_6 (MPa)	p_7 (MPa)	F (N)	L (mm)	t (s)	v (mm/s)	
	小	1										p_4—工作缸压力，MPa； L—工作缸行程，mm； t—行程所需时间，s
		2										
		3										
		4										
	大	5										
		6										
		7										
		8										

（4）实验内容：采用调速阀的进油节流调速回路性能。

实验条件：油温：________℃，液压缸无杆腔有效面积 $A_1=12.56\text{cm}^2$，有杆腔有效面积 $A_2=5.495\text{cm}^2$。

表 6-4　　采用调速阀的进油节流调速回路实验数据记录表

调定的参数		序号	测算内容									备　注
p_1 (MPa)	调速阀开度		p_2 (MPa)	p_4 (MPa)	p_5 (MPa)	p_6 (MPa)	p_7 (MPa)	F (N)	L (mm)	t (s)	v (mm/s)	
	小	1										p_4—工作缸压力，MPa； L—工作缸行程，mm； t—行程所需时间，s
		2										
		3										
		4										
	大	5										
		6										
		7										
		8										

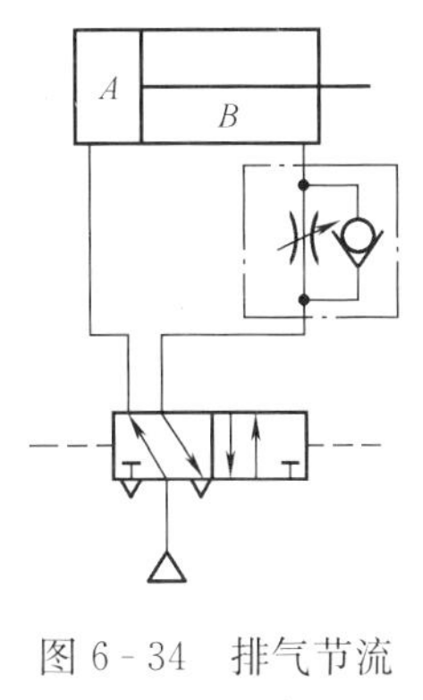

图 6-34　排气节流调速回路

气 动 知 识

6.9　气压节流调速回路

在气动系统中，绝大多数采用排气节流调速回路，这是因为可以在排气腔内建立与负载相适应的背压，在负载不变或有微小变化时，运动较平稳；而在进气节流调速中，气缸排气腔的压力很快降为大气压，随着进气腔容积的增大，进气压力变化很大，会使气缸出现忽走忽停的“爬行”现象。

图 6-34 所示为排气节流调速回路，调节节流阀的开度实现气缸背压的控制，完成气缸运动速度的调节。由于气体的压缩性，速度调节精度不高。

任务四　液压快速运动回路的认知

任 务 描 述

要求学生自己选择液压元件，在 QCS014 可拆式液压实验台上组建差动回路和调速阀串联的速度换接回路。

任 务 分 析

差动回路、调速阀串联的速度换接回路属于速度控制回路中的快速运动回路和速度换接回路。在实训前，需要认真学习快速运动回路和速度换接回路的基本知识，然后在实验指导老师的指导下，搭建回路，经检查合格后方可启动电源，进行实训。

相 关 知 识

6.10　快速运动回路和速度换接回路

6.10.1　快速运动回路

为了提高生产效率，机床工作部件常常要求执行元件在空行程时做快速运动。这时要求液压系统流量大而压力低，根据公式 $v=q/A$，为使执行元件获得快速运动，可以采用减小执行元件的有效工作面积或增大进入执行元件流量的方法，也可以联合使用上述两种方法。下面介绍几种常用的快速运动回路。

1. 液压缸差动连接的快速运动回路

图 6-35 所示为利用液压缸差动连接获得快速运动的回路。它通过二位三通电磁阀形成差动连接。阀 1 和阀 3 在左位工作时，液压缸形成差动连接做快速运动。当电磁阀 3 通

电时，差动连接被切除，液压缸回油经调速阀 2，实现工进。阀 1 切换到右位后，液压缸快退。

差动连接回路是在不增加液压泵输出流量的情况下，得到执行元件的快速运动，简单经济，但快、慢速换接不够平稳。需要注意的是差动回路中的阀和管道应按差动连接时的流量选择，否则压力损失过大，易使溢流阀在快进时也开启，则液压泵的部分油液从溢流阀流回油箱，执行元件运动速度减慢，甚至起不到差动作用。另外，差动连接时进油腔增加的流量只是回油腔的排油量，所以速度提高有限，通常不能满足负载快进运动时对速度的要求。因此，当工作进给和快速运动速度相差很大时，必须与双联泵或限压式变量泵等联合使用。

2. 双泵供油的快速运动回路

图 6-36 所示回路为高压小流量泵和低压大流量泵并联供油的快速运动回路。

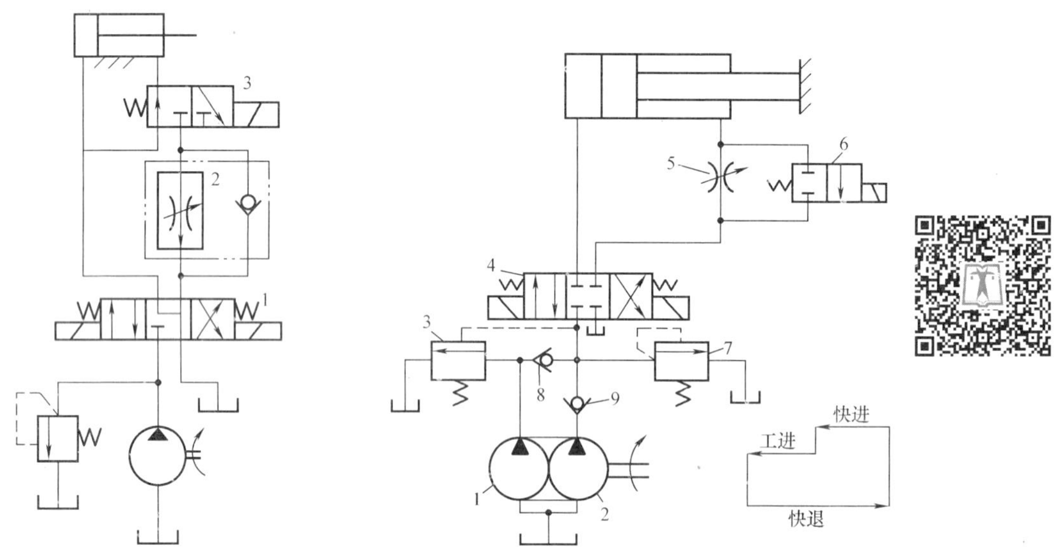

图 6-35　液压缸差动连接的快速回路　　　　图 6-36　双泵供油快速回路

图 6-36 中，1 为低压大流量泵，用于实现快速运动；2 为高压小流量泵用于实现工作进给。外控顺序阀 3 和溢流阀 7 分别调定双泵供油和小流量泵 2 供油时系统的最高工作压力。图 6-36 所示回路能实现快进—工进—快退的工作循环。快进时，电磁阀 6 通电，阀 4 在左位工作，这时系统压力低于顺序阀 3 的调定压力，阀 3 关闭，大流量泵 1 输出的油液经单向阀 8 与小流量泵 2 输出的油液汇合在一起共同向系统供油，液压缸实现快速向左运动。快进完成后电磁阀 6 断电，液压缸的回油经节流阀 5，因回油阻力增大使系统压力升高。当油液压力达到外控顺序阀 3 的调定值时，阀 3 打开，大流量泵 1 通过阀 3 卸荷，单向阀 8 自动关闭，这时只有小流量泵 2 单独向系统供油，液压缸慢速工进。工作进给结束后，电磁阀 6 通电，阀 4 在右位工作，系统压力降低，阀 3 关闭，泵 1 和泵 2 共同向系统供油，液压缸快速向右退回。外控顺序阀 3 的调定压力应比快速运动时所需压力大 0.8～1.0MPa，比溢流阀 7 的调定压力低 10%～20%。

双泵供油回路功率利用合理、效率高、速度换接平稳，在快进和工进速度相差较大的组合机床、注塑机等系统中应用广泛，缺点是要用一个双联泵，油路系统也稍复杂。

3. 采用蓄能器的快速运动回路

图 6-37 所示为采用蓄能器的快速运动回路，它是在执行元件不动或需要较少的压力油时，将其余的压力油储存在蓄能器中，在快速运动时再释放出来。这种回路适用于在短期内需要大流量的场合。

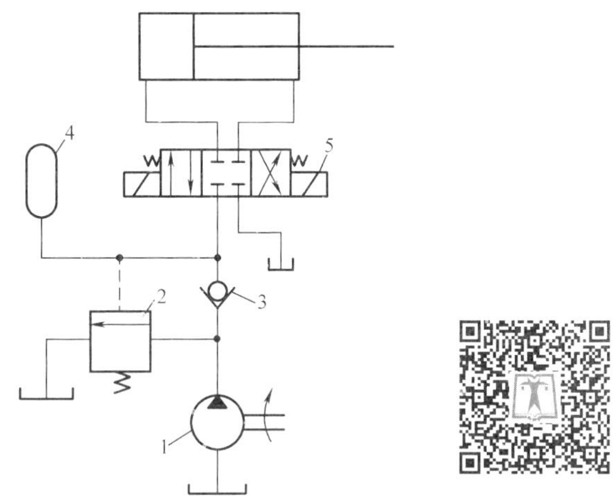

图 6-37　采用蓄能器的快速回路

当换向阀 5 处于中位，液压缸不工作时，液压泵 1 经单向阀 3 向蓄能器 4 充油。当蓄能器内的油压达到外控顺序阀 2 的调定压力时，阀 2 打开，使液压泵卸荷。在液压泵卸荷时，由单向阀 3 保持蓄能器的压力。当液压缸工作时，换向阀 5 处于左位或右位，液压泵 1 和蓄能器 4 同时向液压缸供油，使其实现快速运动。

该回路可以采用小流量的液压泵，实现短期大量供油，减少能量消耗，但必须在液压缸的一个工作循环内有足够的停歇时间，使蓄能器进行充油。

6.10.2　速度换接回路

设备的工作部件在实现自动循环的工作过程中，常需要进行速度换接，如机床自动刀架，要求先带着刀具以快速接近工件，随后以第一种工作进给速度对工件进行加工，接着又以第二种工作进给速度进行加工，最后快速退回。这时可采用速度换接回路，对这种回路的要求是，在速度换接过程中，尽可能不产生前冲现象，以保证速度换接平稳。

1. 快速运动与工作进给的速度换接回路

图 6-38 所示为用行程阀切换的速度换接回路。在图 6-38 所示位置，液压缸 3 右腔的回油经行程阀 4 和换向阀 2 流回油箱，活塞快速向右运动。当活塞上挡块压下行程阀 4 时，行程阀关闭，这时液压缸 3 右腔的油液必须经过节流阀 6 流回油箱，活塞的运动由快进转换为工进。当操纵手柄使换向阀 2 换向到左位后，压力油经阀 2 和单向阀 5 进入液压缸 3 右腔，活塞快速向左退回。

这种速度换接回路，采用液压缸活塞的行程来控制行程阀阀芯的移动使其逐渐关闭，所以速度换接比较平稳，而且换接点位置比较准确，但行程阀的安装位置有所限制。该回路在机床液压系统中较为常见。

图 6-39 所示为用二位二通电磁换向阀与调速阀并联的速度换接回路。当 1YA、3YA 通电时，液压泵输出的压力油经二位二通电磁阀进入液压缸左腔，右腔的油液流回油箱，活塞快速

向右运动；当 3YA 断电，则液压泵输出的压力油需经调速阀进入液压缸，活塞的运动由快进转换为工进；当工进结束后，活塞碰到止挡块停留，系统（液压缸工作腔）压力升高，压力继电器发出电信号，使 1YA 断电，2YA、3YA 通电，活塞快速向左退回。

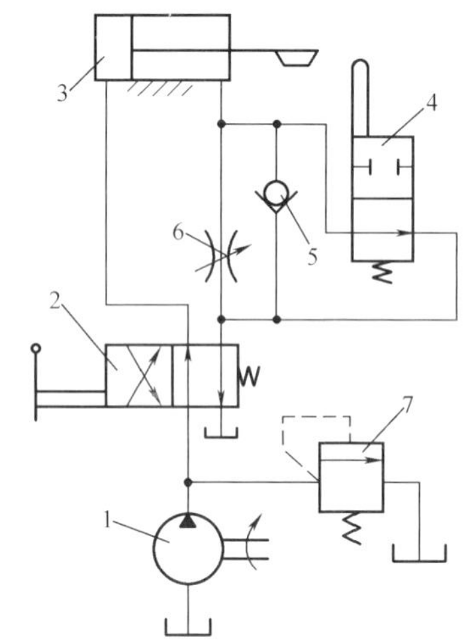

图 6－38　用行程阀的速度换接回路

这种使用电磁阀的速度换接回路控制灵活、方便，且易于实现自动控制，但换接精度和平稳性较差。

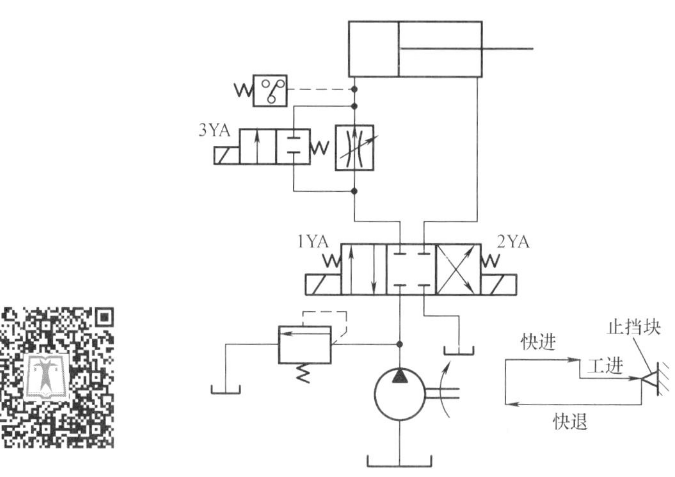

图 6－39　用电磁阀和调速阀的速度换接回路

2. 两种工作进给的速度换接回路

（1）调速阀串联的二次进给回路。图 6－40 所示为由调速阀 3 和 4 串联组成的二次进给速度换接回路。这个回路能实现快进—一次工进—二次工进—快退—原位停止的工作循环。当电磁铁 1YA 和 3YA 通电时，压力油经三位四通电磁阀 2 后，再经调速阀 3 和二位二通电磁阀 5 进入液压缸左腔，缸右腔油液流回油箱，活塞的运动速度由调速阀 3 控制，实现第一次工作进给；当需要二次工作进给速度时，再使 4YA 通电，则压力油经三位四通电磁阀 2 后，需再先后经过调速阀 3 和 4 才进入液压缸左腔，活塞的运动速度由调速阀 4 控制，实现第二次工作进给。需要注意的是，调速阀 4 的节流口必须比调速阀 3 的节流口开得小，否则调速阀 4 不起作用。一般说来，某些液压设备要求在工作行程有两种进给速度，通常都是第一次进给速度大于第二次进给速度。

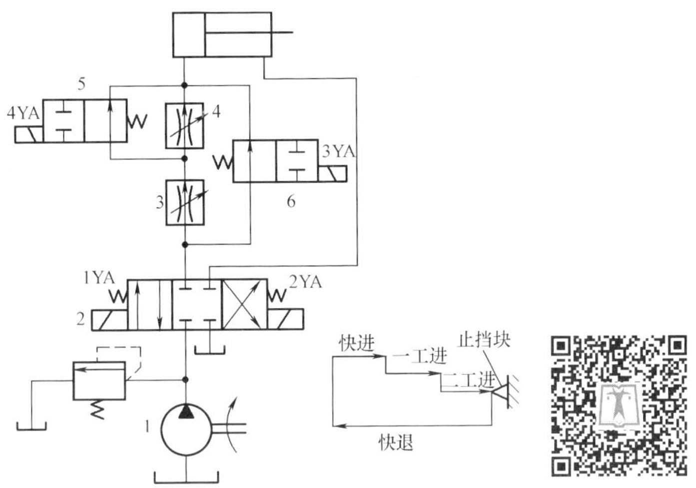

图 6-40　调速阀串联的二次进给回路

这种回路速度换接较平稳，常用于组合机床实现二次进给的回路中。

（2）调速阀并联的二次进给回路。图 6-41（a）所示为由调速阀 4 和 5 并联组成的二次进给速度换接回路。该回路也可实现快进—一次工进—二次工进—快退—原位停止的工作循环。当电磁铁 1YA 和 4YA 通电时，压力油经三位四通电磁阀 1 后，再经调速阀 4 和二位三通电磁阀 3 的左位进入液压缸左腔，活塞的运动速度由调速阀 4 控制，实现第一次工作进给；当需要二次工作进给速度时，再使 3YA 通电，则调速阀 4 被切除，压力油需经调速阀 5 和二位三通电磁阀 3 的右

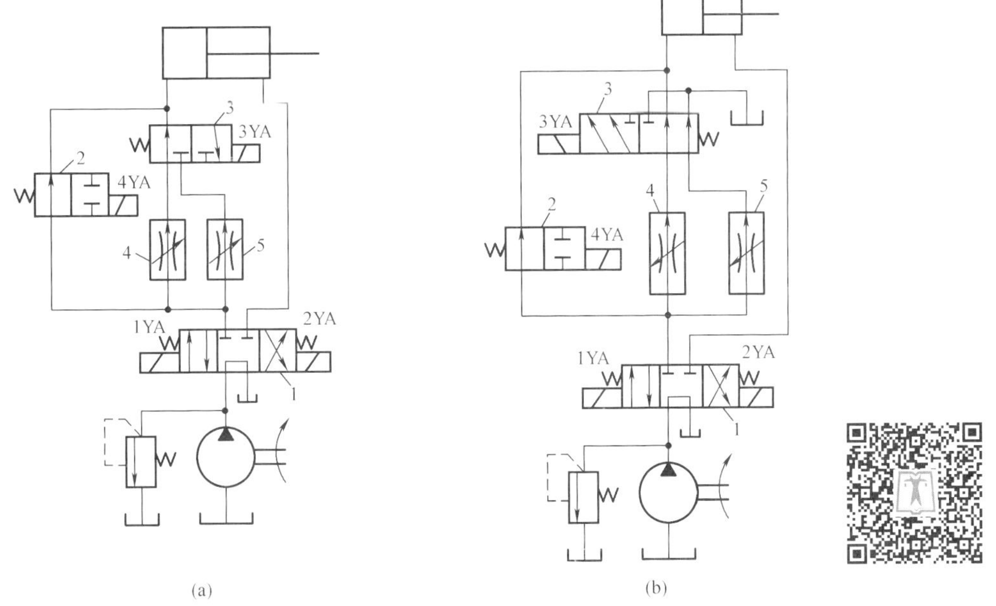

图 6-41　调速阀并联的二次进给回路

位进入液压缸，活塞运动速度由调速阀 5 控制，实现第二次工作进给。这种回路两次进给速度互不影响，调速阀可单独调节，但当一个调速阀工作时，另一个调速阀中无油液通过。因此，这个调速阀内的定差减压阀处于非工作状态，阀口全开，一旦换接，瞬时通过大量油液，易造成液压缸的突然前冲现象。

如果将二位三通换向阀换用二位五通换向阀，并按如图 6 - 41（b）所示的接法连接，当一个调速阀工作时，另一个调速阀仍有油液流过，且它的阀口前后保持一定的压差，其内部减压阀开口较小。换向阀换位使其接入油路工作时，出口压力不会突然减小，因而可克服液压缸的前冲现象，使速度换接平稳。但这种回油路在工作时总有一定流量通过另一个调速阀流回油箱，造成能量损失。

任务指导

6.11 液压快速运动回路实训

6.11.1 差动回路的组建

1. 实验目的

（1）通过实验，了解液压差动回路组建方法及性能。

（2）加深对液压缸差动连接实现快速运动的理解。

2. 实验原理图

实验原理图如图 6 - 42 所示。

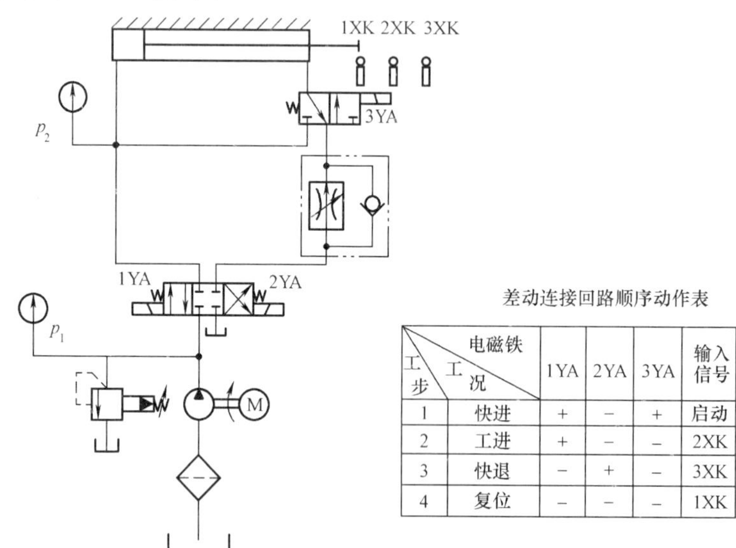

差动连接回路顺序动作表

工步 \ 工况 \ 电磁铁		1YA	2YA	3YA	输入信号
1	快进	+	−	+	启动
2	工进	+	−	−	2XK
3	快退	−	+	−	3XK
4	复位	−	−	−	1XK

图 6 - 42　差动回路

3. 实验步骤

（1）按实验回路图，取出液压元件并检查型号是否正确。

（2）将液压元件安装在实验台面板合适位置，通过快换接头和液压软管按回路要求连接。

（3）把所有电磁换向阀的电磁铁和行程开关编号，如图 6 - 42 所示，并在矩阵板和侧板上进行电气线路连接，并把选择开关拨至要求位置。

（4）调整行程开关之间的距离，使之等距，放松溢流阀，启动泵，调节溢流阀压力为 2MPa。

（5）调整回路后，按下“顺序复位”按钮，使顺序复零。按动“顺序启动”按钮，则液压元件即可实现动作。

（6）实验完毕后，首先旋松回路中的溢流阀手柄，然后将电机关闭。当确认回路中压力降为零后，方可将软管和元件取下放入规定的抽屉内，以备后用。

6.11.2　单向调速阀串联的速度换接回路

1. 实验目的

（1）通过实验，了解单向调速阀串联的速度换接回路组建方法及性能。

（2）加深对速度换接回路的理解。

2. 实验原理图

实验原理图如图 6-43 所示。

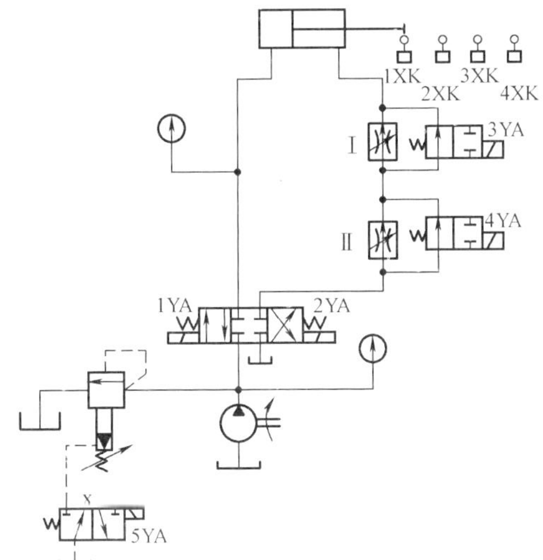

速度换接回路动作顺序表

工况＼电磁铁	1YA	2YA	3YA	4YA	5YA	输入信号
快进	+	−	−	−	−	启动
一工进	+	−	+	−	−	2XK
二工进	+	−	+	+	−	3XK
快退	−	+	−	−	−	4XK
卸荷	−	−	−	−	+	1XK
复位	−	−	−	−	−	

图 6-43　单向调速阀串联的速度换接回路

3. 实验步骤

（1）按实验回路图，取出液压元件并检查型号是否正确。

（2）将液压元件安装在实验台面板合适位置，通过快换接头和液压软管按回路要求连接。

（3）将所有电磁换向阀的电磁铁和行程开关编号，如图 6-42 所示，在矩阵板和侧板上进行电气线路连接，并把选择开关拨至要求位置。

（4）调整四个行程开关之间的距离，使之等距，放松溢流阀，启动泵，调节溢流阀压力为 4MPa，分别调节单向调速阀的开口，调速阀Ⅰ的开口小于调速阀Ⅱ的开口。

（5）按动“复位”按钮复零，随之按动“启动”按钮，即可实现动作。

（6）实验完毕后，首先旋松回路中的溢流阀手柄，然后将电机关闭。当确认回路中压力降为零后，方可将软管和元件取下放入规定的抽屉内，以备后用。

气动知识

6.12 气压速度控制回路

速度控制回路是用来调节气缸的运动速度或实现气缸缓冲等功能的。

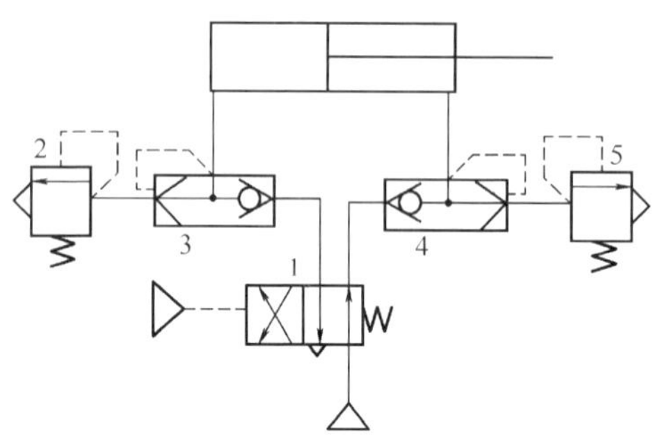

图 6-44 快速往返回路

1. 快速往返回路

图 6-44 所示为快速往返回路。在快速排气阀 3 和 4 的后面装有溢流阀 2 和 5，当气缸通过快速排气阀排气时，溢流阀就成为背压阀。这样，气缸的排气腔有了一定的背压力，增加了运动的平稳性。

2. 缓冲回路

图 6-45 所示为采用行程阀和单向节流阀组成的缓冲回路。当气缸活塞杆伸出到位时，活塞上的挡块压下行程阀，右腔气体只能经单向节流阀排出，使活塞速度减慢，达到行程末端缓冲的目的。调节行程阀的安装位置，可以改变缓冲开始的时间。

3. 气-液调速回路

在要求气缸具有准确而平稳的速度时，尤其是在负载变化较大场合，就要采用气-液相结合的调速方式。图 6-46 所示为采用气-液转换器的速度控制回路。当电磁阀通电时，气-液联动缸左腔进气，右腔的回油经行程阀到气-液转换器，活塞杆快速伸出。直到活塞杆上的挡块压下行程阀后，缸右腔的回油需经节流阀到气-液转换器，活塞伸出速度变慢。通过调节节流阀可调节活塞的进给速度。当电磁阀断电时，活塞快速缩回。

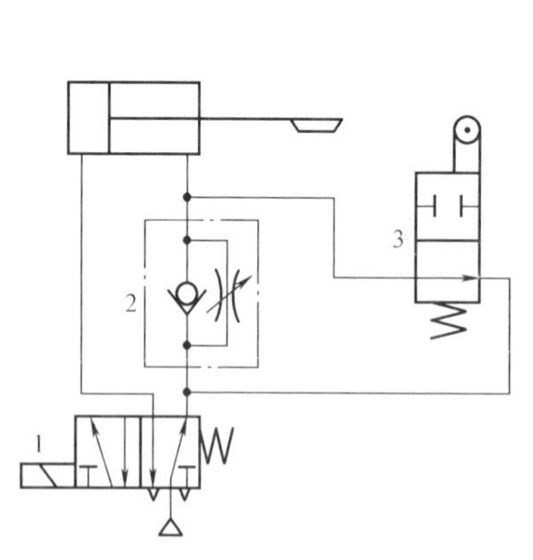

图 6-45 缓冲回路

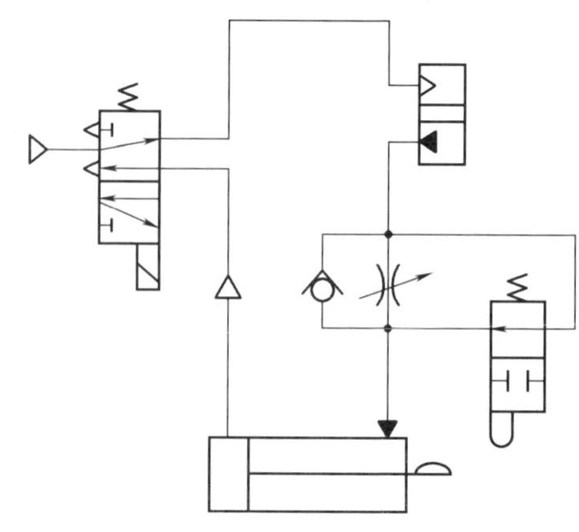

图 6-46 气-液调速回路

任务五　多缸动作回路的认知

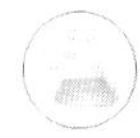

任务描述

要求学生自己选择液压元件，在 QCS014 可拆式液压实验台上组建行程控制的顺序动作回路、单向顺序阀控制的顺序动作回路、调速阀并联的同步回路。

任务分析

行程阀控制的顺序动作回路、单向顺序阀控制的顺序动作回路和调速阀并联的同步回路都属于多缸动作回路。完成本任务，需要认真学习多缸动作回路的基本知识，然后在实验指导老师的指导下，搭建回路，经检查合格后方可启动电源，进行实训。

相关知识

6.13　多缸动作回路

某些机械，特别是自动化机床，在一个工作循环中通常有两个或两个以上的执行元件工作。若存在各执行元件动作次序的问题，可以通过压力、行程或流量控制来实现多个执行元件按预定要求进行动作。控制多个执行元件的回路包括顺序动作回路和同步动作回路。

6.13.1　顺序动作回路

在多缸液压系统中，通常需要按照预先给定的动作次序来实现顺序动作。例如，自动车床中刀架的纵、横向运动，夹紧机构的定位、夹紧运动等。按其控制原理，顺序动作回路可分为压力控制、行程控制和时间控制三类，其中前两类应用较多。

1. 压力控制的顺序动作回路

压力控制就是利用油路本身的压力变化来控制液压缸的先后动作顺序，它主要利用压力继电器和顺序阀来控制顺序动作。

（1）用压力继电器控制的顺序动作回路。图 6-47 所示为利用压力继电器实现顺序动作的回路，当 1YA 通电时，换向阀 1 在左位工作，液压缸 A 的活塞向右伸出，实现动作①；当液压缸 A 的活塞向右伸出到位时，缸 A 左腔压力升高，达到压力继电器 1YJ 的调定压力时，压力继电器 1YJ 发出电信号，使电磁铁 2YA 通电，换向阀 2 在左位工作，压力油进入缸 B 的左腔，其活塞向右伸出，实现动作②；当液压缸 B 的活塞向右伸出到位时，缸 B 左腔压力升高，达到压力继电器 3YJ 的调定压力时，压力继电器 3YJ 发出电信号，使电磁铁 2YA 断电，换向阀 2 切换到右位工作，压力油进入缸 B 的右腔，其活塞向左缩回，实现动作③；当液压缸 B 的活塞向左缩回到位时，缸 B 右腔压力升高，达到压力继电器 4YJ 的调定压力时，压力继电器 4YJ 发出电信号，使电磁铁 1YA 断电，换向阀 1 切换到右位工作，缸 A 的活塞向左缩回，实现动作④。当缸 A 的活塞向左缩回到位后，缸 A 右腔压力升高，达到压力继电器 2YJ 的调定压力时，压力继电器发出电信号，使电磁铁 1YA 通电，自动重复上述工作循环，直到按下停止按钮为止。

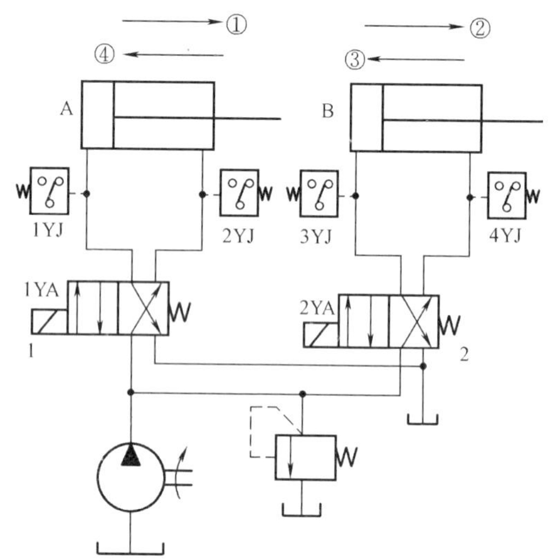

图 6-47　压力继电器控制的顺序动作回路

在这种顺序动作回路中，为了防止压力继电器在前一行程液压缸到达行程端点之前发生误动作，其调定值应比前一行程液压缸的最大工作压力高 0.3～0.5MPa。同时，为了能使压力继电器可靠地发出信号，其压力调定值又应比溢流阀的调定压力低 0.3～0.5MPa。液压冲击易使压力继电器误动作，适用于压力冲击小及夹紧力大小要求不严的系统中。

（2）用顺序阀控制的顺序动作回路。图 6-48 所示为采用两个单向顺序阀控制的顺序动作回路。其中，单向顺序阀 2 控制两液压缸前进时的先后顺序，单向顺序阀 1 控制两液压缸

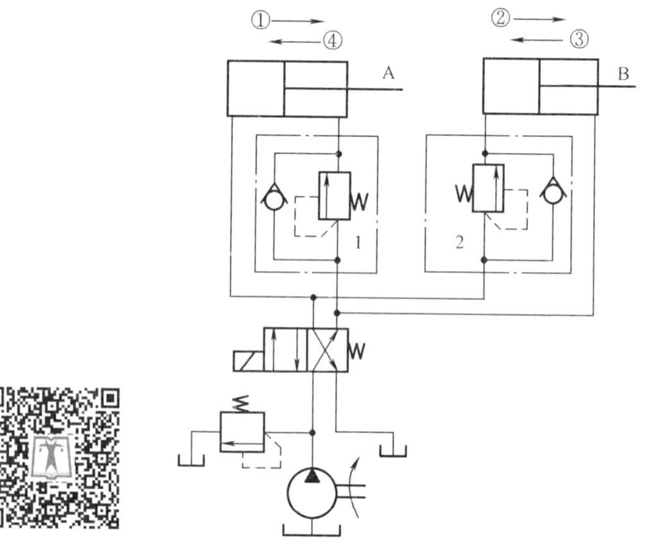

图 6-48　顺序阀控制的顺序动作回路

后退时的先后顺序。当二位四通电磁阀处于左位时，压力油进入液压缸A的左腔，右腔经阀1中的单向阀回油，此时由于压力较低，顺序阀2关闭，缸A的活塞先向右运动，实现动作①；当缸A的活塞运动到位时，系统工作压力升高，当压力升至单向顺序阀2的调定压力时，阀2开启，压力油进入液压缸B的左腔，右腔直接回油，缸B的活塞向右运动，实现动作②；当缸B的活塞运动到位后，电磁阀断电复位，此时压力油进入缸B的右腔，左腔经阀2中的单向阀回油，缸B活塞向左返回，实现动作③；返回到位时，油液压力升高，打开顺序阀1，进入液压缸A的右腔，缸A活塞向左返回，实现动作④。

这种顺序动作回路的优点是动作较灵敏，安装连接方便。缺点是可靠性差、位置精度低。适用于液压缸数目不多、负载变化小的系统。

2. 行程控制的顺序动作回路

（1）用行程开关控制的顺序动作回路。图6-49所示为采用电气行程开关的顺序动作回路。当1YA通电，压力油经阀1左位进入缸A左腔，使活塞向右运动，实现动作①；缸A活塞运动到位时，挡铁触动行程开关2XK，使2YA通电，压力油经阀2左位进入缸B左腔，使活塞向右运动，实现动作②；缸B活塞运动到位时，挡铁触动行程开关4XK，使1YA断电，这时，压力油经阀1右位进入缸A右腔，使活塞向左运动，实现动作③；缸A活塞运动到位时，挡铁触动行程开关1XK，使2YA断电，压力油经阀2右位进入缸B右腔，使活塞向左退回原位，实现动作④，这时挡铁触动行程开关3XK，使1YA通电，自动重复上述工作循环。

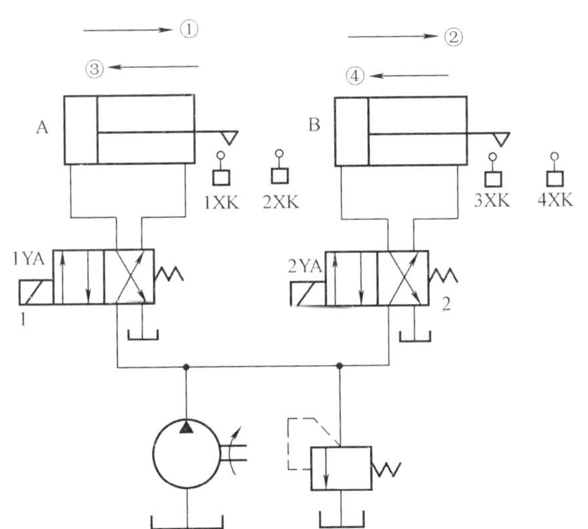

图6-49　行程开关控制的顺序动作回路

这种顺序动作回路换向位置准确、动作可靠，并且容易调整行程大小或改变动作顺序。

（2）用行程阀控制的顺序动作回路。图6-50所示为采用行程阀控制的顺序动作回路。当阀1的电磁铁通电时，液压缸A的活塞右移，实现动作①；当缸A活塞杆上的挡块压下行程阀2时，阀2换向，使缸B的活塞向右运动，实现动作②；当阀1断电后，缸A的活塞向左退回，实现动作③；其活塞杆上的挡块松开行程阀2时，阀2复位，缸B的活塞也向左退回，实现动作④，完成一个工作循环。

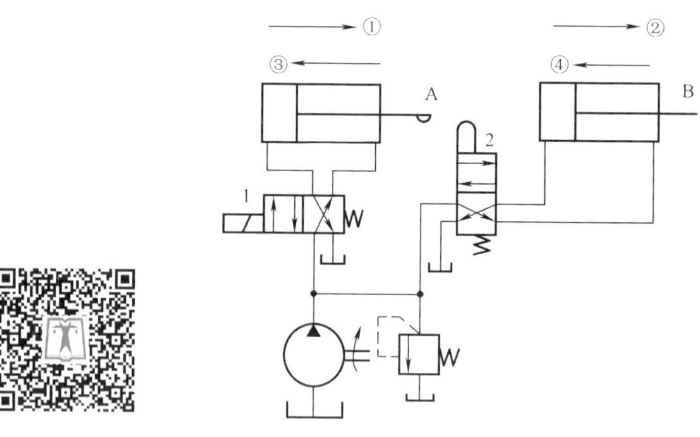

图 6-50　行程阀控制的顺序动作回路

这种回路工作可靠，但改变动作顺序比较困难，常用于动作顺序不需变动的场合。

6.13.2　同步回路

同步回路是实现多个执行元件以相同位移或相等速度运动的回路。大型设备因负载增加或布局的关系，需要多个执行元件同时驱动一个工作部件，这时可采用同步回路。但由于负载的不均衡、摩擦阻力不等、泄漏量不同等原因，都会影响同步精度。同步回路可克服这些影响，消除累积误差而保证同步。

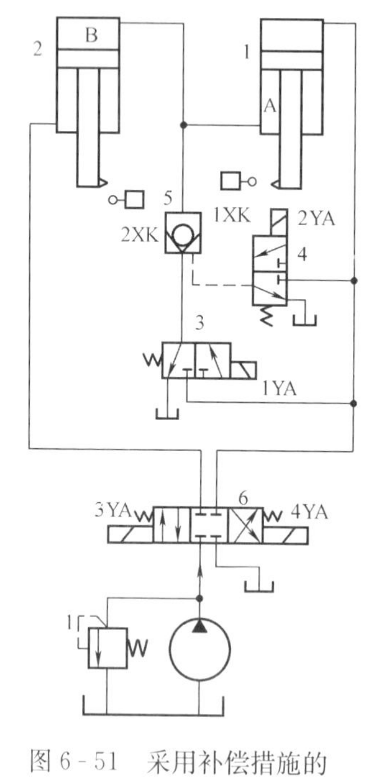

图 6-51　采用补偿措施的串联液压缸同步回路

1. 带补偿装置的串联液压缸同步回路

图 6-51 所示为带补偿装置的串联液压缸同步回路。该回路中两液压缸 1 和 2 串联，缸 1 的有杆腔有效作用面积 A 和缸 2 的无杆腔有效作用面积 B 相等，因两腔连通，所以进出流量相等，两缸的升降便得到了同步。在实际使用中，两缸有效作用面积和泄漏量的微小差别，在经过多次行程后将积累为显著位置上的差别。为此，这种回路一般具有位置补偿装置。

补偿装置的作用是使同步误差在每一次下行运动过程中得到消除。即当 4YA 通电时，两缸同步下降。假如缸 1 的活塞先到达终点，它就会触动行程开关 1XK 使 1YA 通电，压力油就会通过电磁阀 3 和液控单向阀 5 向缸 2 的 B 腔补油，推动缸 2 的活塞继续下降到终点；假如缸 2 的活塞先到达终点，它就会触动行程开关 2XK 使 2YA 通电，压力油打开液控单向阀 5 的反向通道，缸 1A 腔的油液通过液控单向阀 5 和电磁阀 3 流回油箱，使缸 1 的活塞也继续下降到终点。这样两缸位置上的误差就不会累积了。

这种回路两缸能承受不同的负载，但泵的供油压力要大于两缸工作压力之和，只适用于负载较小的液压系统。

2. 用调速阀控制的同步回路

用调速阀的单向同步回路如图 6－52 所示。两个液压缸是并联的，在它们的回油路上，各串接一个单向调速阀，分别调节两个调速阀的开口大小，便可调节从两个液压缸流出的流量，使两个液压缸向右伸出的速度相等。若两个液压缸的有效作用面积相同，且通过两个调速阀的流量也调整得相等，则两个液压缸活塞的运动速度可实现同步。若两缸有效作用面积不相等，则通过调整调速阀的流量也能达到同步运动的目的。

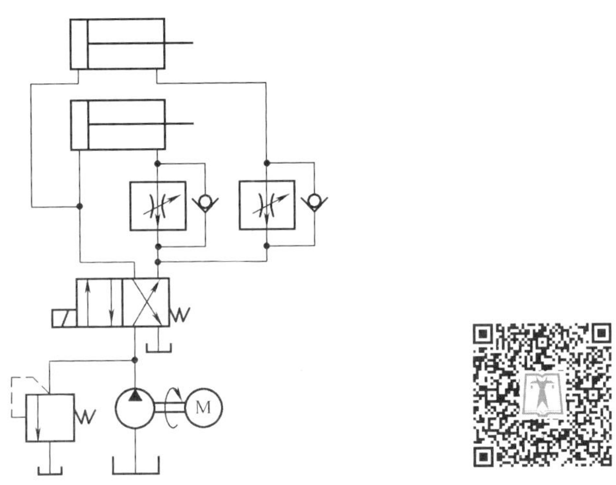

图 6－52　用调速阀控制的单向同步回路

这种同步运动的方法比较简单，并且可以调速，但因两个调速阀的性能不可能完全一致，同时受到油温变化、载荷变化等因素的影响，所以同步精度不高，不宜用在偏载或负载变化频繁的场合。

3. 防干扰回路

（1）蓄能器保压防干扰回路。图 6－53 所示为蓄能器防干扰回路。液压缸 A 用于夹紧工件，当进给缸 B 快速运动时，主油路压力会下降，为保证缸 A 保持原来的夹紧力不变，蓄能器 2 和单向阀 1 起供油保压的作用。

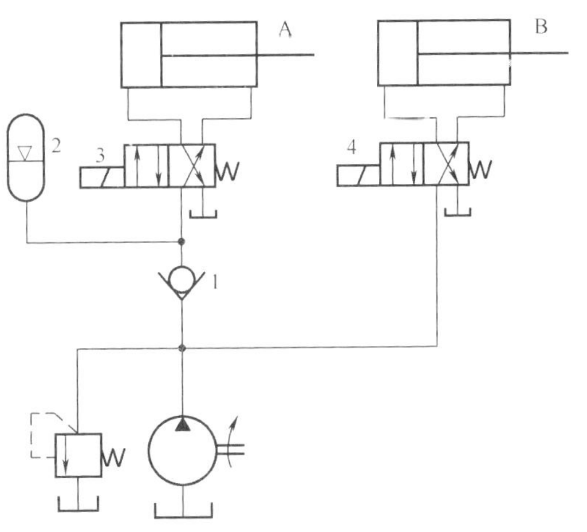

图 6－53　蓄能器防干扰回路

（2）多缸快慢速互不干扰回路。在多缸液压系统中，各液压缸运动时的负载压力是不相等的。这样，在负载压力小的液压缸运动期间，负载压力大的液压缸就不能运动。例如，在组合机床液压系统中，如果用同一个液压泵供油，当某液压缸快速前进（或后退）时，因其负载压力小，其他液压缸就不能工作进给（因为工进时负载压力大），这种现象称为各缸之间运动的相互干扰。下面介绍排除这种干扰的回路。

图 6-54 所示为双泵供油的快慢速互不干扰回路。各液压缸分别要完成快进、工进和快退的工作循环。回路中各液压缸快进、快退都由大流量泵 2 供油，且快进时为差动连接；工进时由小流量泵 1 供油，彼此互不干扰，其输出压力分别由溢流阀 9 和 10 调定。

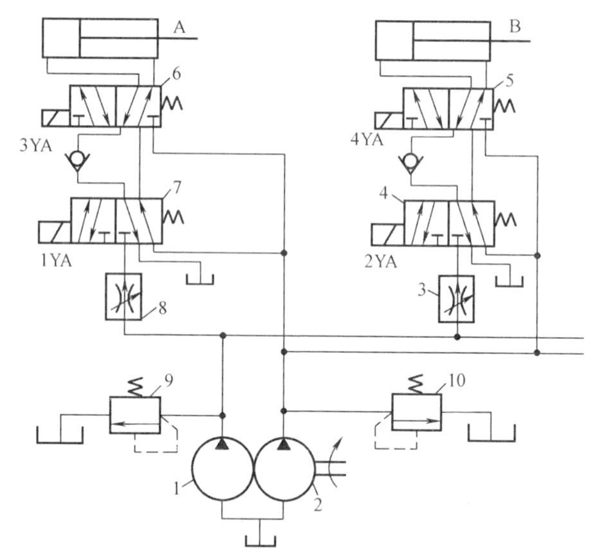

图 6-54　双泵供油互不干扰回路

当开始工作时，电磁铁 3YA 和 4YA 通电工作，液压泵 2 输出的压力油经电磁阀 7 和 6 进入液压缸 A，经电磁阀 4 和 5 进入液压缸 B。此时，两液压缸分别形成差动连接，使各活塞快速向右运动。当电磁铁 3YA、4YA 断电，1YA、2YA 通电后，液压泵 1 输出的压力油经调速阀 8 和电磁阀 7、6 进入缸 A 左腔，经调速阀 3 和电磁阀 4、5 进入缸 B 左腔，右腔油液流回油箱，执行元件由快进转换为工进，工进所需压力油由液压泵 1 供给。如果其中某一液压缸（如缸 A）先转换为快速退回，即换向阀 6 的电磁铁 3YA 通电换向（这时 1YA 继续通电），泵 2 输出的油液经电磁阀 6 进入液压缸 A 的右腔，左腔经电磁阀 6、电磁阀 7 流回油箱，使活塞快速退回。而其他液压缸仍由泵 1 供油，继续进行工作进给。这时，调速阀 3（或 8）使泵 1 仍然保持溢流阀 9 的调整压力，不受快退的影响，防止了相互干扰。这种回路可以用在具有多个工作部件各自分别运动的机床液压系统中。该回路的电磁铁动作见表 6-5。

表 6-5　　双泵供油互不干扰回路电磁铁动作表

信号来源 / 动作名称	A 缸		B 缸	
	1YA	3YA	2YA	4YA
快进	−	+	−	+
工进	+	−	+	−
快退	+	+	+	+
停止	−	−	−	−

注　+通电，−断电。

任务指导

6.14　多缸动作回路实训

6.14.1　行程控制的多缸顺序动作回路

1. 实验目的

（1）通过亲自装拆，了解行程控制多缸动作回路的组成和性能。

（2）利用现有的液压元件，拟定其他方案，并与之比较。

2. 实验原理图

行程控制的多缸顺序动作回路原理图如图 6-55 所示。

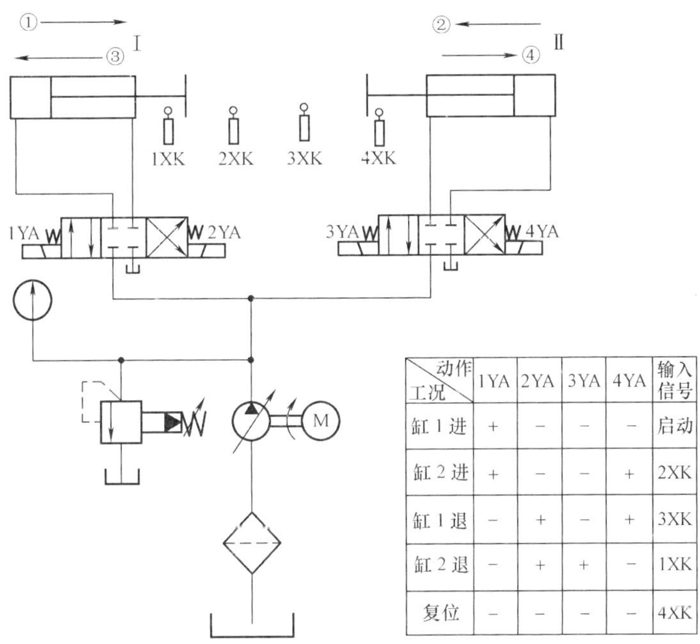

动作/工况	1YA	2YA	3YA	4YA	输入信号
缸 1 进	+	−	−	−	启动
缸 2 进	+	−	−	+	2XK
缸 1 退	−	+	−	+	3XK
缸 2 退	−	+	+	−	1XK
复位	−	−	−	−	4XK

图 6-55　多缸顺序动作回路

3. 实验步骤

（1）按实验回路图，取出液压元件并检查型号是否正确。

（2）将液压元件安装在实验台面板合适位置，通过快换接头和液压软管按回路要求连接。

（3）在矩阵板和侧板上，进行电气线路连接，并把选择开关拨至要求位置。

（4）旋松溢流阀，启动液压泵，调节溢流阀的压力为 2MPa。

（5）把选择开关拨至顺序位置，按动“复位”按钮复零。

（6）按动“启动”按钮，即可实现所要求顺序。

（7）实验完毕后，首先旋松回路中的溢流阀手柄，然后将电机关闭。当确认回路中压力降为零后，方可将软管和元件取下放入规定的抽屉内，以备后用。

6.14.2 同步回路

1. 实验目的

通过亲自装拆，了解同步回路的组成和性能。

2. 实验原理图

同步回路实验原理图如图 6-56 所示。

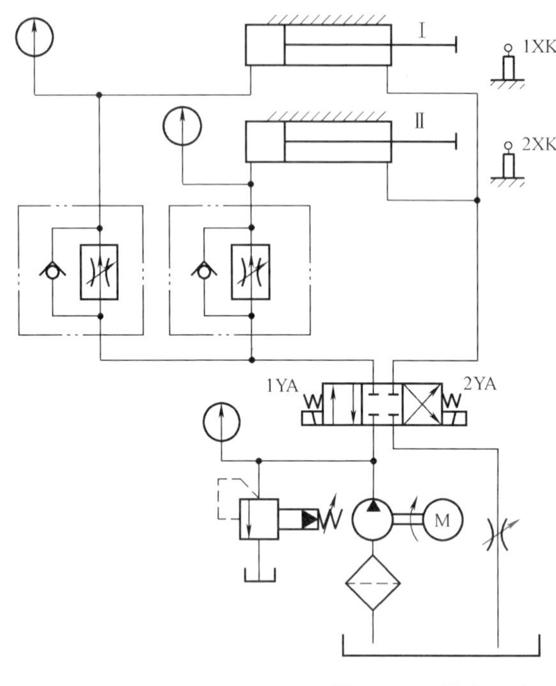

工况 \ 动作	1YA	2YA	输入信号
缸 1 进	+	−	
缸 2 进	+	−	
缸 1 退	−	+	1XK或 2XK
缸 2 退	−	+	

图 6-56 同步回路

3. 实验步骤

（1）按实验回路图，取出液压元件并检查型号是否正确。

（2）将液压元件安装在实验台面板合适位置，通过快换接头和液压软管按回路要求连接。

（3）在矩阵板和侧板上，进行电气线路连接，并把选择开关拨至要求位置。

（4）放松溢流阀，启动液压泵，调节溢流阀的压力为 4MPa，用 1XK 或 2XK 发信计时。

（5）拨动顺序手动开关 1，使 1YA 通电，两液压缸活塞杆向外伸出，在运动过程中分别调节两个单向调速阀，使两只液压缸动作正常。

（6）若 1XK 行程开关先被缸Ⅰ活塞头碰撞，就将 1XK 的电线插头接入“输入信号 1”，2XK 的电线插头接入“输入信号 2”；若 2XK 行程开关先被缸Ⅱ活塞头碰撞，就将 2XK 的电线插头接入“输入信号 1”，1XK 的电线插头接入“输入信号 2”。液压缸活塞杆缩回。

（7）测试 5 次，求平均值，测量两只液压缸的同步精度≤10%，同步精度=（同步误差时间/全行程时间）×100%。

（8）实验完毕后，首先旋松回路中的溢流阀手柄，然后将电机关闭。当确认回路中压力降为零后，方可将软管和元件取下放入规定的抽屉内，以备后用。

4. 思考题

（1）该回路中，取消背压阀后，同步精度是否比有背压阀时的好，为什么?

（2）该回路中，如果两只液压缸负载不同，则两只调速阀的开口是否相同，为什么?

（3）分析该同步回路，影响同步精度的主要因素是什么?

气动知识

6.15　其他气动回路

6.15.1　安全保护回路

1. 过载保护回路

图 6-57 所示为两种过载保护回路。在图 6-57（a）所示回路中，当按下手动换向阀 1 时，换向阀 4 换向，气缸活塞杆向右伸出。若在右行途中遇到障碍 6 而过载时，气缸左腔压力因外力而升高。超过预定值后，即打开顺序阀 3，使阀 2 换向，而换向阀 4 因左端的控制气体排空而复位，从而使气缸右腔进气，活塞缩回，实现过载保护。若无障碍 6，气缸向右运动到位时，压下行程阀 5，活塞即刻缩回。图 6-57（b）所示为使用或门型梭阀的过载保护回路，按下手动阀 1 时，换向阀 2 切换至左位，气缸活塞向右伸出。若负载过大，则气缸左腔压力升高，当超过预定值时，即打开顺序阀 3，控制气体经梭阀 4 将阀 2 切换至右位，从而使活塞向左缩回，防止系统过载。若气动系统正常工作，气缸向右运动到位时，压下行程阀 5，阀 2 切换至右位，活塞向左缩回。

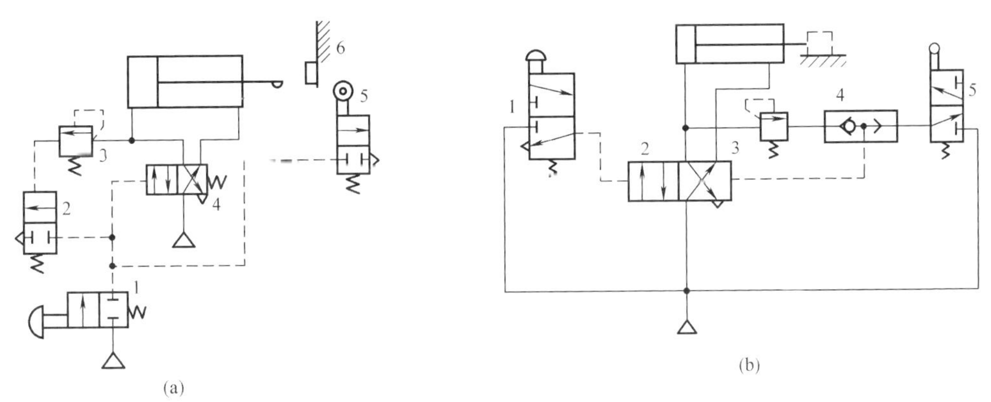

图 6-57　过载保护回路

2. 双手操作回路

双手操作回路常用在锻造、冲压机械上。若一只手拿原料，另一只手操作启动阀，易造成工伤事故，而当两只手同时操作时，可避免产生误动作，以保护操作者的安全。

图 6-58 所示为双手操作回路。只有同时按下手动换向阀 1、2 时，才能使换向阀 3 切换到左位，使活塞杆向右伸出。在操作过程中，任何一只手离开时，控制信号都会消失，换向阀 3 复位，则活塞杆缩回。需要注意的是，换向阀 1 和 2 必须安装在单手不能同时操作的位置上。

6.15.2　同步回路

1. 采用单向节流阀的同步回路

图 6 - 59 所示为采用单向节流阀的同步回路，通过对单向节流阀分别调节，来使两缸同步。但这种同步回路的同步精度不高。

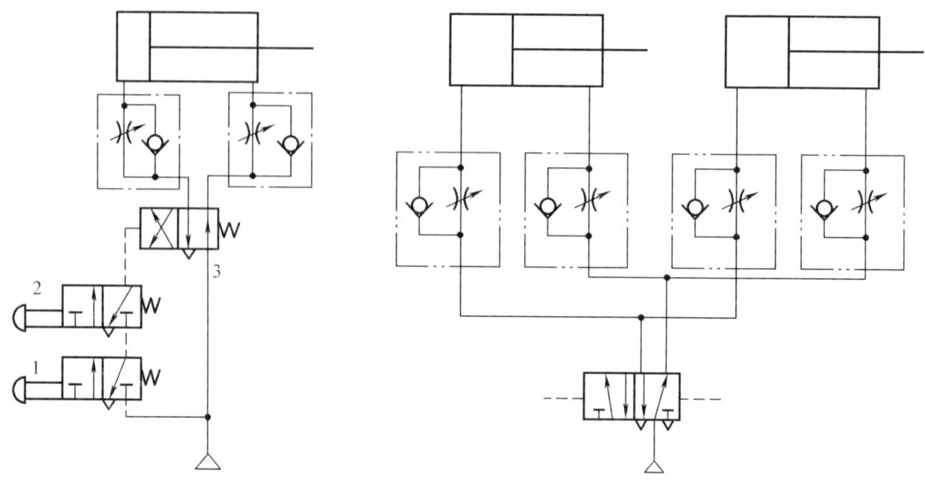

图 6 - 58　双手操作回路

图 6 - 59　采用单向节流阀的同步回路

2. 采用气液缸串联的同步回路

图 6 - 60 所示为采用气液缸串联的同步动作回路，这种回路的同步精度较高。图 6 - 60 中，缸 A 的下腔与缸 B 的上腔相连，内部封入一定量的液压油。只要保证缸 A 下腔的有效面积和缸 B 上腔的有效面积相等，就可实现两缸的同步运动。回路中 1 接排气装置，使用中要注意经常打开它，放掉混入油液中的空气并补入油液，以保证得到较高的同步精度。

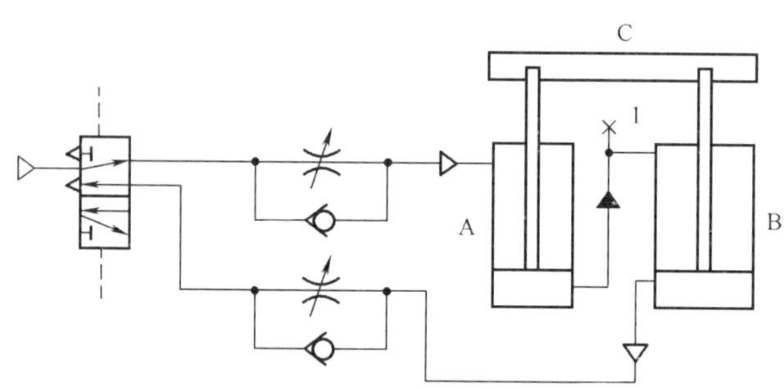

图 6 - 60　采用气液缸串联的同步回路

6 - 1　如图 6 - 61 所示回路，泵的供油压力有几级？各为多大？

6 - 2　如图 6 - 62 所示回路，液压缸两腔面积 $A_1=100\text{cm}^2$，$A_2=50\text{cm}^2$。当负载 $F_1=2.8\times10^3\text{N}$，$F_2=8.4\times10^3\text{N}$，背压阀的背压 $p_2=0.2\text{MPa}$，节流阀压差 $\Delta p=0.2\text{MPa}$ 时，不计其他损失，试求图中 A、B、C 各点压力。

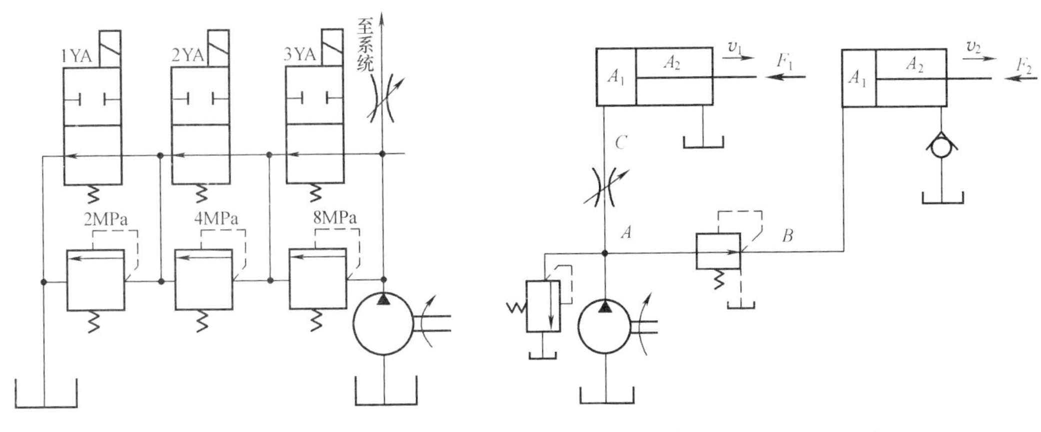

图 6 - 61　题 6 - 1 图　　　　图 6 - 62　题 6 - 2 图

6 - 3　如图 6 - 63 所示回路能否实现“缸 1 先夹紧工件后，缸 2 再移动”的要求？为什么？夹紧缸的速度能否调节？为什么？（提示：从顺序阀可靠动作的条件和进油节流调速条件考虑）

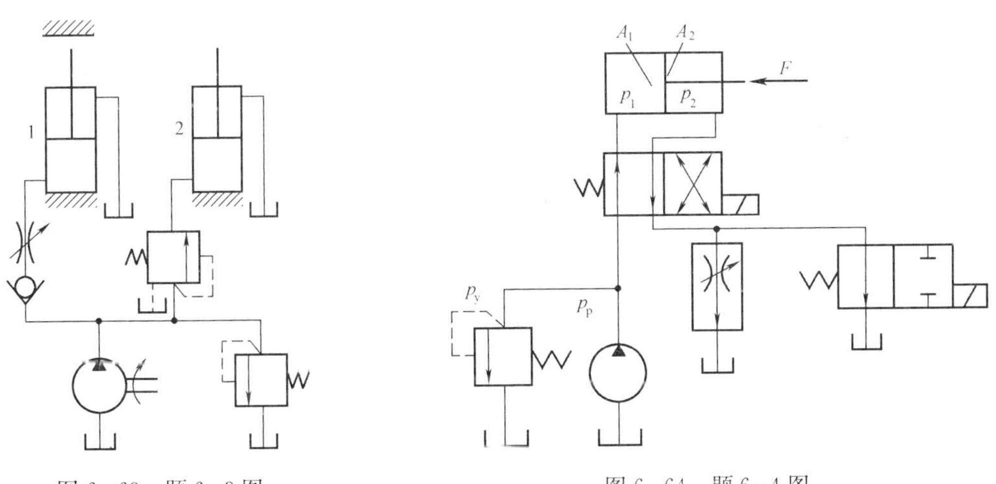

图 6 - 63　题 6 - 3 图　　　　图 6 - 64　题 6 - 4 图

6 - 4　图 6 - 64 所示为某专用液压铣床的控制回路图。液压泵输出流量 $q_p=30\text{L/min}$，其中，溢流阀的调定压力 $p_y=2.4\text{MPa}$，液压缸两腔有效面积 $A_1=50\text{cm}^2$，$A_2=25\text{cm}^2$，切削负载 $F=9000\text{N}$，摩擦负载 $F_f=1000\text{N}$，切削时通过调速阀的流量为 $q_t=1.2\text{L/min}$，若元件的泄漏和损失忽略不计。试求：（1）活塞快速接近工件时，活塞的运动速度 v_1 及回路效率 η_1；（2）当切削进给时，活塞的运动速度 v_2 及回路的效率 η_2。

6 - 5　试说明如图 6 - 65 所示容积调速回路中液控单向阀 A 和单向阀 B 的功用。（提示：从液压缸的进出流量大小不同考虑）

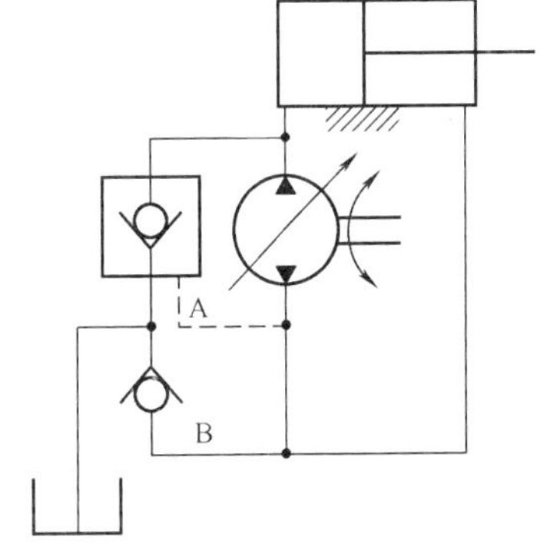

图 6 - 65　题 6 - 5 图

学习情境七 典型液压与气动系统

任务 钻床工作台液压系统故障分析与设计

任务描述

图 7-1（a）所示为某液压钻床工作台示意图，工件的夹紧和钻头的进给是由液压系统控制的，其液压回路如图 7-1（b）所示，图中缸 3 为夹紧液压缸，缸 4 为工作液压缸，缸 3 将工件夹紧后，由缸 4 带动刀具进行切削加工，加工完毕后，发现零件尺寸超差。试找出故障原因，然后设计一钻床液压系统，要求如下。

（1）夹紧缸与工作缸依次实现顺序动作。即启动液压泵后，夹紧缸夹紧，实现动作①；工件夹紧后，工作缸开始钻孔，实现动作②；钻孔完毕以后，换向阀换向，工作缸返回，实现动作③；钻头退回后，夹紧缸松开工件，实现动作④；夹紧缸退回后，完成一个工作循环。

（2）工作液压缸可实现快进—工进的速度换接。

（3）该系统可应用于对夹紧力有不同要求的加工工件上。

（4）工作缸必须在夹紧力达到规定值时才能推动钻头进给。

（5）换向阀采用电磁阀。

根据上述要求，首先画出液压原理图，选出所需元器件，并在液压实验台上组建回路；检查各油口连接情况后，启动液压泵，观察压力表显示的压力值。观察系统的运行情况，并对遇到的问题进行分析与解决。

做完实验后，拆下管线，将元件放回指定位置，完成实验报告。

任务分析

要完成本任务，需要掌握阅读和分析液压系统的方法，通过几个典型液压系统的学习，逐步掌握分析和设计液压回路的方法。

相关知识

任何一个液压与气动系统都是由一些元件和基本回路组成的。本学习情境选择了广泛用于机械工程中的 4 个液压传动系统和 5 个气压传动系统作为典型案例进行讲解，以便深入认识元件特性，掌握复杂系统构成，并学会阅读、分析和独立设计较简单液压系统的一般方法。

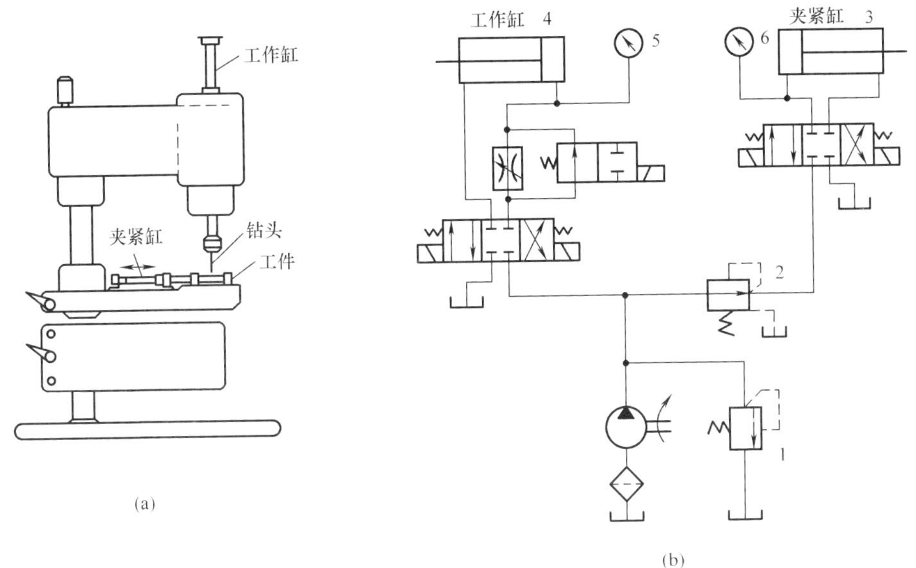

图 7-1　液压钻床工作台示意图
(a) 钻床工作台；(b) 钻床液压系统

7.1　组合机床动力滑台液压系统

组合机床是一种高效率的专用机床，由具有一定功能的通用部件和一部分专用部件组成，加工范围较广，自动化程度较高，在机械制造业中得到了广泛的应用。

动力滑台是组合机床上用以实现进给运动的一种通用部件，根据加工需要，滑台上装有各种用途的专用切削头等工作部件，用以完成钻、扩、铰、镗、刮端面、倒角、铣削、攻螺纹等工序，并能按多种进给方式实现半自动工作循环。

7.1.1　YT4543 型动力滑台液压系统工作原理

YT4543 型液压动力滑台由液压缸驱动，它在电气和机械装置的配合下实现各种自动工作循环。进给速度范围为 6.6～660mm/min，最大快进速度为 7300mm/min，最大进给推力为 45kN。

图 7-2 所示为 YT4543 型动力滑台液压系统图，其工作循环为快进—一次工进—二次工进—死挡铁停留—快退—原位停止。该液压系统采用限压式变量叶片泵供油，用电液换向阀换向，用行程阀实现快进和工进的切换，用串联调速阀实现两次工进速度的切换。

1. 快速进给

按下启动按钮，电磁铁 1YA 通电，电磁换向阀 A 和液动换向阀 B 均处于左位，行程阀 11 处于常态，液压缸形成差动连接。由于快进时，负载较小，系统工作压力较低，外控顺序阀 5 关闭，变量泵 2 在低压下输出最大流量，满足动力滑台快速前进的需要。这时油路如下：

（1）控制油路。

进油路：过滤器 1—变量泵 2—先导电磁阀 A 左位—单向阀 C—液动阀 B 左端。

回油路：液动阀B右端—节流阀F—先导电磁阀A左位—油箱，使液动阀B换为左位，其换向时间由节流阀F调节。

（2）主油路。

进油路：过滤器1—变量泵2—单向阀3—液动阀B左位—行程阀11下位—液压缸左腔。

回油路：液压缸右腔—液动阀B左位—单向阀6—行程阀11下位—液压缸左腔。此时，形成差动连接回路。

节流阀E、F可调节换向时间，以减小液压冲击。

2. 一次工作进给

当滑台快进到预定位置时，挡块压下行程阀11，切断了快进时的进油路。其控制油路未变，而主油路中，压力油只能通过调速阀8和二位二通电磁阀12才能进入液压缸左腔。由于油液流经调速阀而使系统压力升高，外控顺序阀5开启，单向阀6关闭，液压缸右腔的油液经阀5和背压阀4流回油箱。这时，变量泵因系统压力升高而自动减小其输出流量。滑台做第一次工作进给运动，其进给速度由调速阀8的开口量调节。这时主油路如下：

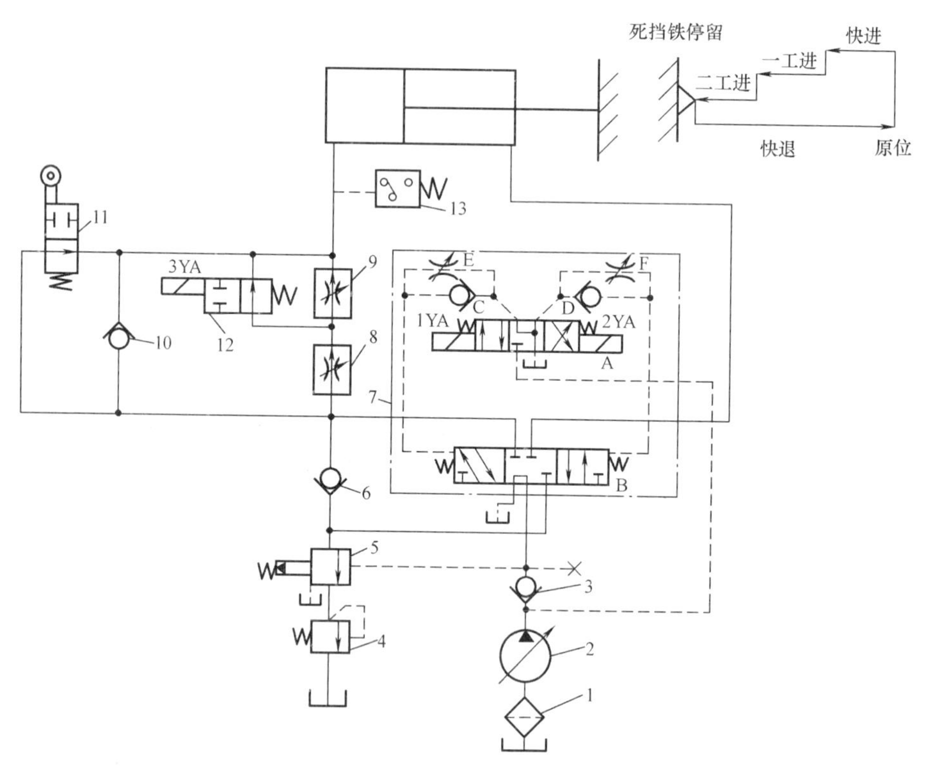

图7-2　YT4543型动力滑台液压系统图

进油路：过滤器1—变量泵2—单向阀3—液动阀B左位—调速阀8—电磁阀12右位—液压缸左腔。

回油路：液压缸右腔—液动阀B左位—外控顺序阀5—背压阀4—油箱。

3. 二次工作进给

在一次工作进给结束时，挡块压下电气行程开关，使电磁铁3YA通电，电磁阀12左位接入系统，液压泵输出的压力油经调速阀8后，需再经调速阀9才能进入液压缸左腔，实现第二次工作进给，进给速度大小由调速阀9调定。液压缸右腔的回油路线与一次工作进给时相同。这时，调速阀9调节的进给速度应小于调速阀8调节的进给速度。

4. 死挡铁停留

滑台第二次工作进给结束碰到死挡铁时，不再前进。这时，液压缸左腔压力升高，当压力升高到压力继电器13的调定压力时，压力继电器向时间继电器发出电信号，由时间继电器控制滑台停留时间。这时，系统内油液已停止流动。液压泵的流量减至很小，仅用于补充泄漏油。设置死挡铁可提高滑台工作进给终点的位置精度及实现压力控制。

5. 快速退回

当滑台停留时间结束后，时间继电器发出信号，使电磁铁1YA、3YA断电，2YA通电，先导电磁阀A右位接入系统，控制油路换向，使液动阀B右位接入系统，因而主油路换向。由于此时滑台没有外负载，系统压力下降，变量泵2的流量又自动增至最大，满足滑台快速退回的需要。这时油路如下：

（1）控制油路。

进油路：过滤器1—变量泵2—先导电磁阀A右位—单向阀D—液动阀B右端。

回油路：液动阀B左端—节流阀E—先导电磁阀A右位—油箱，使液动阀B换为右位，其换向时间由节流阀E调节。

（2）主油路。

进油路：过滤器1—变量泵2—单向阀3—液动阀B右位—液压缸右腔。

回油路：液压缸左腔—单向阀10—液动阀B右位—油箱。

6. 原位停止

当滑台快退至原位时，挡块压下原位电气行程开关使电磁铁2YA断电，此时先导电磁阀A在对中弹簧作用下处于中位，液动阀B左右两边的控制油路通过节流阀E、F和先导阀的中位通油箱。因而，液动阀B也在其对中弹簧作用下回到中位，液压缸两腔封闭，滑台停止运动，由于系统压力低，外控顺序阀5关闭，这时变量泵2输出的压力油通过单向阀3和液动阀B的中位流回油箱，系统处于卸荷状态。这时油路如下：

（1）控制油路。

进油路：液动阀B左端—节流阀E—先导电磁阀A中位—油箱。

回油路：液动阀B右端—节流阀F—先导电磁阀A中位—油箱。

（2）主油路。

进油路：过滤器1—变量泵2—单向阀3—液动阀B中位—油箱。

回油路：液压缸左腔—单向阀10—液动阀B中位堵塞。

液压缸右腔—液动阀B中位堵塞，液压缸原位停止并被锁住。

单向阀3的作用是使滑台在原位停止时，控制油路仍保持一定的控制压力（低压），以便能迅速启动。YT4543型动力滑台液压系统电磁铁动作顺序见表7-1。

7.1.2　YT4543型动力滑台液压系统的特点

YT4543型动力滑台的液压系统由下列一些基本回路所组成：限压式变量叶片泵、调速阀、背压阀组成的容积节流调速回路；液压缸差动连接快速运动回路；电液换向阀式换向回路；行程阀、电磁阀、顺序阀等组成的速度换接回路；调速阀串联的二次进给回路；电液换向阀 M 型中位机能的卸荷回路。

表 7 - 1　电磁铁动作顺序表

<table>
<tr><th rowspan="2">动作名称</th><th rowspan="2">信号来源</th><th colspan="3">电磁铁工作状态</th><th colspan="5">液压元件工作状态</th></tr>
<tr><th>1YA</th><th>2YA</th><th>3YA</th><th>顺序阀 5</th><th>先导电磁阀 A</th><th>液动阀 B</th><th>电磁阀 12</th><th>行程阀 11</th></tr>
<tr><td>快进（差动）</td><td>启动按钮</td><td>+</td><td>−</td><td>−</td><td>关闭</td><td rowspan="4">左位</td><td rowspan="4">左位</td><td rowspan="2">右位</td><td>−</td></tr>
<tr><td>一工进</td><td>挡块压下行程阀 11</td><td>+</td><td>−</td><td>−</td><td rowspan="3">打开</td><td rowspan="3">+</td></tr>
<tr><td>二工进</td><td>挡块压下行程开关</td><td>+</td><td>−</td><td>+</td><td rowspan="2">左位</td></tr>
<tr><td>死挡铁停留</td><td>滑台靠压在死挡铁处</td><td>+</td><td>−</td><td>+</td></tr>
<tr><td>快退</td><td>压力继电器 13 发出电信号</td><td>−</td><td>+</td><td>−</td><td rowspan="2">关闭</td><td>右位</td><td>右位</td><td rowspan="2">右位</td><td>±</td></tr>
<tr><td>原位停止</td><td>挡块压下原位行程开关</td><td>−</td><td>−</td><td>−</td><td>中位</td><td>中位</td><td>−</td></tr>
</table>

注　“+”表示电磁铁通电或行程阀压下；“−”表示电磁铁断电或行程阀复位；“±”表示行程阀先被压下，后复位。

系统的性能主要由这些基本回路所决定，其特点分析如下所述。

（1）限压式变量泵 - 调速阀 - 背压阀式进油节流调速回路能使系统具有：

1）稳定的低速运动、较好的速度稳定性和较大的调速范围；

2）增加背压阀改善了运动平稳性，并能承受一定的负值载荷（即超越负载）；

3）因起动时是进油调速，前冲量较小。

（2）限压式变量泵加上差动连接回路，可获得较大的快进速度，能量利用比较合理。既减少了能量损耗，又使控制油路保持一定的压力，以保证下一工作循环的顺利启动。

（3）采用行程阀和顺序阀实现快进—工进的速度换接，不仅简化了油路和电路，而且使动作可靠，转换的位置精度也较高。采用死挡铁作限位装置，定位准确，重复精度高。

（4）由于液动换向阀阀芯移动的速度可由节流阀 E、F 调节，因此能按要求调节电液换向阀的换向时间，使换向平稳，冲击和噪声小。同时，滑台快退时，系统没有背压，也减少了压力损失。

7.2　数控车床液压系统

随着机电技术的不断发展，特别是数控技术的飞速发展，机床设备的自动化程度和精度越来越高。液压与气动技术由于能方便地实现电气控制，从而成为数控机床中广为采用的传动与控制方式之一。下面以 MJ - 50 型数控车床为例，来说明液压技术在数控机床上的基本应用。

图 7 - 3 所示为 MJ - 50 型数控车床液压系统原理图。该系统能实现：卡盘夹紧与松开，卡盘夹紧力在高、低压之间的转换，回转刀架的松开与夹紧，刀架刀盘的正转与反转，尾座套筒的伸出与缩回。液压系统中各电磁阀电磁铁的动作是由数控系统的 PLC 控制实现的。

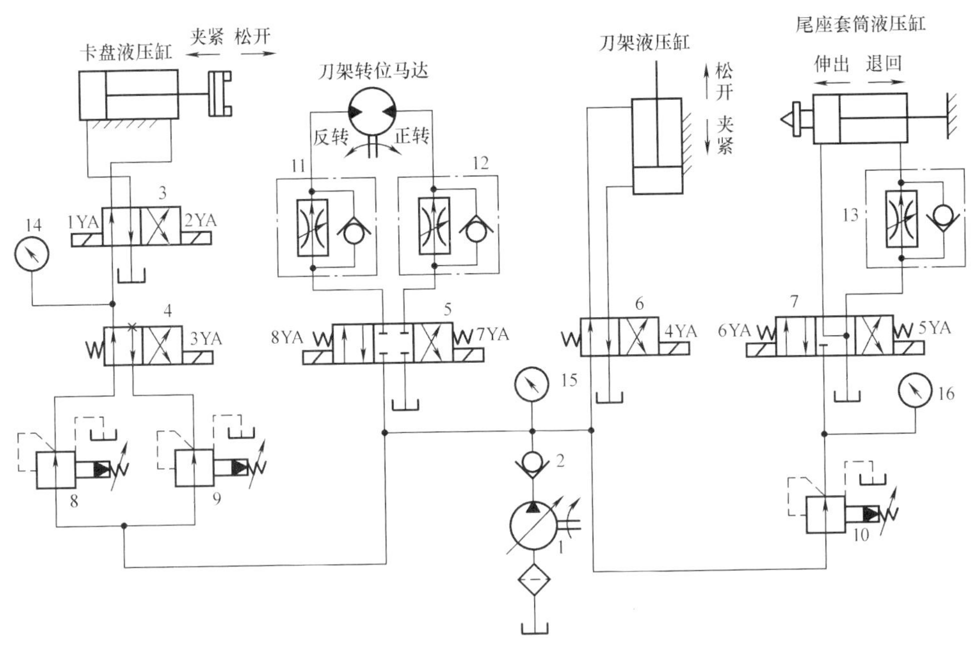

图 7-3　MJ-50 型数控车床液压系统

7.2.1　MJ-50 型数控车床液压系统的工作原理

MJ-50 型数控车床的液压系统采用单向变量液压泵，系统压力调至 4MPa，由压力表 15 显示。泵出口的压力油经过单向阀 2 进入各控制油路，其工作原理分析如下。

1. 卡盘的夹紧与松开

主轴卡盘的夹紧与松开，由二位四通电磁阀 3 控制；卡盘的高压夹紧与低压夹紧的转换，由二位四通电磁阀 4 控制。卡盘的卡紧分为正卡和反卡两种工况。

（1）卡盘正卡。

1）高压夹紧。当卡盘处于正卡且为高压夹紧时，夹紧力的大小由减压阀 8 调整，压力大小由压力表 14 显示。电磁铁 1YA 通电，阀 3 在左位工作，减压阀 8 被接入油路，压力油进入液压缸右腔，活塞向左运动，卡盘高压夹紧。其油路如下：

进油路：变量泵 1—单向阀 2—减压阀 8—电磁阀 4 左位—电磁阀 3 左位—液压缸右腔。

回油路：液压缸左腔—电磁阀 3 左位—油箱。

2）高压松开。反之，当电磁铁 2YA 通电时，电磁阀 3 在右位工作时，活塞向右运动，卡盘松开。这时油路如下：

进油路：变量泵 1—单向阀 2—减压阀 8—电磁阀 4 左位—电磁阀 3 右位—液压缸左腔。

回油路：液压缸右腔—电磁阀 3 右位—油箱。

3）低压夹紧。当卡盘处于正卡且为低压夹紧时，夹紧力由减压阀 9 调整，这时，电磁铁 3YA 通电，电磁阀 4 在右位工作。当电磁铁 1YA 通电，压力油进入液压缸右腔，活塞向左运动，卡盘低压夹紧。其油路如下：

进油路：变量泵 1—单向阀 2—减压阀 9—电磁阀 4 右位—电磁阀 3 左位—液压缸右腔。

回油路：液压缸左腔—电磁阀 3 左位—油箱。

4）低压松开。当电磁铁 2YA 通电时，电磁阀 3 在右位工作时，活塞向右运动，卡盘松开。这时油路如下：

进油路：变量泵 1—单向阀 2—减压阀 9—电磁阀 4 右位—电磁阀 3 右位—液压缸左腔。

回油路：液压缸右腔—电磁阀 3 右位—油箱。

（2）卡盘反卡。卡盘反卡的夹紧即是卡盘正卡的松开状态，卡盘反卡的松开即是卡盘正卡的夹紧状态，电磁铁动作顺序可见表 7-2。

表 7-2 电磁铁动作表

动作 \ 电磁铁			1YA	2YA	3YA	4YA	5YA	6YA	7YA	8YA
卡盘正卡	高压	夹紧	+	−	−					
		松开	−	+	−					
	低压	夹紧	+	−	+					
		松开	−	+	+					
卡盘反卡	高压	夹紧	−	+	−					
		松开	+	−	−					
	低压	夹紧	−	+	+					
		松开	+	−	+					
刀架	正转								−	+
	反转								+	−
	松开					+				
	夹紧					−				
尾座	套筒伸出						−	+		
	套筒退回						+	−		

2. 回转刀架动作

回转刀架换刀时，首先是刀架松开，然后刀架刀盘转到指定的刀位，最后刀架复位夹紧。

刀架的夹紧与松开，由一个二位四通电磁阀 6 控制。刀盘的旋转有正转和反转两个方向，它由一个三位四通电磁阀 5 控制，其旋转速度分别由单向调速阀 11 和 12 控制。

当电磁铁 4YA 通电时，电磁阀 6 在右位工作，刀架松开。当电磁铁 8YA 通电时，液压马达带动刀盘正转，转速由单向调速阀 11 控制。若电磁铁 7YA 通电，则液压马达带动刀架反转，转速由单向调速阀 12 控制。当电磁铁 4YA 断电时，电磁阀 6 在左位工作，液压缸使刀架夹紧。各油路分别如下。

（1）刀架松开。

进油路：变量泵 1—单向阀 2—电磁阀 6 右位—液压缸下腔。

回油路：液压缸上腔—电磁阀 6 右位—油箱。

（2）刀盘旋转。

进油路：变量泵 1—单向阀 2—电磁阀 5 左位—单向调速阀 11—液压马达。

回油路：液压马达—单向调速阀 12—电磁阀 5 左位—油箱。马达正转，转速由调速阀

11调节。

这时，形成利用调速阀的进油节流调速回路。

同理，当阀5在右位工作时，液压油经过单向调速阀12进入液压马达，回油经过单向调速阀11，马达反转。同样，形成利用调速阀的进油节流调速回路。

（3）刀架夹紧。

进油路：变量泵1—单向阀2—电磁阀6左位—液压缸上腔。

回油路：液压缸下腔—电磁阀6左位—油箱。

3. 尾座套筒伸缩动作

尾座套筒的伸出与缩回由一个三位四通电磁阀7控制。

当6YA通电时，系统压力油经减压阀10，电磁阀7，流入液压缸左腔；液压缸右腔油液经单向调速阀13，电磁阀7流回油箱，套筒伸出。套筒伸出时的压力大小通过减压阀10来调整，并由压力表16显示，伸出速度由调速阀13控制。反之，当5YA通电时，套筒缩回。其油路如下。

（1）套筒伸出。

进油路：变量泵1—单向阀2—减压阀10—电磁阀7左位—液压缸左腔。

回油路：液压缸右腔—单向调速阀13—电磁阀7左位—油箱。

这时，形成回油节流调速回路，由调速阀13控制套筒的伸出速度。

（2）套筒缩回。

进油路：变量泵1—单向阀2—减压阀10—电磁阀7右位—单向调速阀13—液压缸右腔。

回油路：液压缸左腔—电磁阀7右位—油箱。

7.2.2　MJ-50型数控机床液压系统的特点

（1）采用限压式变量泵供油，能自动调节输出流量，能量损失小。

（2）采用变量泵-调速阀的容积节流调速回路，能实现无级调速。

（3）采用减压阀来保证支路压力的恒定，并用换向阀切换高压夹紧和低压夹紧的转换，能分别调整夹紧力的大小。可根据工艺要求调节夹紧力，操作简单方便。

7.3　推土机液压系统

推土机是工程机械中用途很广泛的一种短距离的自行式铲土运输机械，如图7-4所示。它主要用来挖路堑、构筑路堤、回填基坑、铲除障碍、消除积雪、平整场地等。推土机的液压系统一般包括换挡操纵液压系统、转向液压系统、工作装置液压系统。

图7-4　TY180型推土机

图7-4所示为TY180型推土机示意图。推土机工作装置简称铲刀，包括推土板、上撑杆、升降缸、顶推架等。铲刀安装在推架上，依安装位置不同可向前推土，亦可向左或向右斜铲推土。推土机作业时将铲刀切入土中，借助主

机前进动力完成土壤切削和推运工作。

7.3.1 工作装置液压系统

TY180 推土机液压系统由两部分组成，图 7-5 所示为 TY180 推土机工作装置液压系统。液压泵采用 CB-F32C 齿轮泵。松土缸 11 和推土缸 12 组成串联油路，液压系统工作压力为 14MPa，由溢流阀 4 调定。松土缸 11 由松土缸换向阀 10 控制换向，安全阀 6 是用来防止过滤器堵塞的，安全阀 9 对松土时外载荷过大起保护作用；推土缸 12 由四位五通换向阀 8 控制。

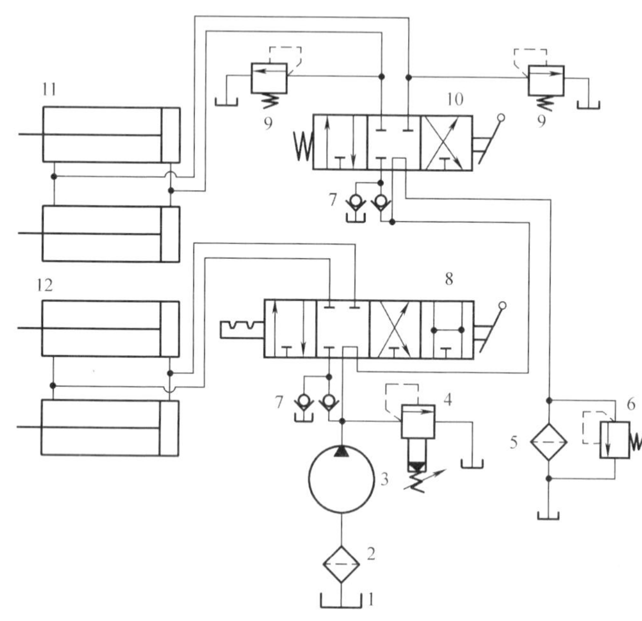

图 7-5 TY180 推土机工作装置液压系统图

当推土换向阀 8 和松土换向阀 10 的阀芯处于图 7-5 所示位置时，工作装置处于空载状态。液压系统也处于空载运转状态，液压泵输出的油经阀 8、阀 10 和过滤器 5 流回油箱，此时推土液压缸和松土液压缸处于闭锁状态。当操纵推土换向阀 8 使其处于第三位时，液压泵输出的压力油经单向阀、推土换向阀 8 进入推土液压缸 12 无杆腔使其活塞杆向左伸出，进行推土作业。推土液压缸 12 有杆腔的液压油经推土换向阀 8 第三位和松土换向阀 10 的中位、过滤器 5 回油箱。当推土换向阀 8 在左位工作时，推土缸活塞缩回。当推土液压缸 12 的活塞运动速度过快，液压泵供油不足时，补油单向阀 7 开启，补充供油。当回油过滤器 5 堵塞时，回油压力升高，安全阀 6 开启溢流，起过载保护作用。当推土换向阀 8 处于手柄一侧 H 机能位置时，推土液压缸 12 的左、右腔连通，活塞处于浮动状态。此种工作状态是为了推土机在平整土地时，推土板能随地面的起伏而做上下浮动。当操纵松土换向阀 10，使阀 10 处于左位时，松土液压缸无杆腔进油，松土液压缸活塞杆外伸，松土缸进行松土作业。有杆腔油液经换向阀 10、过滤器 5 回油箱。当松土换向阀 10 在右位工作时，松土缸活塞缩回。松土液压缸两腔油压超过安全阀 9 调定压力时，阀 9 开始溢流，起过载保护作用。

7.3.2 转向液压系统

TY180 推土机转向液压系统如图 7-6 所示。它由油箱 1、过滤器 2、液压泵 3、精过滤器 4、安全阀 5、溢流阀 8、右转向控制阀 7、左转向控制阀 9、润滑背压阀 11、右离合器液压缸 6、左离合器液压缸 10 和变速箱 12 组成。

液压泵 3 采用 CB-F40C 齿轮泵，离合器液压缸是单作用液压缸，系统的压力由溢流阀 8 调定，为 1MPa。当左右转向控制阀处于图示位置时，左右离合器在弹簧的作用下结合，推土机处于非转向工作状态。这时，油从旁路回油箱，润滑变速箱 12。油路上装有背压阀 11，保证有 0.15MPa 压力对变速箱进行强制润滑。

当操纵左转向控制阀 9，使其处于上端位置，而右转向控制阀 7 的阀芯仍处于图 7 - 6 所示位置，此时压力油经阀 9 进入左离合器液压缸 10 使左离合器分离。

在上述情况下，左离合器分离，而右离合器结合，推土机处于转向工作状态。

推土机向反方向转向的操作过程与上述类似，不再赘述。

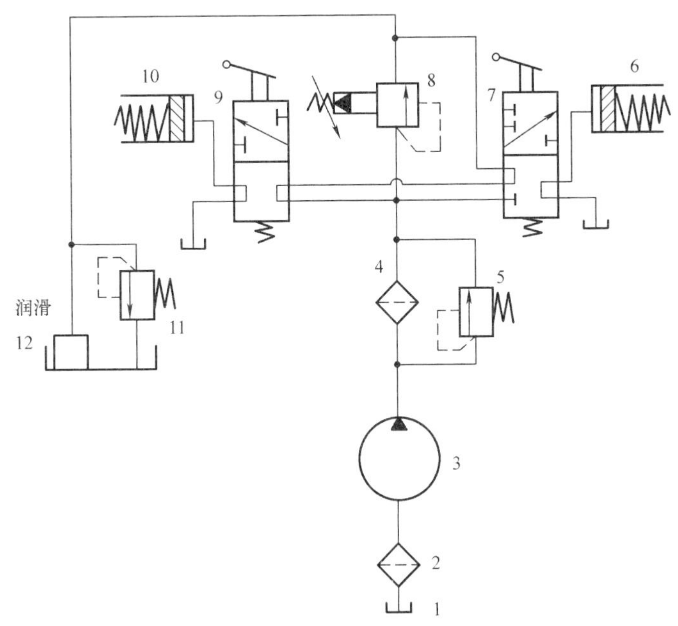

图 7 - 6　TY180 推土机转向液压系统图

7.3.3　TY180 型推土机液压系统的特点

(1) 工作装置液压系统中采用了推土缸和松土缸的串联油路，采用四位五通换向阀，H 位机能使推土液压缸处于浮动状态。

(2) 工作装置液压系统中的换向阀上设有进油单向阀和补油单向阀，其中进油单向阀的作用是防止油液倒流。例如，提升推土铲时若发动机突然熄火，则液压泵停止供油，此时进油单向阀将液压缸锁紧，使推土铲维持在已提升的位置上，而不致因重力作用突然落下造成事故；补油单向阀的作用是防止液压系统产生气穴现象，即推土铲下落时因重力作用使得液压缸的进油腔产生真空，此时补油单向阀工作，油液自油箱进入液压缸，从而防止气穴现象的产生。

(3) 在转向液压系统中采用了由二位四通的左转向控制阀和二位五通的右转向控制阀控制的转向液压系统，在不转向时对变速箱进行强制润滑，左、右离合器液压缸采用了单作用液压缸。

任 务 指 导

7.4　钻床工作台液压系统故障分析与设计实训

液压回路的故障很多，有元件故障引起的，也有回路设计不当造成的，如图 7 - 7 (a)

所示为某液压钻床工作台示意图，工件的夹紧和钻头的进给是由液压系统控制的。其液压回路如图 7-7（b）所示，缸 3 为夹紧液压缸，缸 4 为工作液压缸，缸 3 将工件夹紧后，由缸 4 带动刀具进行切削加工，加工完毕后，发现零件尺寸超差。已知：溢流阀 1 的调定压力为 10MPa，减压阀的调定压力为 3MPa，缸 4 实现的动作循环是快进—切削加工—快退。下面对此液压系统进行故障分析。

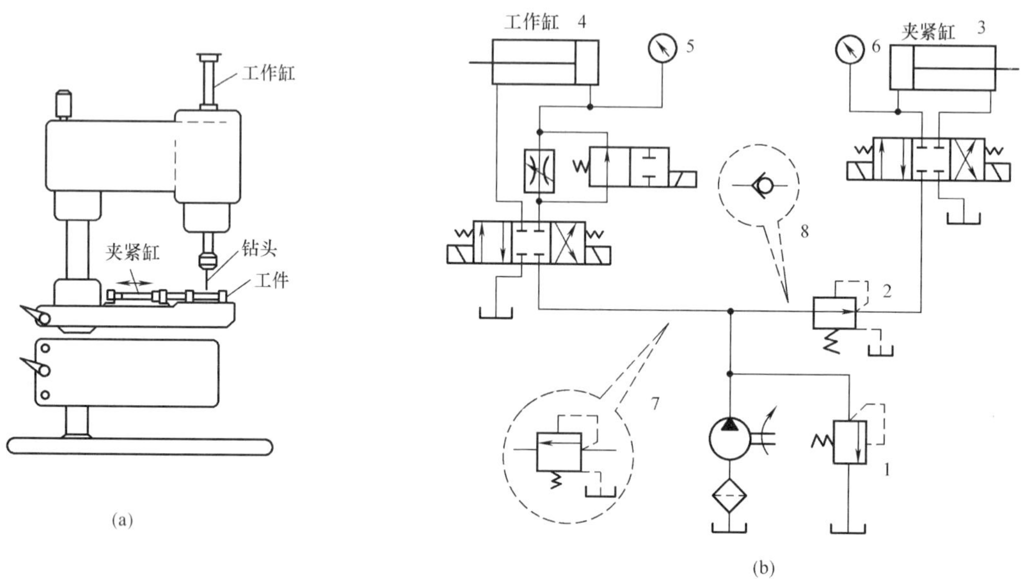

图 7-7 改进的钻床工作台液压系统图

（a）钻床工作台；（b）钻床液压系统

7.4.1 故障分析

启动液压泵，夹紧缸 3 夹紧工件后，当工作缸 4 快进时，压力表 5 显示的压力只有 0.5MPa。此时减压阀 2 的入口压力太低，导致其出口压力更低，即减压阀 2 所在支路的压力远低于 3MPa，造成工件窜位。因此这个回路改进的方法有两种：一是在缸 4 的进油路上，安装一个顺序阀 7，调节其压力为 3.5MPa，这样不论工作液压缸 4 是什么工况，都能保证减压阀处于工作状态；第二种方法是在减压阀 2 前装一个单向阀 8，当缸 4 的压力小于减压回路的压力时，单向阀封死夹紧缸所在支路，从而保证夹紧缸 3 所需的压力。

7.4.2 钻床工作台液压系统设计

试设计一钻床液压系统，要求如下。

（1）夹紧缸与工作缸依次实现顺序动作。当启动液压泵后，夹紧缸夹紧，实现动作①；工件夹紧后，工作缸开始钻孔，实现动作②；钻孔完毕以后，换向阀换向，工作缸返回，实现动作③；钻头退回后，夹紧缸松开工件，实现动作④；夹紧缸退回后，完成一个工作循环。

（2）工作缸要实现快进—工进的速度换接。

（3）该系统可应用于对夹紧力有不同要求的加工工件上。

（4）工作缸必须在夹紧力达到规定值时才能推动钻头进给。

（5）换向阀采用电磁阀。

根据上述要求，首先画出如图 7-8 所示的液压原理图，启动液压泵，使 1YA 通电，油液经换向阀进入夹紧缸 A 左腔，活塞向右伸出，实现夹紧动作 ①；工件夹紧后，系统压力升高，当压力达到压力继电器的调定值时，压力继电器发出信号，使 3YA、5YA 通电，油液经三位四通电磁换向阀左位和二位二通电磁换向阀左位进入工作液压缸 B 右腔，缸 B 活塞向左快速伸出，伸出过程中触动行程开关 2XK，使 5YA 断电，工作缸开始工作进给，实现钻孔动作 ②；钻孔结束后，触动行程开关 3XK，使 3YA 断电，4YA、5YA 通电，缸 B 活塞向右退回，实现动作 ③；钻头退回到位，触动行程开关 1XK，使 1YA、4YA 和 5YA 断电，2YA 通电，则夹紧缸 A 活塞向左缩回，松开工件，实现动作 ④。

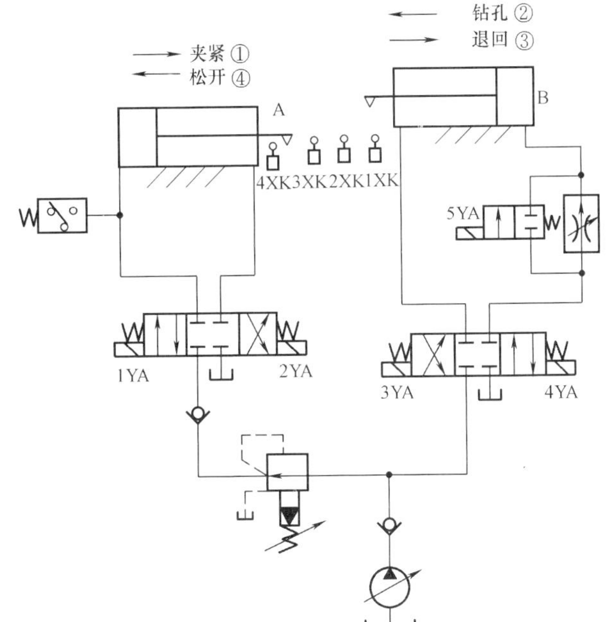

工况＼动作	1YA	2YA	3YA	4YA	5YA	输入信号
夹紧缸夹紧	+	−	−	−	−	启动
钻孔缸快进	+	−	+	−	+	压力继电器
钻孔缸工进	+	−	+	−	−	2XK
钻孔缸退回	+	−	−	+	+	3XK
夹紧缸松开	−	+	−	−	−	1XK
原位停止	−	−	−	−	−	4XK

图 7-8　钻床工作台液压系统

该系统在夹紧支路使用了减压阀，通过对减压阀调定值的调整，可以应用在对夹紧力有不同要求的工件上；夹紧缸退回到位，触动行程开关 4XK，使 2YA 断电，则完成一次工作循环。

选出所需元器件，并在液压实验台上组建回路；检查各油口连接情况后，启动液压泵，观察压力表显示的压力值。观察系统的运行情况，并对遇到的问题进行分析与解决。实验完毕，拆下管线，将元件放回指定位置，完成实验报告。

气 动 知 识

7.5　典型气动系统

气动技术是实现工业生产自动化、半自动化的重要方式之一，其应用十分广泛。本节通过对三个典型气动系统的分析，使学生加深对气动元件和回路的认识，为今后气动系统的使用和维护打下基础。

7.5.1 气动钻床系统

气动钻床系统是利用气压传动来实现钻削运动，以及送料、夹紧等辅助动作的。该系统共有三个气缸，即送料缸 A、夹紧缸 B 和钻孔缸 C，完成的动作循环为启动—送料—夹紧—送料缸后退，以及钻孔缸的钻孔—钻头退—松开。

图 7-9 所示为气动钻床的气压传动系统的工作原理图，各阀的工作情况见表 7-3。

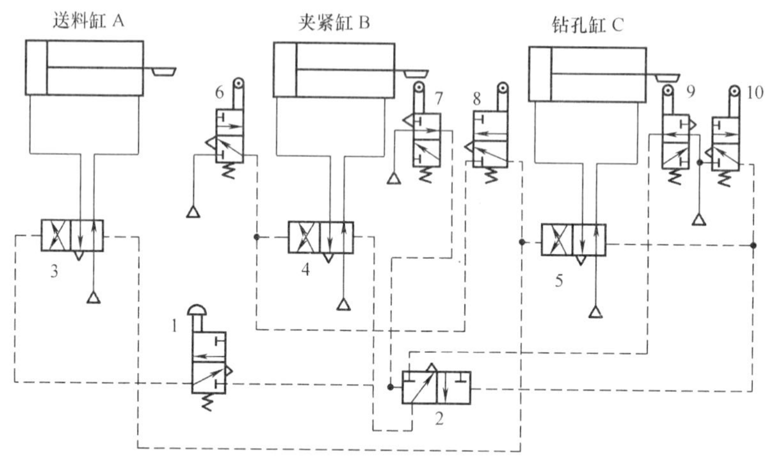

图 7-9 气动钻床气压传动系统

表 7-3 气动钻床各阀动作顺序表

动作 \ 元件	手动阀 1	换向阀 2	换向阀 3	换向阀 4	换向阀 5	行程阀 6	行程阀 7	行程阀 8	行程阀 9	行程阀 10	气缸 A	气缸 B	气缸 C
启动	上位	—	—	—	—	放松	压下	放松	压下	放松	—	—	—
送料	下位	左位	左位	—	—	—	—	—	—	—	伸出	—	—
夹紧	—	—	—	左位	—	压下	放松	—	—	—	—	伸出	—
送料后退并钻孔	—	—	右位	—	左位	放松	—	压下	放松	—	缩回	—	伸出
钻头退	—	右位	—	—	右位	—	—	—	—	压下—放松	—	—	缩回
松开	—	—	—	右位	—	—	压下	放松	压下	—	—	缩回	—

注 “—”表示阀或气缸没有动作。

气动钻床气压传动系统的工作过程如下。

（1）启动。按下手动阀 1 的启动按钮。

（2）气缸 A 送料。压缩空气经行程阀 7 进入换向阀 2 的左侧，使阀 2 切换至左位，阀 2 右侧的控制气体经行程阀 10 的下位排气；同时，压缩空气经行程阀 7，又经过阀 1 上位，进入换向阀 3 的左侧，使阀 3 也切换至左位，阀 3 右侧的控制气体经行程阀 8 的下位排气。这时，压缩空气经阀 3 的左位进入气缸 A 的左腔，气缸 A 的活塞向右伸出，实现送料动作。这时，即使松开手动阀 1 的按钮，由于阀 3 的右侧没有控制气体，所以阀 3 的工作位置不变，仍然处于左位。

（3）气缸 B 夹紧。当送料完成后，气缸 A 活塞上的挡块压下行程阀 6，压缩空气经阀 6 的上位进入阀 4 的左侧，使阀 4 切换至左位，阀 4 右侧的控制气体经阀 2 的左位排气。这时，压缩空气经阀 4 的左位进入气缸 B 的左腔，气缸 B 的活塞向右伸出，开始夹紧工件。此时，行程阀 7 被放松，换向阀 3 左右两侧皆与大气相通，其工作位置不变，仍然处于左位。

（4）送料缸 A 后退，气缸 C 钻孔。当工件夹紧后，气缸 B 活塞上的挡块压下行程阀 8，压缩空气经阀 6 的上位、阀 8 的上位分别进入阀 3 的右侧和阀 5 的左侧，使换向阀 3 切换到右位，换向阀 5 切换到左位，阀 5 右侧的控制气体经行程阀 10 的下位排气。这时，压缩空气经阀 3 的右位进入气缸 A 的右腔，气缸 A 的活塞向左缩回，实现送料缸后退；同时，压缩空气经阀 5 的左位进入气缸 C 的左腔，气缸 C 的活塞向右伸出，实现钻孔动作。

气缸 A 开始退回后，行程阀 6 被放松回到下位，使阀 4 左侧的控制气体经阀 6 的下位排气，其右侧控制气体经阀 2 左位与大气相通，所以工作位置不变，依然处于左位，工件仍然被夹紧。气缸 C 钻孔开始后，行程阀 9 被放松，阀 9 切换至下位。

（5）气缸 C 带着钻头后退。钻孔完成后，挡块压下行程阀 10，使阀 10 切换到上位。这时，压缩空气经阀 10 的上位进入阀 2 和阀 5 的右侧，阀 2 左侧的控制气体经行程阀 7 的下位排入大气，阀 5 左侧的控制气体经行程阀 8 的上位、行程阀 6 的下位排气，使阀 2 和阀 5 切换到右位。压缩空气经换向阀 5 的右位，进入气缸 C 的右腔，气缸 C 的活塞向左缩回，实现钻头退回动作。此时，行程阀 10 被放松，阀 10 切换至下位。

（6）夹紧缸 B 后退至原位，松开工件。当钻头退回到原位时，又将行程阀 9 压下，使阀 9 回到上位，压缩空气经阀 9 的上位，阀 2 的右位进入换向阀 4 的右侧，阀 4 左侧的控制气体经行程阀 6 的下位排入大气，使换向阀 4 切换到右位。这时，压缩空气经过阀 4 的右位进入缸 B 的右腔，活塞向左缩回，松开工件，行程阀 8 被松开。夹紧缸 B 退回原位，行程阀 7 又被压下。

这样就完成了整个工作循环。

7.5.2　拉门的自动启闭系统

门的形式多种多样，有推门、拉门、屏风式的折叠门、左右门扇的旋转门，以及上下关闭的门等。在此就拉门的气动回路加以说明。

1. 拉门自动启闭系统（一）

如图 7-10 所示，自动门前后都装有略微浮起的踏板，行人踩上踏板后，踏板下沉压下行程阀 1，则压缩空气经阀 1 的上位进入换向阀 2 的控制孔，使阀 2 在上位工作。这时，压缩空气经过阀 2 的上位和单向节流阀 3，进入气缸的左腔，推动活塞向右缩回，完成开门动作；当人离开踏板后，行程阀 1 复位，换向阀 2 的控制孔经阀 1 的下位排气，阀 2 复位至下位工作，这时，压缩空气经阀 2 的下位、单向节流阀 4 和手动阀 5 左位，进入气缸的右腔，活塞向左伸出，完成关门动作。在此回路中，通过对单向节流阀 3 和 4 的调节，可实现对门开关速度的控制。

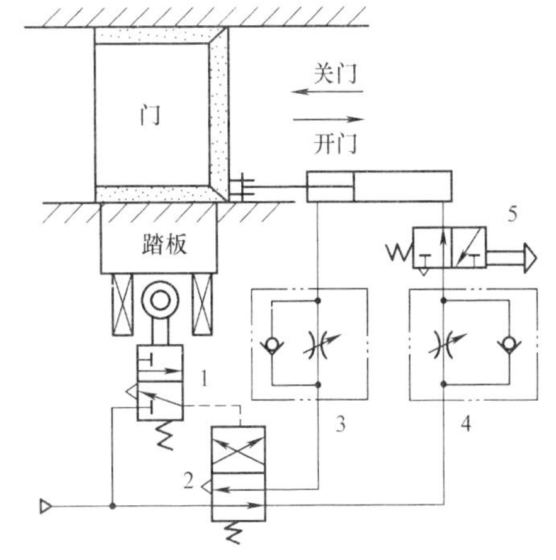

图 7-10　应用行程阀的拉门自动启闭系统

另外，当行程阀 1 发生故障而打不开门时，可以通过按下手动阀 5 的按钮，把气缸右腔空气放掉，手动把门打开。

2. 拉门的自动启闭系统（二）

图 7-11 所示为另一种拉门的自动启闭系统，在拉门内、外装踏板 6 和 11，踏板下方装有完全封闭的橡胶管，管的一端与超低压气控阀 7 和 12 的控制口连接。当人站在踏板上时，橡胶管里压力上升，超低压气控阀动作。

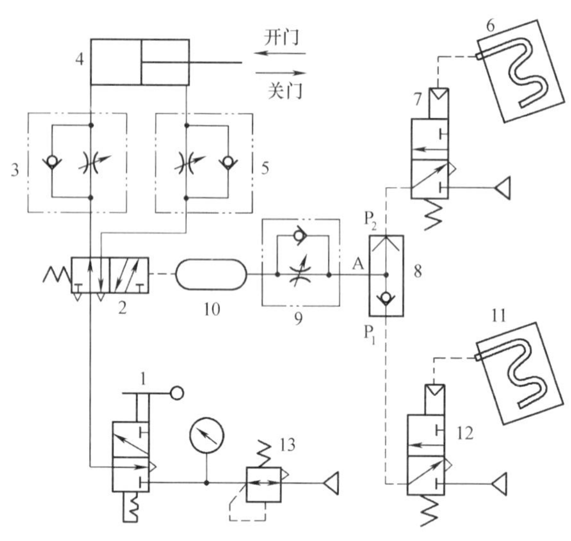

图 7-11 双向拉门的自动启闭系统

首先扳动手动阀 1 的手柄，使其在上位工作，压缩空气经手动阀 1 的上位、换向阀 2 的左位、单向节流阀 3，进入气缸 4 的左腔，推动活塞杆向右伸出，使门关闭；当人踩上踏板 6 时，气压控制阀 7 动作，压缩空气通过梭阀 8 的 P_2—A 口、单向节流阀 9 和气罐 10 使换向阀 2 切换至右位。这时，压缩空气经阀 2 的右位、单向节流阀 5 进入气缸 4 的右腔，活塞杆向左缩回，实现开门动作；随着行人的前行，脚便离开踏板 6，阀 7 复位。当行人穿过门后，踩上踏板 11 时，气压控制阀 12 动作，使梭阀 8 的P_2—A 口关闭，P_1—A 口接通。当人离开踏板 11 后，阀 12 复位。这时，气罐 10 中的压缩空气经单向节流阀 9、梭阀 8 的 P_1—A 和阀 12 的下位排气，经过一段延时后，换向阀 2 复位，气缸 4 的左腔进气，活塞杆向右伸出，实现关门动作。

该回路比较简单，采用了逻辑“或”的功能。无论行人从门的哪边进出，该系统均可实现门的自动开关。另外，通过调节减压阀 13 的压力，可以调节关门力的大小，使由于某种原因把行人夹住时，不至于受伤。若将手动阀 1 复位，则变成手动门。

7.5.3 公共汽车车门气动系统

公共汽车的车门是采用气动控制的系统。图 7-12 所示为带有售票员的公共汽车车门气动系统原理图。这种车门要求司机和售票员都能控制车门的开关，并且要求在车门关闭的过程中若遇到障碍，能够自动开启，防止夹伤乘客。

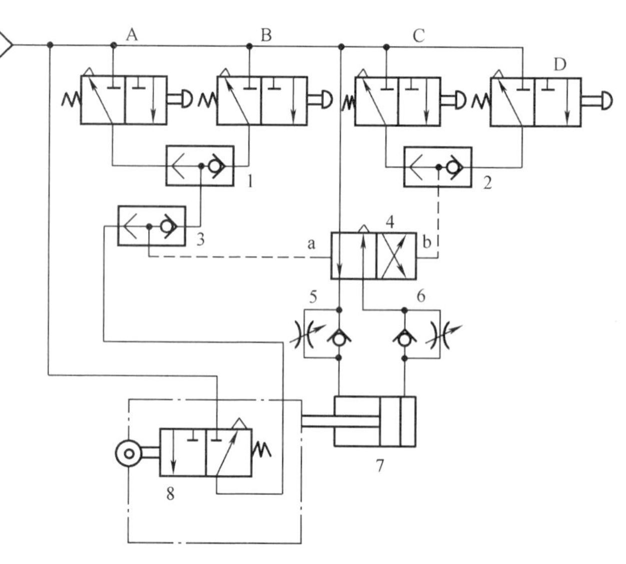

图 7-12 公共汽车车门气动系统

当按下手动阀 A 或 B 的按钮时，压缩空气经阀 A 或 B 的右位到梭阀 1，然后经梭阀 3 进入换向阀 4 的左侧，使阀 4 切换到左位。这时，压缩空气经阀 4 和单向节流阀 5 进入气缸 7 的左腔，活塞杆向右缩回，实现车门的开启。

当按下手动阀 C 或 D 的按钮时，

压缩空气经阀 C 或 D 的右位到梭阀 2，然后进入阀 4 的右侧，使阀 4 切换至右位。这时，压缩空气经阀 4 和单向节流阀 6 进入气缸 7 的右腔，活塞杆向左伸出，实现车门的关闭。

一旦车门在关闭的过程中碰到障碍，便会推动阀 8 切换至左位。这时，压缩空气经阀 8 和梭阀 3 进入阀 4 的左侧，使阀 4 切换至左位。这时，气缸 7 的活塞向右缩回，使车门开启。但需注意的是：若阀 C 或阀 D 的按钮仍然处于压下状态，换向阀 4 不会切换，即阀 8 起不到使车门自动开启的作用。

7.5.4　数控加工中心气动换刀系统

图 7 - 13 所示为某数控加工中心气动换刀系统的原理图，该系统在换刀过程中实现主轴定位、主轴松刀、拔刀、向主轴锥孔吹气、插刀和刀具夹紧六个动作。

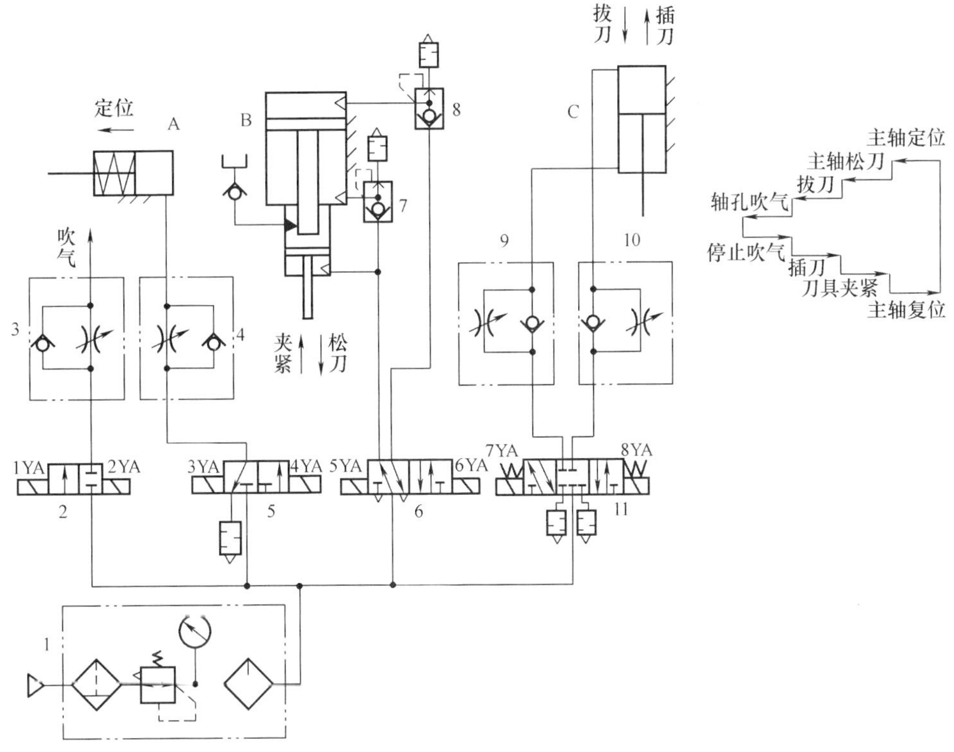

图 7 - 13　数控加工中心气动换刀系统原理图

1. 主轴定位

当数控系统发出换刀指令时，主轴停止旋转，同时电磁铁 4YA 通电，使换向阀 5 在右位工作。这时，气路的工作情况如下：

进气路：压缩空气—气动三联件 1—换向阀 5 右位—单向节流阀 4—定位缸 A 的右腔。气缸 A 的活塞向左伸出，使主轴定位。定位速度由单向节流阀 4 调节。

2. 主轴松刀

主轴定位后，挡块压下行程开关，使电磁铁 6YA 通电。这时的气路如下：

进气路：压缩空气—气动三联件 1—换向阀 6 右位—快速排气阀 8—气液增压器 B 的大腔。

排气路：气液增压器 B 小腔的压缩空气—换向阀 6 右位—排入大气。这时，增压腔的高压油推动活塞伸出，实现松刀动作。

3. 主轴拔刀

主轴松刀的同时，使电磁铁 8YA 通电，这时气路如下：

进气路：压缩空气—气动三联件 1—换向阀 11 右位—单向节流阀 10—气缸 C 的上腔。

排气路：气缸 C 的下腔—单向节流阀 9—换向阀 11 右位—消声器—大气中。这时，气缸 C 的活塞向下伸出，实现拔刀动作。拔刀的速度由单向节流阀 9 调节。

4. 向主轴锥孔吹气

由回转刀库交换刀具的同时，使电磁铁 1YA 通电，这时气路如下：

进气路：压缩空气—气动三联件 1—换向阀 2 左位—单向节流阀 3。这时通过喷嘴向主轴锥孔吹气，气体喷射的速度由单向节流阀 3 调节。经过一段时间延时后，1YA 断电、2YA 通电，切断进气路，停止吹气。

5. 主轴插刀

吹气停止后，使 8YA 断电，7YA 通电，这时气路如下：

进气路：压缩空气—气动三联件 1—换向阀 11 左位—单向节流阀 9—气缸 C 的下腔。

排气路：气缸 C 的上腔—单向节流阀 10—换向阀 11 左位—消声器—大气中。这时，气缸 C 的活塞向上缩回，实现插刀动作。插刀的速度由单向节流阀 10 调节。

6. 刀具夹紧

插刀完成后，使 6YA 断电，5YA 通电，这时气路如下：

进气路：压缩空气—气动三联件 1—换向阀 6 左位—气液增压器 B 的小腔。

排气路：气液增压器 B 的大腔—快速排气阀 8—消声器—大气中。这时气液增压器的活塞向上缩回，主轴的机械机构使刀具夹紧。

7. 主轴复位

刀具夹紧后，使 4YA 断电，3YA 通电，气缸 A 的活塞在弹簧力的作用下缩回到原始位置，使主轴复位，换刀结束。

练习与提高

7-1　如图 7-14 所示液压系统，请仔细分析该系统，将下表填写完整。（提示：注意各动作间的关系，差动快进的形成，Ⅰ、Ⅱ两缸快进与工进的互不干扰等问题）

动作名称	电气元件							备注
	1YA	2YA	3YA	4YA	5YA	6YA	YJ	
定位夹紧								1. Ⅰ、Ⅱ两个回路各自进行独立循环动作，互不约束。 2. 4YA、6YA 任一通电时，1YA 便通电；4YA、6YA 均断电，1YA 才断电
快进								
工进、卸荷（低）								
快退								
松开拔销								
原位卸荷（低）								

7-2　图 7-15 所示为实现快进—Ⅰ工进—Ⅱ工进—快退—停止工作循环的液压系统，试填写电磁铁动作顺序表。

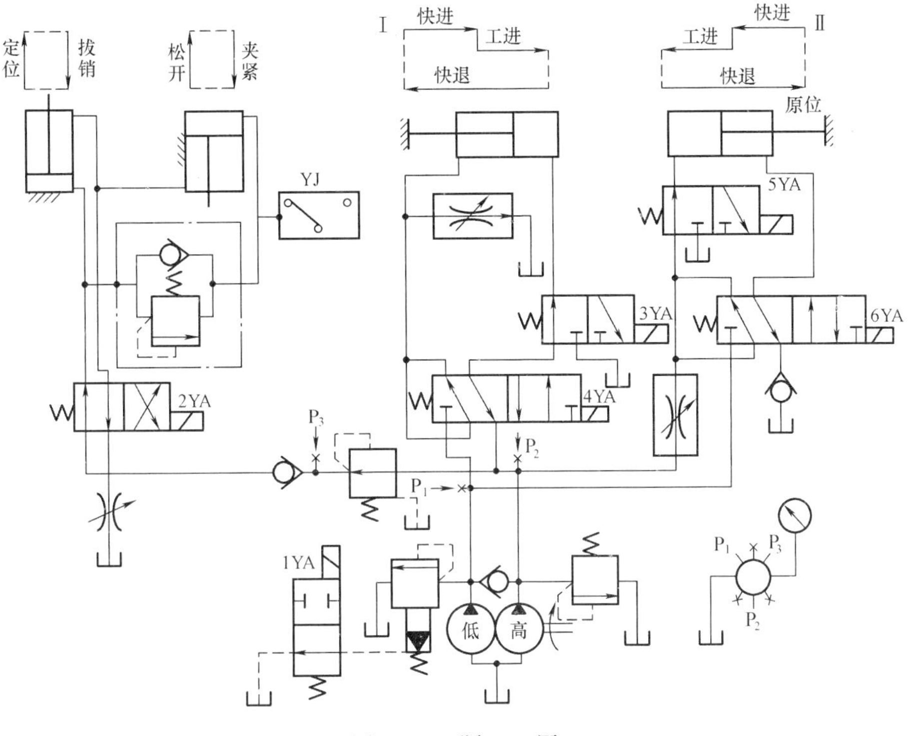

图 7-14　题 7-1 图

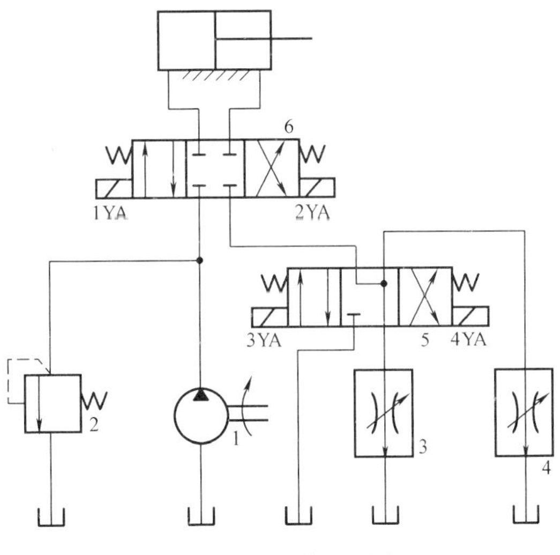

图 7-15　题 7-2 图

动作名称	1YA	2YA	3YA	4YA
快进				
一次工进				
二次工进				
快退				
停止				

7-3 试读懂如图 7-16 所示液压系统，写出快进时油液流动路线，并说明这个系统的特点。

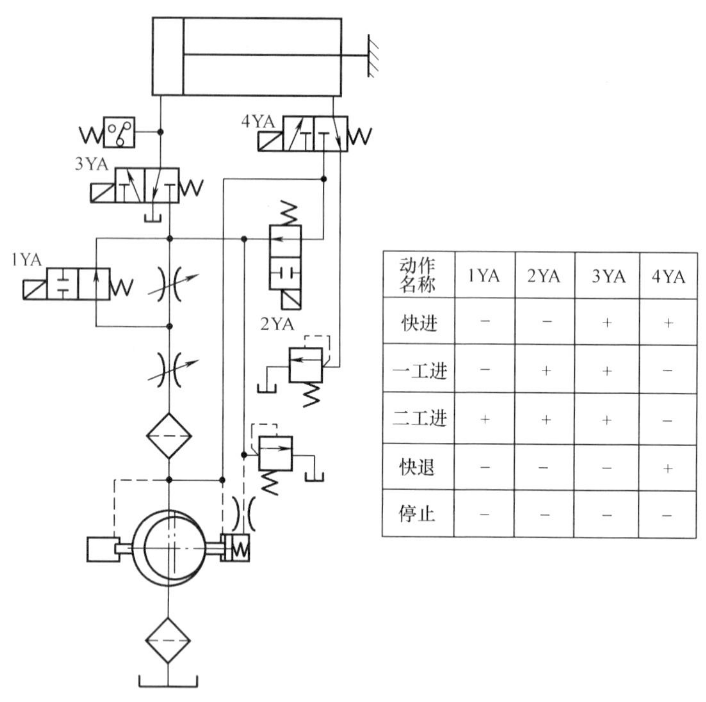

动作名称	1YA	2YA	3YA	4YA
快进	−	−	+	+
一工进	−	+	+	−
二工进	+	+	+	−
快退	−	−	−	+
停止	−	−	−	−

图 7-16 题 7-3 图

7-4 试分析如图 7-17 所示多缸顺序专用铣床液压系统是如何实现其工作循环的。

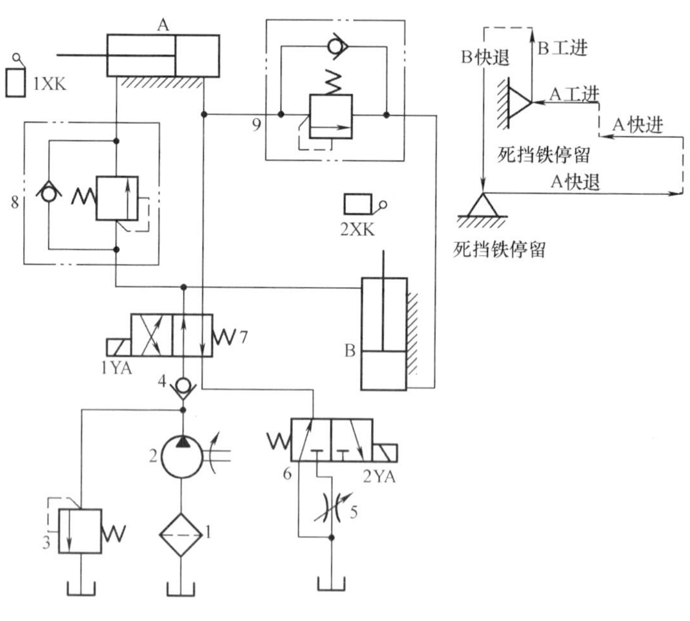

图 7-17 题 7-4 图

附录　常用液压与气动图形符号（摘自 GB/T 786.1—2009）

附表 1　　**液压泵、液压马达和液压缸**

名称		符号	说明
液压泵	液压泵		一般符号
	单向定量液压泵		单向旋转、单向流动、定排量
	双向定量液压泵		双向旋转，双向流动，定排量
	单向变量液压泵		单向旋转，单向流动，变排量
	双向变量液压泵		双向旋转，双向流动，变排量
液压马达	液压马达		一般符号
	单向定量液压马达		单向流动，单向旋转
	双向定量液压马达		双向流动，双向旋转，定排量
	单向变量液压马达		单向流动，单向旋转，变排量
液压马达	双向变量液压马达		双向流动，双向旋转，变排量
	摆动马达		双向摆动，定角度
泵-马达	定量液压泵-马达		单向流动，单向旋转，定排量
	变量液压泵-马达		双向流动，双向旋转，变排量，外部泄油
	液压整体式传动装置		单向旋转，变排量泵，定排量马达
单作用缸	单活塞杆缸		详细符号
			简化符号
	单活塞杆缸（带弹簧复位）		详细符号
			简化符号

续表

名称		符号	说明
单作用缸	柱塞缸	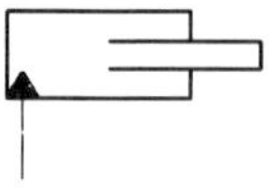	
	伸缩缸	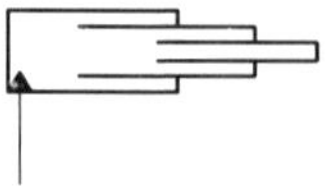	
双作用缸	单活塞杆缸	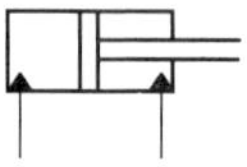	详细符号
		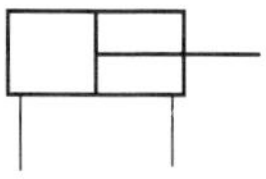	简化符号
	双活塞杆缸	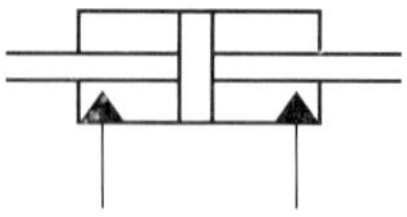	详细符号
		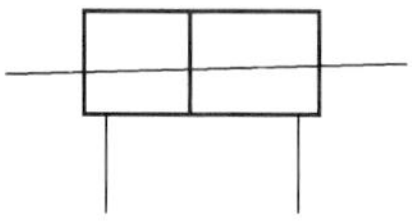	简化符号
	不可调单向缓冲缸	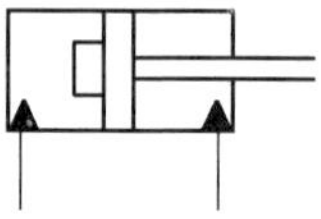	详细符号
		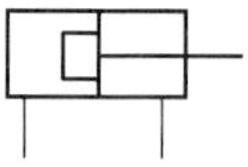	简化符号
	可调单向缓冲缸	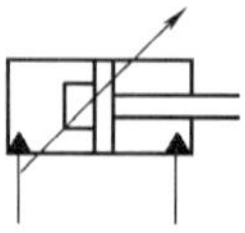	详细符号
		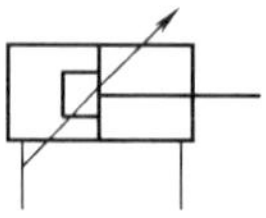	简化符号

名称		符号	说明
双作用缸	不可调双向缓冲缸	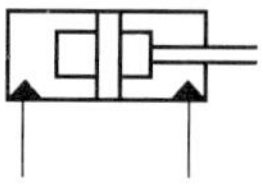	详细符号
		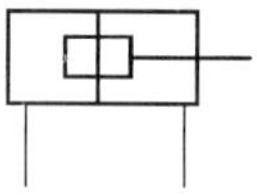	简化符号
	可调双向缓冲缸	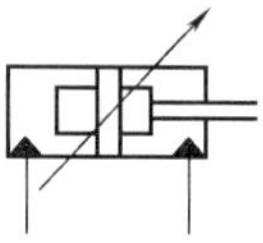	详细符号
		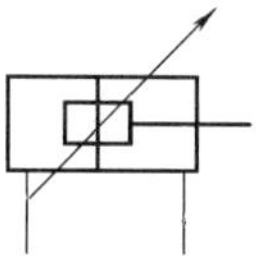	简化符号
	伸缩缸	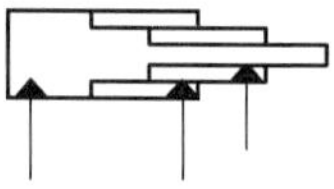	
压力转换器	气-液转换器		单程作用
		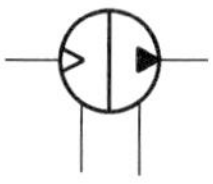	连续作用
	增压器	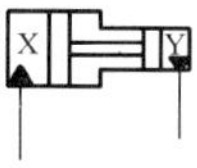	单程作用
		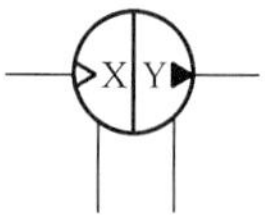	连续作用
蓄能器	蓄能器		一般符号
	气体隔离式		

续表

名称		符号	说明	名称		符号	说明
蓄能器	重锤式			气罐			
				能量源	液压源		一般符号
	弹簧式				气压源		一般符号
					电动机		
辅助气瓶					原动机		电动机除外

附表 2　　**机械控制装置和控制方法**

名称		符号	说明	名称		符号	说明
机械控制件	直线运动的杆		箭头可省略	人力控制方法	人力控制		一般符号
	旋转运动的轴		箭头可省略		按钮式		
	定位装置				拉钮式		
	锁定装置		* 为开锁的控制方法		按拉式		
	弹跳机构				手柄式		
机械控制方法	顶杆式				单向踏板式		
	可变行程控制式				双向踏板式		
	弹簧控制式						
	滚轮式		两个方向操作				
	单向滚轮式		仅在一个方向上操作，箭头可省略				

续表

名称		符号	说明
直接压力控制方法	加压或卸压控制	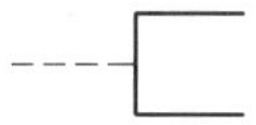	
直接压力控制方法	差动控制	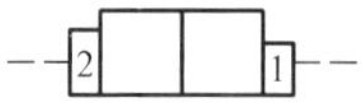	
直接压力控制方法	内部压力控制	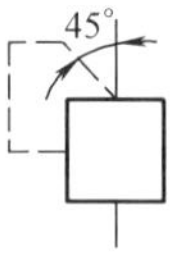	控制通路在元件内部
直接压力控制方法	外部压力控制	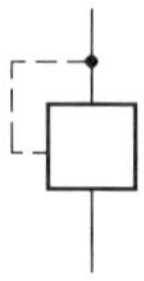	控制通路在元件外部
先导压力控制方法	液压先导加压控制	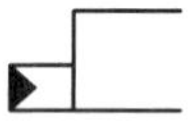	内部压力控制
先导压力控制方法	液压先导加压控制	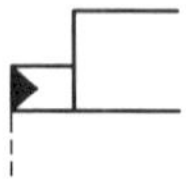	外部压力控制
先导压力控制方法	液压二级先导加压控制	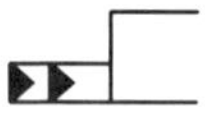	内部压力控制，内部泄油
先导压力控制方法	气-液先导加压控制	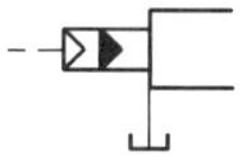	气压外部控制，液压内部控制，外部泄油
先导压力控制方法	电-液先导加压控制	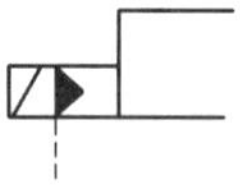	液压外部控制，内部泄油
先导压力控制方法	液压先导卸压控制	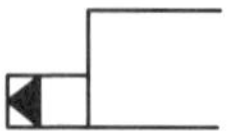	内部压力控制，内部泄油
先导压力控制方法	液压先导卸压控制	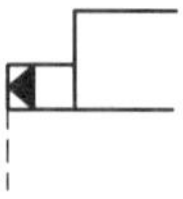	外部压力控制（带遥控泄放口）

名称		符号	说明
先导压力控制方法	电-液先导控制	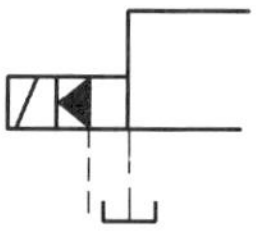	电磁铁控制、外部压力控制，外部泄油
先导压力控制方法	先导型压力控制阀	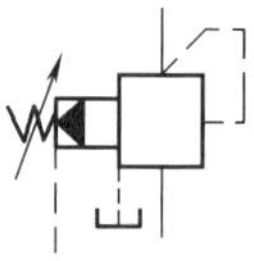	带压力调节弹簧，外部泄油，带遥控泄放口
先导压力控制方法	先导型比例电磁式压力控制阀	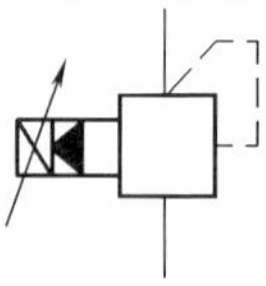	先导级由比例电磁铁控制，内部泄油
电气控制方法	单作用电磁铁	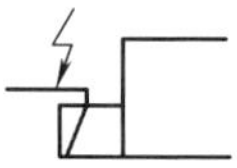	电气引线可省略，斜线也可向右下方
电气控制方法	双作用电磁铁	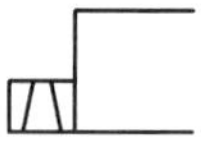	
电气控制方法	单作用可调电磁操作（比例电磁铁、力矩马达等）	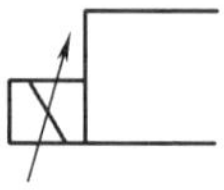	
电气控制方法	双作用可调电磁操作（力矩马达等）	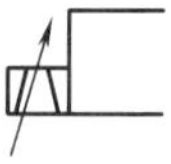	
电气控制方法	旋转运动电气控制装置	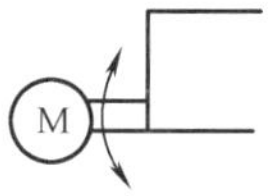	
反馈控制方法	反馈控制	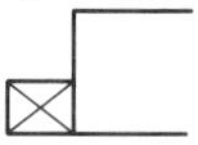	一般符号
反馈控制方法	电反馈	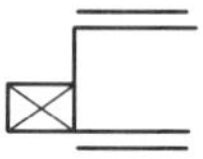	由电位器、差动变压器等检测位置
反馈控制方法	内部机械反馈	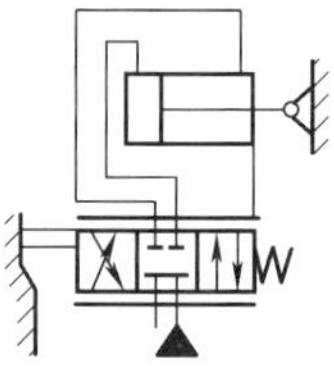	如随动阀仿形控制回路等

附表 3　　　　**压 力 控 制 阀**

名称		符号	说明
溢流阀	溢流阀		一般符号或直动型溢流阀
	先导型溢流阀		
	先导型电磁溢流阀		（常闭）
	直动式比例溢流阀		
	先导比例溢流阀		
	卸荷溢流阀	p_2　p_1	$p_2 > p_1$ 时卸荷
	双向溢流阀		直动式，外部泄油
减压阀	减压阀		一般符号或直动型减压阀
	先导型减压阀		
	溢流减压阀		
	先导型比例电磁式溢流减压阀		
	定比减压阀	3　1	减压比 1/3
	定差减压阀		
顺序阀	顺序阀		一般符号或直动型顺序阀
	先导型顺序阀		
	单向顺序阀（平衡阀）		
卸荷阀	卸荷阀		一般符号或直动型卸荷阀
	先导型电磁卸荷阀	p_1　p_2	$p_1 > p_2$
制动阀	双溢流制动阀		
	溢流油桥制动阀		

附表 4

方向控制阀

名称		符号	说明
单向阀		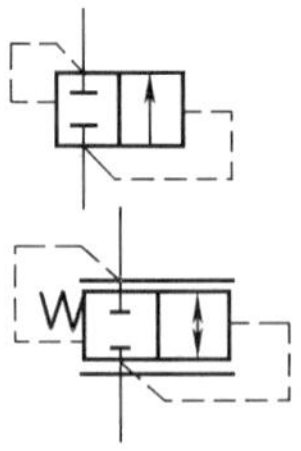	详细符号
单向阀			简化符号（弹簧可省略）
液压单向阀	液控单向阀	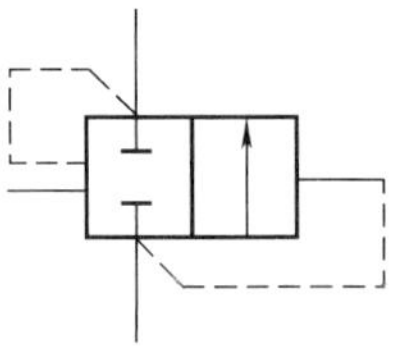	详细符号（控制压力关闭阀）
液压单向阀	液控单向阀		简化符号
液压单向阀	液控单向阀	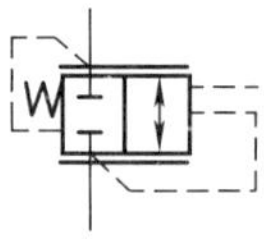	详细符号（控制压力打开阀）
液压单向阀	液控单向阀		简化符号（弹簧可省略）
液压单向阀	双液控单向阀	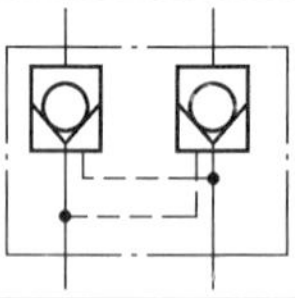	
梭阀	或门型	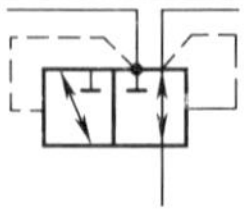	详细符号
梭阀	或门型	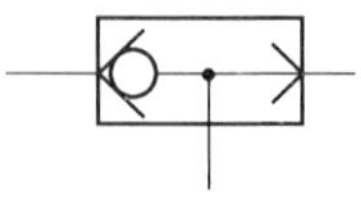	简化符号
换向阀	二位二通电磁阀	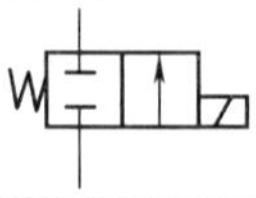	常断
换向阀	二位二通电磁阀	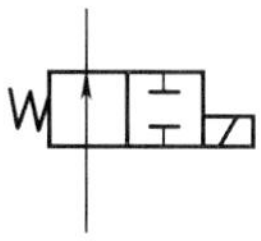	常通
换向阀	二位三通电磁阀	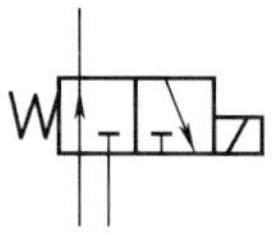	
换向阀	二位三通电磁球阀	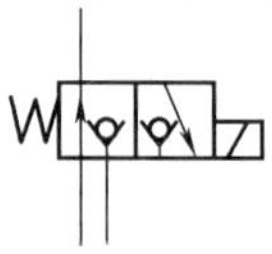	
换向阀	二位四通电磁阀	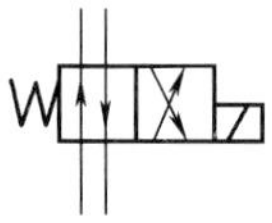	
换向阀	二位五通液动阀	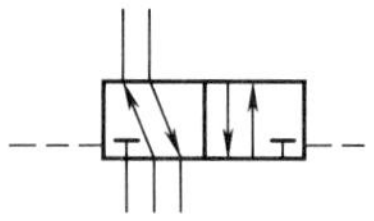	
换向阀	二位四通机动阀	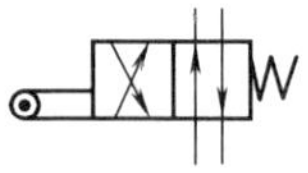	
换向阀	三位四通电磁阀		
换向阀	三位四通电液阀	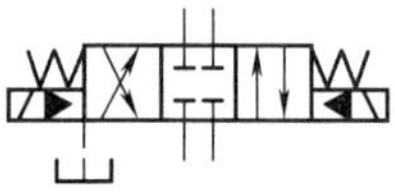	简化符号（内控外泄）
换向阀	三位六通手动阀	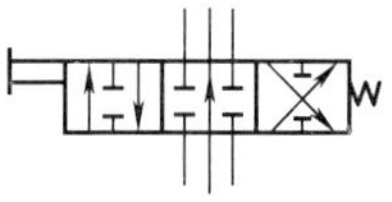	
换向阀	三位五通电磁阀		
换向阀	三位四通电液阀	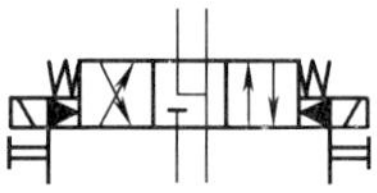	外控内泄（带手动应急控制装置）
换向阀	三位四通比例阀	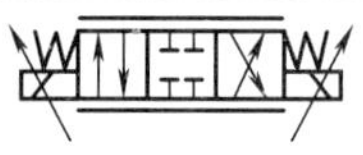	节流型，中位正遮盖
换向阀	三位四通比例阀	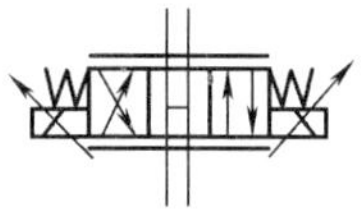	中位负遮盖

续表

名称		符号	说明	名称		符号	说明
换向阀	二位四通比例阀			换向阀	四通电液伺服阀		二级
	四通伺服						带电反馈三级

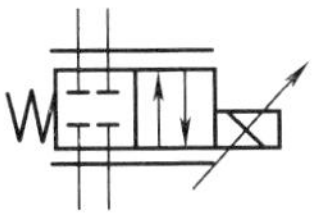

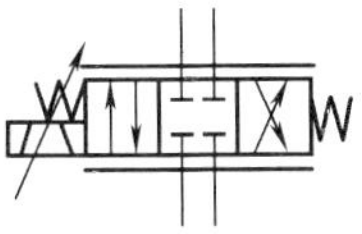

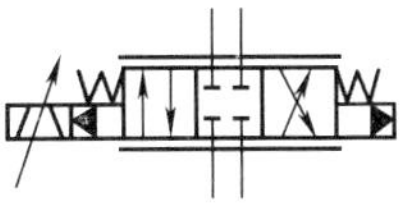

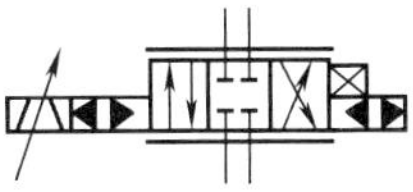

附表 5　　流量控制阀

名称		符号	说明	名称		符号	说明
节流阀	可调节流阀		详细符号	调速阀	调速阀		简化符号
			简化符号		旁通型调速阀		简化符号
	不可调节流阀		一般符号		温度补偿型调速阀		简化符号
	单向节流阀				单向调速阀	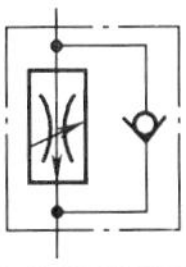	简化符号
	双单向节流阀			同步阀	分流阀	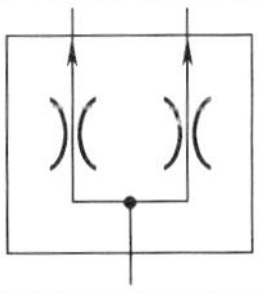	
	截止阀				单向分流阀	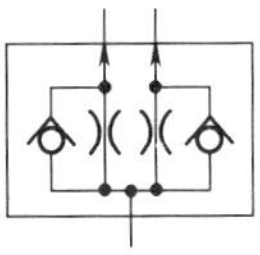	
	滚轮控制节流阀（减速阀）				集流阀	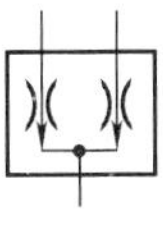	
调速阀	调速阀		详细符号		分流集流阀	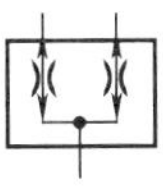	

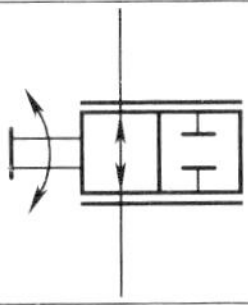

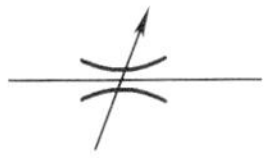

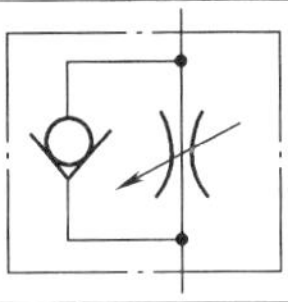

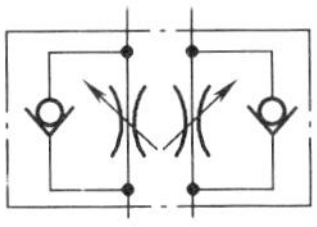

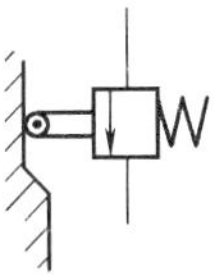

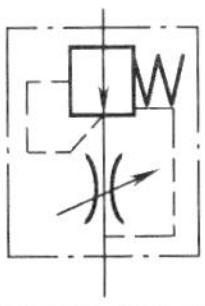

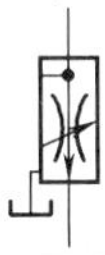

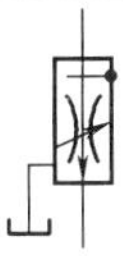

附表 6 油　箱

名称		符号	说明	名称		符号	说明
通大气式	管端在液面上			油箱	局部泄油或回油		
	管端在液面下		带空气过滤器	加压油箱或密闭油箱			三条油路
油箱	管端在油箱底部						

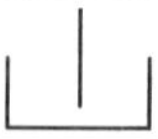

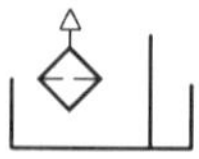

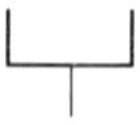

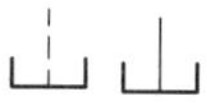

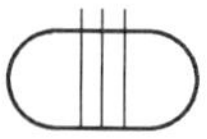

附表 7 流体调节器

名称		符号	说明	名称		符号	说明
过滤器	过滤器		一般符号	空气过滤器			
	带污染指示器的过滤器						
	磁性过滤器			温度调节器			
	带旁通阀的过滤器			冷却器	冷却器		一般符号
	双筒过滤器	p_2 p_1	p_1：进油 p_2：回油		带冷却剂管路的冷却器	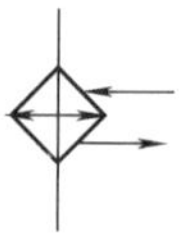	
				加热器		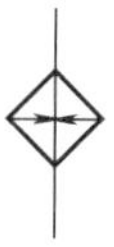	一般符号

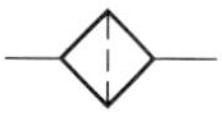

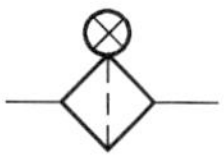

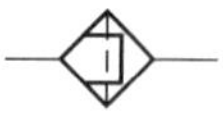

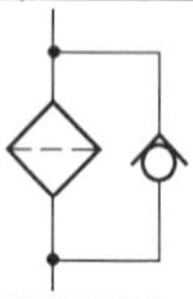

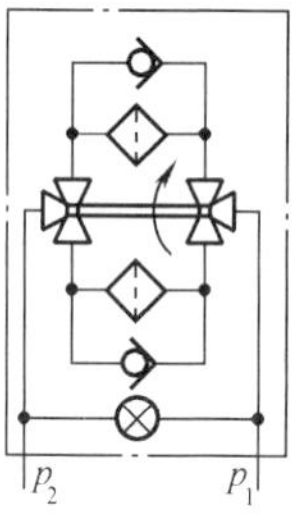

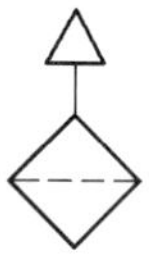

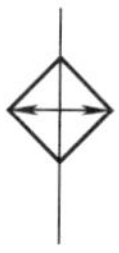

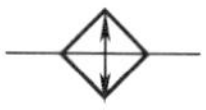

附表 8 检测器、指示器

名称		符号	说明	名称		符号	说明
压力检测器	压力指示器			压力检测器	电接点压力表（压力显控器）		
	压力表（计）				压差控制表	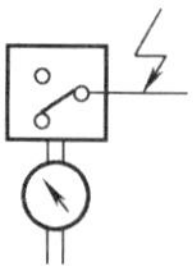	

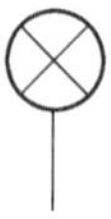

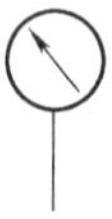

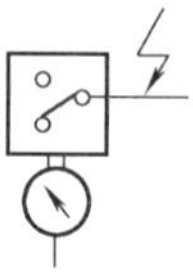

续表

名称		符号	说明	名称		符号	说明
液位计				温度计			
流量检测器	检流计（液流指示器）						
				转速仪			
	流量计	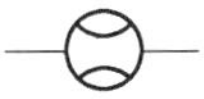		转矩仪			
	累计流量计						

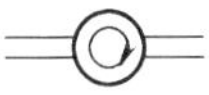

附表 9　　**其他辅助元器件**

名称		符号	说明	名称		符号	说明
压力继电器（压力开关）			详细符号	压差开关		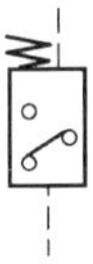	
			一般符号	传感器	传感器		一般符号
行程开关		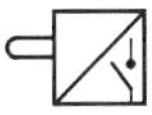	详细符号		压力传感器		
		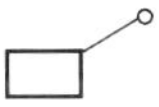	一般符号		温度传感器		
联轴器	联轴器		一般符号				
	弹性联轴器			放大器			

附表 10　　**管路、管路接口和接头**

名称		符号	说明	名称		符号	说明
管路	管路		压力管路回油管路	快换接头	不带单向阀的快换接头	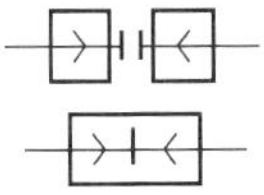	
	连接管路		两管路相交连接		带单向阀的快换接头	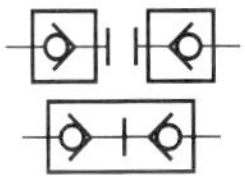	
	控制管路		可表示泄油管路	管路	交叉管路		两管路交叉不连接

续表

名称		符号	说明	名称		符号	说明
管路	柔性管路	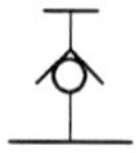		旋转接头	单通路旋转接头	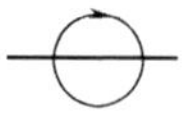	
	单向放气装置（测压接头）	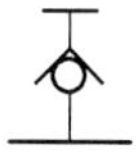			三通路旋转接头	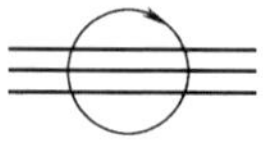	

参 考 文 献

[1] 刘春荣. 液压传动. 北京：冶金工业出版社，1999.

[2] 赫贵成. 液压传动. 北京：冶金工业出版社，1992.

[3] 于晓瑞. 纺织机械液压与气动基础. 大连：大连海事大学出版社，1996.

[4] 毛智勇，刘宝权. 液压与气压传动. 北京：机械工业出版社，2007.

[5] 姜佩东. 液压与气动技术. 北京：高等教育出版社，2000.

[6] 李壮云. 液压元件与系统. 2版. 北京：机械工业出版社，2011.

[7] 邱国庆. 液压技术与应用. 北京：人民邮电出版社，2008.

[8] 徐灏. 机械设计手册. 北京：机械工业出版社，1995.

[9] 兰建设. 液压与气压传动. 北京：高等教育出版社，2002.

[10] 何存兴. 液压元件. 北京：机械工业出版社，1982.

[11] 雷天觉. 液压工程手册. 北京：机械工业出版社，1990.

[12] 日本液压气动协会. 液压气动手册. 北京：机械工业出版社，1984.

[13] 章宏甲，周邦俊. 金属切削机床液压传动. 南京：江苏科学技术出版社，1980.

[14] 吴克晋. 液压传动. 北京：中央广播电视大学出版社，1984.